Desalación mediante osmosis inversa

Ingeniería constructiva

Desalación mediante osmosis inversa

Ingeniería constructiva

Pedro María Gonzalez Olabarría

INGEAGUA TECNOLOGIA EDICIONES

Desalación mediante osmosis inversa

Ingeniería constructiva

By Pedro María Gonzalez Olavaria

Published by INGEAGUA TECNOLOGIA PUBLICATIONS

C/heros 13 s/n Bilbao

48009 Bizkaia/Spain

e-mail: direccion@ingeagua.es

web site: http://www.ingeagua.es

ISBN 978-1-4710-8929-9

ÍNDICE

1. PRINCIPIOS FUNDAMENTALES DE LA OSMOSIS INVERSA

1.1 Conceptos básicos

- **Producto o permeado:** Es el agua "producida" por la Osmosis Inversa.
- **Salmuera o rechazo:** Es el agua "rechazada" por la Osmosis Inversa que se devuelve al mar.
- **Alimentación o agua bruta:** Es el agua con que alimentamos a la Osmosis Inversa.
- **Agua de mar:** Agua que tiene una salinidad mayor 30000 ppm.
- **Agua salobre**: Agua cuya salinidad alcanza hasta 15000 ppm.
- **Conversión:** Es la relación en porcentaje entre el agua producto y el agua bruta.
- **Presión osmótica:** Es la diferencia de presión que hay ente dos líquidos de diferente salinidad separados por una membrana semipermeable.
- **Salinidad:** El conjunto de sales disueltas que lleva el agua.
- **SS (Sólidos en suspensión):** La cantidad de sólidos que lleva el agua.
- **Fouling:** Ensuciamiento que se produce en las membranas que puede ser de origen mineral u orgánico.
- **TDS (Total dissolved solids):** Es la suma de todos los sólidos disueltos que lleva el agua.
- **TOC (Total organic carbon):** Carbono orgánico total.
- **DOC (Dissolved organic carbon):** Carbono orgánico disuelto.
- **SWRO (Sea water reverse osmosis):** Osmosis Inversa de agua de mar.

1.2 Unidades de trabajo

- **Producción:** m^3/dia ó MGD (mega gallons per day = millones galones día)
- **Conversión:** %
- **Salinidad:** mg/l, gr/m3 ó ppm (partes por millon)
- **TDS**: mg/l ó ppm
- **SS**: mg/l ó ppm
- **Caudal:** m^3/h, m3/día, gpm ó gpd (galones por minuto o galones por dia)
- **Presiones:** bar ,mcl, psig ó ft (libras por pulgada cuadrado o pies columna líquido)
- **Potencia:** kw ó hp (horse power = caballos de vapor)
- **9. Conductividad:** mS/cm ó µS/cm (mili Siemens/cm o micro Siemens/cm)
- **Turbidez:** NTU (Nephelometric turbidity unit = unidades de turbidez nephelométricas)
- **TOC**: mg/l
- **12. DOC**: mg/l

2. CARACTERÍSTICAS DEL AGUA PARA LA OSMOSIS INVERSA

El agua que alimentamos a la Osmosis Inversa la podemos dividir en función de su salinidad:

- **Alta salinidad: 15000-45000 ppm, Agua de mar**
- **Media salinidad: 5000-15000ppm, Agua salobre**
- **Baja salinidad: 500-5000 ppm, Agua salobre**

En función del tipo de toma o procedencia:

1. **Agua de toma abierta**
2. **Agua de pozo**
3. **Agua de una Microfiltración o Ultrafiltración**
4. **Agua del producto de una Osmosis Inversa**

Para conocer las características del agua de alimentación a una Osmosis Inversa debemos hacer un análisis del agua que al menos tendrá los siguientes elementos:

Cationes	**Aniones**	**Metales**	**Otros elementos**
Calcio	Carbonatos	Hierro	Sílice
Magnesio	Bicarbonatos	Aluminio	Boro
Potasio	Sulfatos	Manganeso	Turbiedad
Sodio	Cloruros		S.S.
Estroncio	Nitratos		TOC
Bario	Fluor		PH
Amonio			Temperatura
			Conductividad

La salinidad total de un agua de mar es menos variable que la de un agua salobre. No obstante, se producen variaciones en las diferentes zonas del planeta. En el cuadro siguiente se recogen analíticas de aguas de mar de diferentes zonas.

	Mediterráneo	**Golfo pérsico**	**Atlántico**
Na+	11177	12300	11520
Ca++	471	570	450
K+	478	470	460
Mg++	1355	1700	1320
Cl-	20530	34000	20600
SO4--	2488	3400	2910
CO3H-	208	185	134
PH	7,9	8,2	8.1
TDS	36720	47000	37830

1.3 Parámetros característicos

La Osmosis Inversa es un sistema muy sensible a las condiciones del agua de alimentación, por ello vamos analizar como le afectan cada uno de los principales componentes.

1. Salinidad

Afecta de forma directa a la presión de operación de la Osmosis Inversa, incrementando la presión a medida que incrementa la salinidad, también afecta a la calidad del producto empeorando con el aumento de salinidad. La salinidad se mide sumando todos los elementos disueltos o por el residuo seco sobre una muestra a seca a 105 ºC.

Una forma rápida de medida de la salinidad es por la conductividad ya que existe una relación entre la conductividad y la salinidad que varia entre 1,38 para salinidades de 44000 ppm y de 1,43 para salinidades de 36000 ppm.

2. Precipitados

La Osmosis Inversa concentra las sales en la salmuera o concentrado rompiendo el equilibrio y produciendo precipitados. Las principales sales que precipitan son las siguientes:

- **Carbonato Cálcico**
- **Sulfato Cálcico**
- **Sulfato de Estroncio**
- **Sulfato de Bario**
- **Sílice**
- **Fluoruro Cálcico**

Los diferentes programas de cálculo de la Osmosis Inversa te indican en función del grado de conversión si se supera el % de saturación de cada una de las sales anteriores. Para ver en detalle el cálculo ver el **Anexo nº3.**

Los criterios de ensuciamiento del $CaCO_3$, $BaSO_3$ y $CaSO_4$ son similares. Se localiza fundamentalmente en las últimas etapas etapa y se detecta una reducción del flujo y un aumento de la salinidad del permeado con un incremento de la perdida de presión diferencial. Adjuntamos fotografía de membrana con incrustaciones de carbonato cálcico

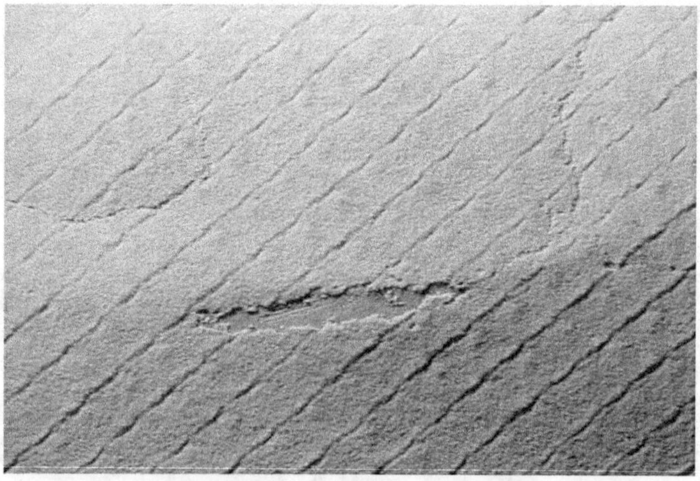

Figura 2.1

3. Índices Langelier y Stiff & Davis

La capacidad potencial de precipitación se puede determinar por los índices de Langelier y Stiff & Davis.
El índice de Langelier esta determinado por la expresión LSI = pH - pHs (pHs = pH de saturación). Para valores de LSI>0, las soluciones de agua tienen la capicidad potencial de precipitación de CaCo3. Este parámetro es valido como referencia para aguas con una salinidad máxima de 5000 ppm

El índice Stiff & Davis esta determinado por la expresión pH – pCa - pALK - K, donde pCa y pALK son logaritmo negativo de la concentración molar del calcio y del bicarbonato y K es una constante en función de la temperatura y la fuerza iónica. Este parámetro es valido para aplicaciones de agua de mar o altas salinidades.

4. pH

El pH es el logaritmo negativo de la concentración de iones hidrogeno del agua y es consecuencia de las sales que lleva en solución. Su valor es un índice indicativo de las características del agua. Influye en la solubilidad de los carbonatos y regula por tanto su precipitación, normalmente el pH del agua de mar esta entre 7,5 y 8. Por otro lado, limita el empleo de membranas de acetato de celulosa que a valores inferiores a 5 o superiores a 5 puede experimentar hidrólisis.

Para evitar el problema de precipitación del carbonato cálcico se suele bajar el PH acidificando el agua de forma que los índices de Langelier y Stiff & Davis sean negativos. El ácido más utilizado es el sulfúrico por economía y facilidad de manejo.

El descenso del pH mejora la acción bactericida del desinfectante que empleamos, de forma que actualmente se tiende a trabajar a pH 6,5 - 7 y a veces se hacen bajadas bruscas de pH durante un corto periodo de tiempo (1/2 a 1 hora).

5. Sólidos suspensión y turbidez

Normalmente en las aguas hay sólidos en suspensión que por su tamaño pueden ser visibles, pero hay otras partículas muy finas que no son visibles a simple vista y que deben ser eliminados antes de pasar al Osmosis Inversa ya que originan ensuciamiento en las membranas. Normalmente existe una cierta relación entre los sólidos en suspensión y la turbidez que tiene el agua, aunque algunas veces y debido a determinados tipos de sólidos que dan más turbidez esto no es cierto.
Normalmente los procesos de filtración permiten eliminar los sólidos en suspensión en su gran mayoría excepto las partículas coloidales.

6. Ensuciamiento (fouling) coloidal

Las partículas inferiores a (1) micra pueden definirse como coloides y normalmente tienen carga negativa. Los coloides atraen iones positivos de la solución creando una capa compacta de distinto signo a su alrededor lo que les da un cierta estabilidad y provoca que no haya atracción entre ellos y por lo tanto que no coagulen.

Cuando la salinidad aumenta disminuye la estabilidad y esto ocurre en el interior de las membranas produciendo la coagulación y precipitación sobre su superficie.

El ensuciamiento se localiza fundamentalmente en la primera etapa y se detecta una reducción del flujo y un aumento de la salinidad del permeado con un incremento de la perdida de presión diferencial.

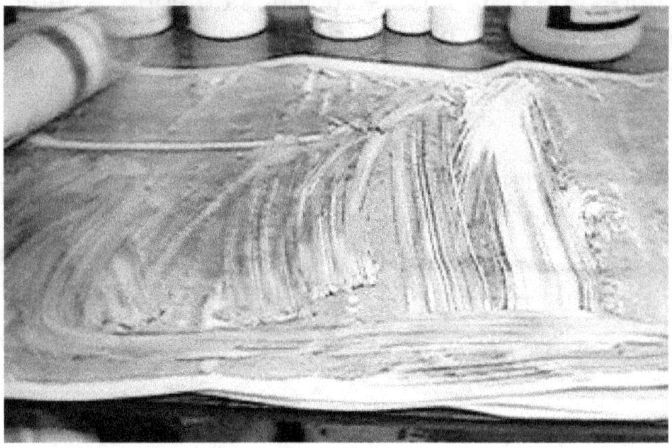

Figura 2.2. Ensuciamiento coloidal. Arcilla

7. **Ensuciamiento por Aluminio**

Las fuentes de ensuciamiento por aluminio son silicatos de aluminio naturales, reacción de sílice con aluminio formándose silicatos de aluminio y aluminio procedente de coagulantes en base aluminio.

La solubilidad del aluminio es menor a pH inferior a 5-5,5. Los valores de pH, entre 6-7,5 en que se trabaja en osmosis no representan por tanto ningún peligro

8. **Ensuciamiento por Sílice**

La solubilidad de la sílice en el agua es de 110-125 mg/l y está íntimamente relacionada con la temperatura. No conviene por tanto superar en el rechazo concentraciones superiores a 150 mg/l

Sin embargo, cuando coexiste con Fe y Al en el agua, el sílice precipita por debajo de esos limites de solubilidad. Por tanto es necesario un control de las concentraciones de Fe y Al

9. Ensuciamiento (fouling) por hierro y manganeso.

Habitualmente se encuentran juntos, pero con mayor presencia del primero y su eliminación es semejante y se produce en el mismo proceso. Su presencia se debe normalmente al agua de alimentación ya que por corrosión es difícil porque empleamos materiales plásticos ó no corrosivos en el proceso, aunque podría ocurrir.

El hierro como ión ferroso lo rechazan las membranas, pero al oxidarlo se convierte en férrico y precipita con facilidad en forma coloidal, por ello no se debe alimentar a las membranas con aguas que tengan hierro superior a 0,1 ppm.

Debemos tener en cuenta que la arena de los filtros contiene un 1% de Fe2O3 qua a veces precipita en el filtro cuando se oxida. Por ello conviene trabajar durante una temporada a pH bajos entre 6 – 6.5 para disolver este hierro.

Para el tratamiento de aguas brutas con un contenido de hierro inferior a 5 mg/l, el proceso eliminación del hierro, si no existen otras condiciones desfavorables, suele consistir en un proceso de aireación a presión atmosférica a un pH adecuado. Para aguas más cargadas de hierro, será necesario un proceso de decantación previo a la filtración.
Los procesos de desferrificación no suelen ser adecuados para la eliminación de Mn. La precipitación en forma de hidróxido o la oxidación con oxigeno solo serían posibles a pH de 9-9,5. Sin embargo, se obtienen una oxidación rápida con dióxido cloro o permanganato potásico.

El ensuciamiento por hierro se localiza fundamentalmente en la primera etapa y se detecta una reducción del flujo y un aumento de salinidad del permeado

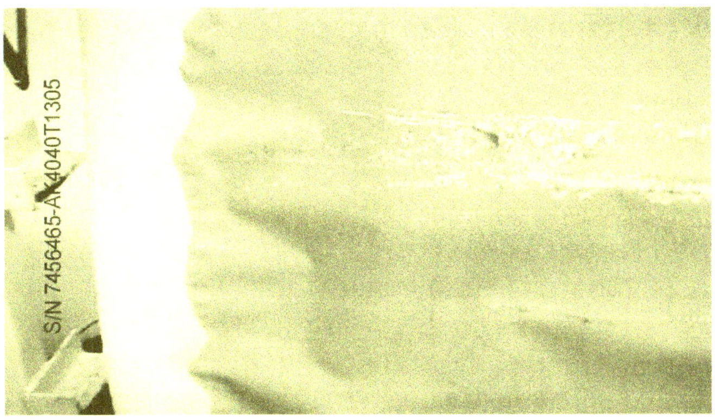

Figura .2.3. Ensuciamiento de hierro

10. Ensuciamiento biológico(biofouling)

Es consecuencia de la actividad biológica y aunque la desinfección del agua, filtración.. contribuye a su reducción , es muy difícil la eliminación completa de la misma. La prevención del "biofouling" pude lograrse mediante una configuración adecuada del sistema y las operaciones de funcionamiento:

- Conexiones hidráulicas directas entre toma de agua y osmosis inversa eliminando tanques intermedios o sistemas que produzcan la aireación del agua bruta
- Evitar exposición directa del agua a la luz.
- Evitar añadir productos químicos que puedan ser metabolizados por los microorganismos
- Control de los compuestos orgánicos que favorecen la actividad biológica.
- Evitar cloración continua del agua bruta

El ensuciamiento orgánico se localiza en todas las etapa y se detecta una reducción del flujo y un mantenimiento de la salinidad del permeado con un moderado incremento de la perdida de presión diferencial.

Figura 2.4. Ensuciamiento biológico

11. Ensuciamiento (fouling) orgánico - TOC

Se llama materia orgánica a un conjunto de microorganismos, micro-algas, bacterias y macro-organismos. La diferencia entre los microorganismos y la materia orgánica no viva (micro-algas) es que los primeros se reproducen con facilidad si encuentra unas condiciones favorables.

La membrana es un elemento con mucha superficie donde los nutrientes disueltos en el agua se enriquecen debido a la concentración y polarización creando una zona ideal para el desarrollo de los microorganismos. Estos crean una película (biofilm) sobre la superficie de la membrana que da incremento de perdida de carga y disminución de caudal.
Los microorganismos son difíciles de eliminar por la limpieza química en su totalidad, ya que al no eliminarlos completamente, los que quedan se reproducen con suma facilidad. El mejor sistema es eliminar los nutrientes para impedir que se desarrollen.

Se ha demostrado que una cloración en continuo reduce el nivel de nutrientes, por ello es desaconsejable utilizar este sistema. Hay sistemas que pueden ser efectivos como el uso de biocida pero normalmente son muy caros.

Normalmente el agua que menos materia orgánica tiene es la de pozos profundos y la que más las de tomas abiertas y pocos profundas. La materia orgánica se incrementa con la temperatura y con la luz solar, por ello debemos evitar en lo posible el contacto del agua de mar con la luz solar.

La materia orgánica se mide con el análisis de TOC (carbono orgánico total) y suele variar entre 0,5 ppm en aguas de pozo a 6 ppm en aguas de tomas abiertas y poco profundas. Otros análisis que pueden ayudar a conocer el tipo de materia orgánica que tenemos son DOC (carbono orgánico disuelto) y el AOC (carbono orgánico asimilable) para conocer el nivel de nutrientes.

El ensuciamiento orgánico se localiza en todas las etapa y se detecta una reducción del flujo y una reducción de la salinidad del permeado sin un incremento significativo de la perdida de presión diferencial.

Figura. 2.5 Ensuciamiento por aceite

12. SDI , MFI y MEB

Para conocer el potencial de ensuciamiento de un agua de alimentación a las membranas de Osmosis Inversa se utilizan dos sistemas el SDI (silt density index) y el MFI (modified fouling index) el primero es el más usado y si un agua tiene un SDI > 5 en continuo no es apta para la Osmosis Inversa. Lo normal es que un agua de pozo tenga un SDI <1 y un agua de toma abierta el SDI esté entre 3 a 4.

El SDI calcula la velocidad de atascamiento que sufre una membrana de 0,45 micras al ser atravesada por el agua a una presión constante de 2,07 bar (30 psig) durante 15 minutos.

El MFI es semejante al SDI excepto que se mide el volumen que pasa cada 30 segundos durantes los 15 minutos, el valor es obtenido gráficamente tomando la pendiente de la curva V/T y V un valor de MFI<1 corresponde a un SDI <3.

Para conocer con detalle el tipo de partículas que originan el SDI se emplea el MEB (microscopía electrónica de barrido) tanto en su composición como en su tamaño.

13. Temperatura

La temperatura del agua es una característica que es necesario conocer ya que afecta al diseño de las membranas de Osmosis Inversa, para ello se necesita el rango de temperaturas del agua de alimentación de las membranas a lo largo de todo el año.

La influencia de la temperatura en el funcionamiento de las membranas es importante desde tres puntos de vista, por los que deben ser tenidas en cuenta:

- La temperatura afecta a la presión de diseño de las bombas de alta presión y a la calidad del agua producto que sale de la Osmosis Inversa. La presión de alimentación disminuye con la temperatura y el empeoramiento de la calidad del producto (paso de sales) aumenta con la temperatura.
- La solubilidad de determinadas sales aumenta con la temperatura y por tanto a temperaturas más elevadas se reducen los riesgos de precipitación.
- La elevación de la temperatura favorece la actividad biológica de los microorganismos que favorecen el ensuciamiento de los microorganismos

3. NECESIDADES DE AGUA BRUTA

El primer dato que se conoce es la producción de la planta en m³/día de agua tratada que debe producir y siempre se considera cantidad neta.

La planta tiene que dar agua tratada para los servicios internos (dilución de reactivos, agua de servicios, desplazamiento y lavado químico) esto puede suponer el 0,5% al 1% dependiendo del tamaño de planta.

El segundo dato es la conversión a la que va a trabajar la Osmosis Inversa que normalmente varía entre el 42% al 48% tomando como valor habitual de diseño el 45%.

Con una conversión del 45%, el número de elementos en serie necesario es de siete membranas para no superar los valores recomendados de recuperación por membrana, por lo que una instalación en una sola etapa con tubos de presión de 7 membranas será la adecuada.
En agua de pozo profundo, en condiciones favorables, se puede lograr en una sola etapa una recuperación del 50%.
Para recuperaciones superiores será necesario trabajar en dos etapas.

El agua bruta se calcula dividiendo el agua tratada bruta por la conversión.

A esta agua bruta calculada hay que sumar las pérdidas que se producen en el pretratamiento, que suelen ser por el lavado y maduración de los filtros de áridos.

Si el lavado de los filtros se hace con salmuera las pérdidas por este concepto son 0 m3, en caso contrario hay que añadir caudal de 200 a 300 m3/h dependiendo del nº de filtros.

En todos los casos hay que añadir el caudal de maduración de filtro (caudal agua bruta/nº filtros-1) suele estar entre 400 y 500m3/h.

4. TOMAS DE AGUA DE MAR PARA LA OSMOSIS INVERSA

Se denominan tomas de agua bruta las obras necesarias para captar el caudal necesario para alimentar a la Ósmosis Inversa.

Los diferentes tipos de tomas que se usan para las desaladoras son las siguientes:

1. **Emisario**
2. **Sondeos verticales**
3. **Drenes horizontales**
4. **Cántara natural**

Para las desaladoras de agua de mar se utilizan todas las tomas antes indicadas sin embargo, para las desaladoras de agua salobre, normalmente solo se utilizan los sondeos verticales.

A continuación se van a describir cada dada una de estos tipos de toma.

1.4 Emisario

Consiste en tomar el agua de mar en el mar alejado de la costa y una cierta profundidad y conducir el agua por tuberías enterradas hasta una cántara situada en la costa de donde se bombea el agua hasta el pretratamiento de la desaladora.

Cuando se elige el lugar donde instalar el emisario hay tener en cuenta la estructura del fondo marino del lugar de al toma y por donde va la conducción de agua.

Cuanto más alejado de la costa se realice la toma mejor calidad de agua se obtendrá y lo mismo ocurre con la profundidad, que debería estar entre los 15 - 20 mt. No obstante hay que tener en cuenta que para una misma profundidad puede varia la calidad del agua en función del tipo de fondo. La distancia mínima habitual a la costa no será inferior a 400 m.

Los fondos arenosos sin limos dan agua de buena calidad y es fácil instalar la tubería de conducción.

Los fondos rocosos dan buena calidad de agua pero es muy costoso instalar la tubería de conducción.

Los fondos con limos dan mala calidad de agua especialmente cuando hay mar de fondo (mar revuelta) que levantan los limos a la superficie.

Hay que tener en cuenta que el tipo de toma por emisario funciona por la variación de nivel entre el mar y la cántara de bombeo, por ello las perdidas de carga deben ser las menores posibles.

Las partes más importantes de una toma por emisario son:

1. **Toma del emisario**
2. **Tubería de conducción**
3. **Cántara de bombeo**

4. Tuberías de reactivos

- ***Toma del emisario***

Es la obra apoyada sobre el fondo marino que permite tomar agua entre 3 a 6 metros del fondo(3 metros para fondos rocosos y 5-6 metros para fondos arenosos) Se construye en hormigón para los emisarios grandes > de (2) metros y de PRFV ≤ de (2) metros aproximadamente aunque esto depende de la empresa constructora.

El diámetro de las torres garantizará una velocidad del agua inferior a 0,15 m/seg (ejemplo: 25000 m3/dia . 3,2 m de diámetro)

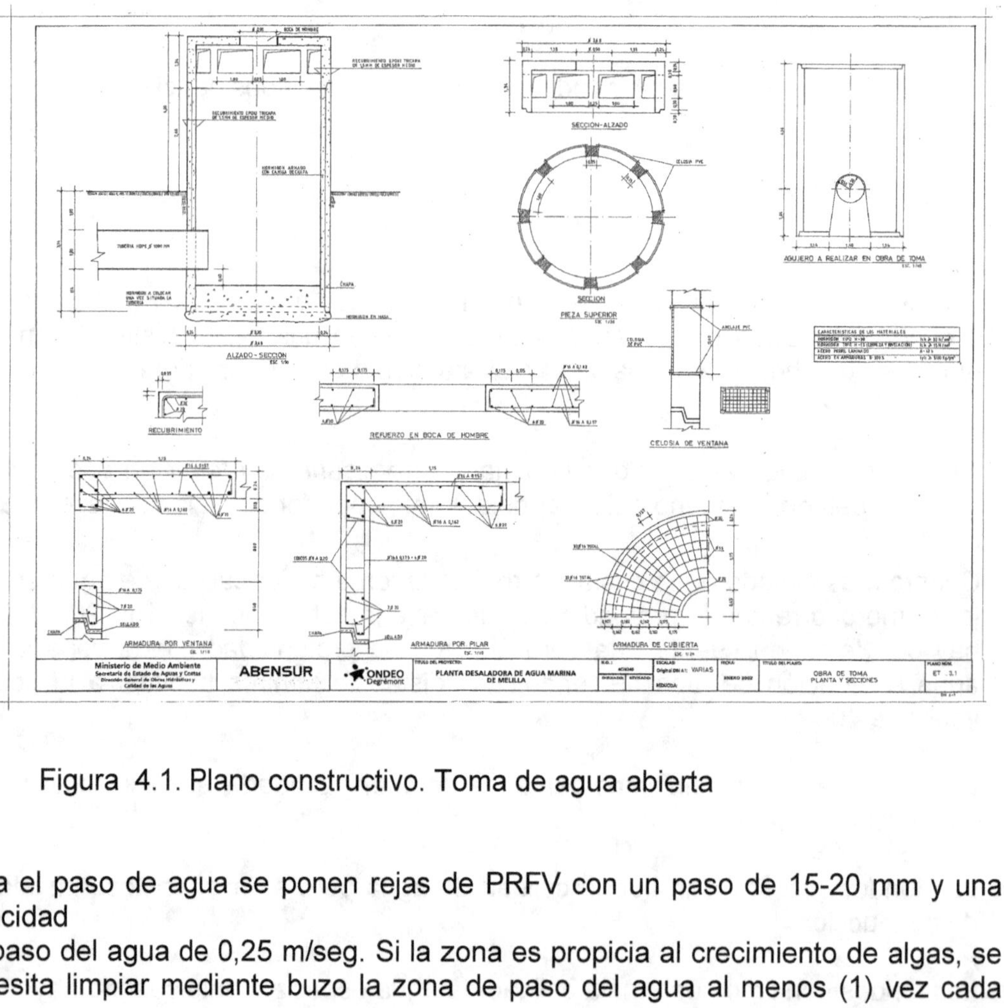

Figura 4.1. Plano constructivo. Toma de agua abierta

Para el paso de agua se ponen rejas de PRFV con un paso de 15-20 mm y una velocidad
de paso del agua de 0,25 m/seg. Si la zona es propicia al crecimiento de algas, se necesita limpiar mediante buzo la zona de paso del agua al menos (1) vez cada año.

Todas las tomas deben llevar un registro por donde entrar y revisar las tuberías de conducción y reparto de reactivos.

Dentro de los fabricantes de tomas de acero inoxidable, se adjunta información del fabricante Jhonson Screens. Fabrica rejas con paso de 3 mm en diferentes aceros inoxidables. Entre los materiales utilizados podemos destacar el 2205 Duplex por su implantación y el Z-Alloy por su resistencia no solo a la corrosión sino biológica.

La velocidad de diseño paso del agua por las rejas es de aproximadamente 0,135 m/s y el suministro se complementa con un sistema de limpieza por aire a presión.para mantener las características de la reja

JOHNSON SCREENS

Figura 4.2 . Tomas Johnston screens

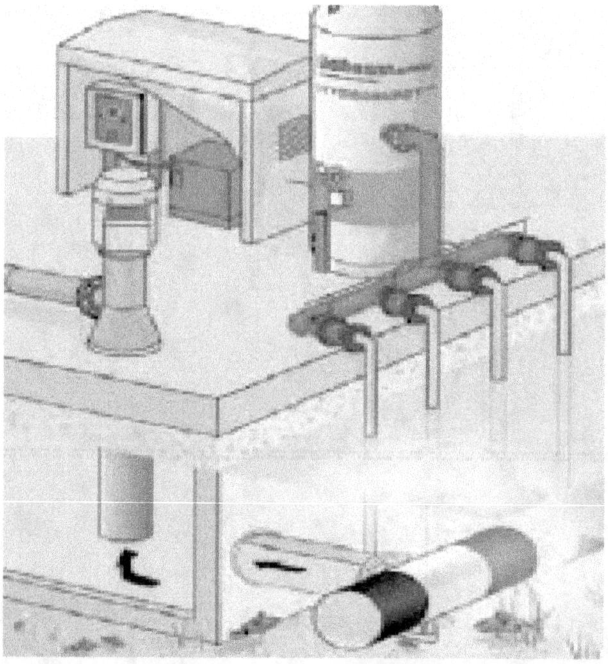

Figura 4.3. Sistema de limpieza con aire. Rejas johnston screens

Otro tipo de toma es la de la casa **Taprogge** que las tomas son de plástico con soporte en Aº inox

TAPROGGE

TAPIS® - TAPROGGE Air Powered Intake System

TAPIS® is an important milestone in the progress of effective and environmer compatible pre-screening systems. Except for its primary task, the protection pumps in cooling water circuits from macro fouling, it has nothing in commo the traditional pre-screening systems as far as design, operation and maintei are concerned.

TAPIS® combines the functions of the classic multi-stage pre-screening systerr single stage. This saves building expenditure. TAPIS® is a system for the mech treatment of water at the place of extraction by making use of hydrophysical principles. This is achieved without the need to separate the debris from the This saves the constantly increasing cost for the environmentally friendly disp of debris. TAPIS® operates at low flow velocities. It is fish-friendly and protec aquatic life. TAPIS® does not require movable parts in the water and works f automatically. This reduces maintenance cost and guarantees system availab TAPIS® has a modular structure. In this way, it is easily adjustable to output c local topology.

All this has been accomplished by two very effective developments of TAPROGGE which are combined in TAPIS®: a special polyhedron geometry for the TAPIS® screens which in turn allows an extremely effective backwash of the screens. And, additionally, special Cling-Free© elements which have been optimized to respond to the fouling typology in surface water.

TAPIS® single-stage pre-screening system

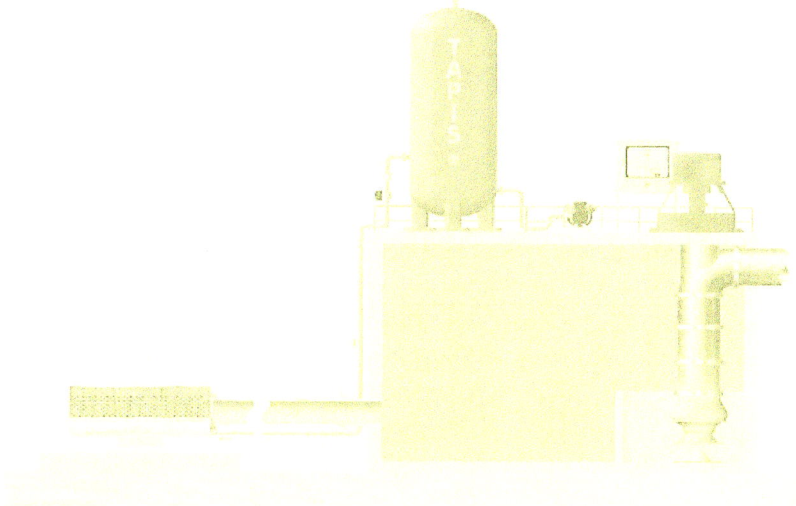

Installation

TAPIS® polyhedra are installed at the place of water extraction on the bed of the sea, lake or river, or immediately at the wall of the pump well. Important is the permanent submerging of the polyhedra at minimum water level.

Number and size of the polyhedra are governed by the specific project, that means by the required water quantity and the available water depth.

The backwash unit is preferably mounted on the pump well cover. To protect it from atmospherical influences an indoor erection is recommended.

Technical Data:

Series:	TAPIS®
Principal design:	single-stage system for pre-screening
Volume flow/polyhedron:	100 – 6,000 m^3/h
Filter element:	Cling-Free®
Degree of filtration:	10 mm (standard); further perforations upon request
Material polyhedron housing:	stainless steel
Material filter element:	modified polyamide
Design pressure polyhedron housing:	0.15 bar
Design pressure filter element:	0.15 bar
Design pressure air receiver:	10 bar
Control:	PLC, type of enclosure IP 65, OperatorPanel
Options:	Remote Monitoring Service

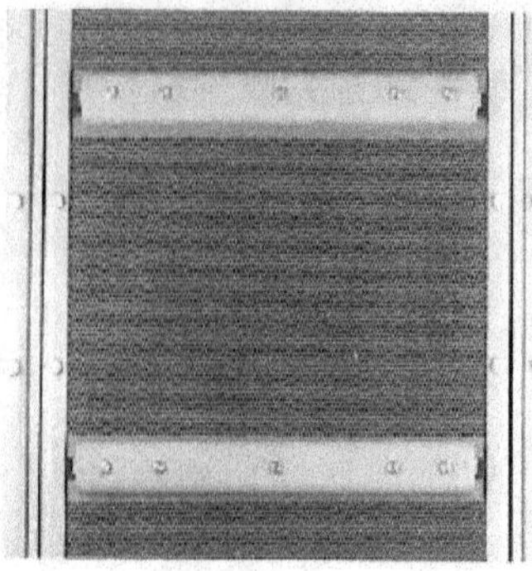

Cling-Free© elements fixed to the TAPIS® polyhedron

Cling-Free© elements

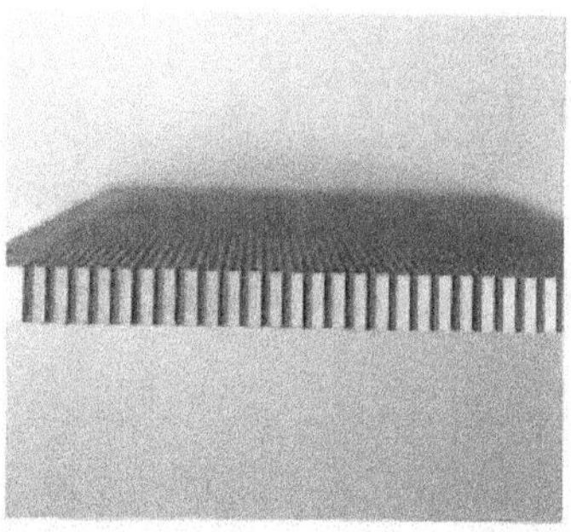

Canal shaped holes of the Cling-Free© elements

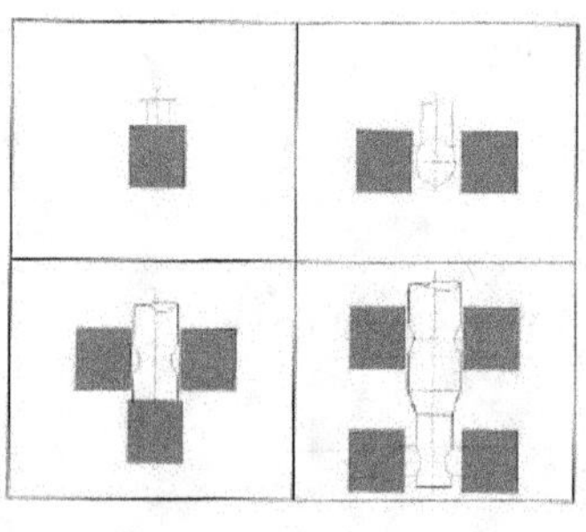

Flexible installation through multitude of variants

Technical Features and Benefits

Economy through innovative Design of Polyhedra

- TAPIS® polyhedra combine the multi-stage arrangement of traditional systems in a single stage. The necessary capital investment for concrete canals of traditional systems through which the extracted water is fed to a multi-stage pre-screening system is saved.
- TAPIS® polyhedra operate without the need to dispose of debris cleaned off. This saves current cost for environmentally friendly disposal and avoids uncontrollably rising expenditure.
- TAPIS® polyhedra allow a much better backwash effectiveness than any other type of design. By utilizing the closed bottoms of the polyhedra as defined rebounding plates for the injected pressurized air during backwash and the optimization of the spray nozzle geometry, a completely new cleaning behaviour has been created that has been equalized with regard to time and space. This has beneficial effects on the operating cost and the availability.
- TAPIS® polyhedra require a lower water level compared to cylindrical types. This is favourable for the construction cost.
- TAPIS® polyhedra have no moving parts, a fact that places them well ahead of traditional travelling band screens and drum screens, as far as maintenance efforts are concerned.

Safety through Cling-Free© Elements

The earlier solution to use wedge wire screen baskets (passive screens) as screening surfaces did not stand the test. The narrow gap widths were very quickly blocked by aquatic creatures. At the same time they offered ideal entangling possibilities to critical types of fouling, such as fibres, grass or algae. Cling-Free© filter elements are optimized in view of the critical types of fouling contained in surface water. According to the Cling-Free© technology developed by TAPROGGE, fibres are guided and aligned in the canals without getting entangled or matted. The ability to master fouling, particularly such wide-spread species as algae and seagrass, and other fibrous types, is of major importance.

Flexible Installation by Modular Structure

The number and size of the polyhedra are adjustable to the required flow rate and the available water level. In this way, a lower water depth can be responded to by a greater number of smaller polyhedra, and a deeper water depth allows bigger polyhedron types. A complete series of polyhedron types with flow rates from 100 to 6,000 m^3/h enable a smooth optimization.

- ***Tubería de conducción***

Normalmente se construyen (1) o (2) tuberías dependiendo el material y el tamaño de estas, se diseñan para velocidades bajas entre 1 a 1,5 m/seg.

Los materiales que se emplean son PE (polietileno del alta densidad), PRFV u hormigón.
Los tubos de hormigón lleván una camisa de capa que forma una campana para la unión. El problema es que la chapa, aún siendo de acero al carbono con pintura epoxi se `puede oxidar y arrastrar hierro.

La elección del material es puramente económica, normalmente hasta 1200 mm de Ø se emplea PE por su facilidad de montaje, hay que tener en cuenta que se suelda en puerto y luego se lleva flotando hasta el lugar de montaje en tramos largos, las uniones en el mar pueden ser soldadas sobre barco o embridadas en el fondo.

El proceso de hundimiento del emisario es el proceso crítico en el montaje de la tubería del emisario. Es necesario que el proceso sea continuo manteniendo una velocidad de hundimiento < 0,3 m/seg y controlando el radio de curvatura en la superficie marina con el fin de evitar la deformación por pandeo (radio de curvatura de 50 metros con un coeficiente de seguridad de 2)

Figura 4.4. Fotografía proceso de transporte tubería polietileno

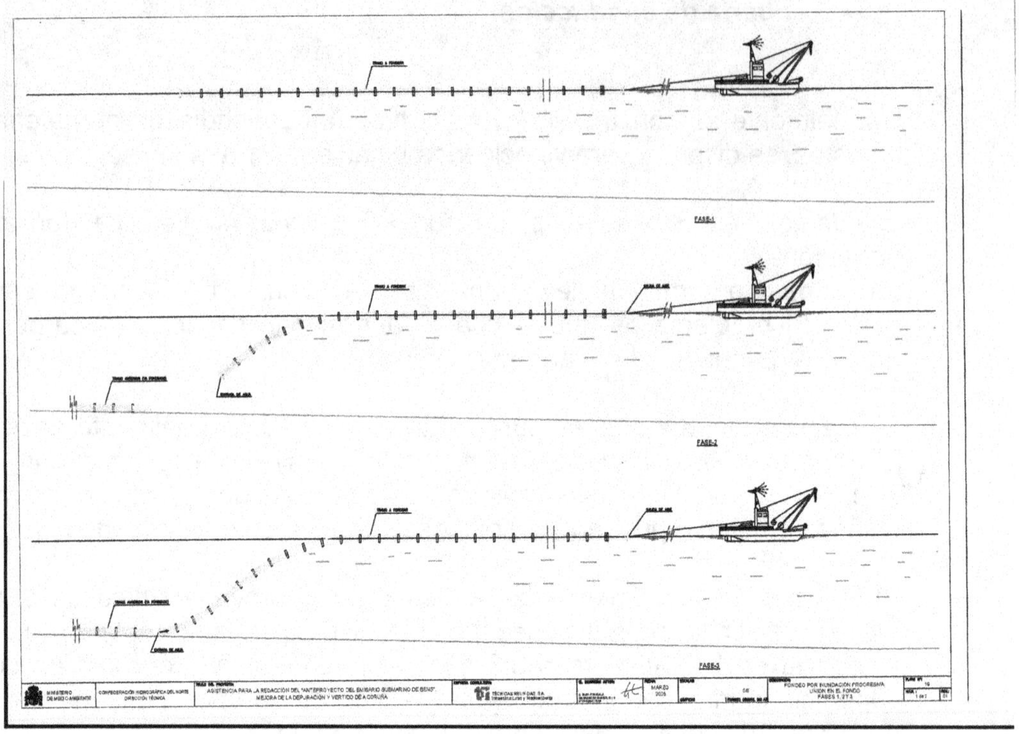

Figura 4.5. Plano detalle proceso constructivo hundimiento

Para tamaños mayores se utiliza el PRFV con tubos de enchufe que se van montando en el fondo del mar, el hormigón se utiliza cuando se hace túnel por el procedimiento de Hinca.

Toda la tubería debe ir enterrada y arriostrada para que no la levanten los temporales mediante durmientes (piezas de hormigón semicircular que se apoyan sobre la tubería y tienen un peso entre 15 a 30 tm). Los lastres no deben disponerse a distancias superiores a 10 veces el diámetro nominal del emisario. El hormigón deberá resistir la agresividad química del agua y el acero deberá estar recubierto mínimo 40 mm. Los lastres superior e inferior estarán unidos tortillería de acero al carbono galvanizado y con ánodos de sacrificio

Figura 4.6. Plano bloque hormigón emisario submarino.

Las tuberías del emisario desembocan en la cántara dentro del edifico de toma.

A continuación se muestran el p&id típico de toma de agua con emisario submarino, el desbaste de seguridad y la cantara de bombeo.

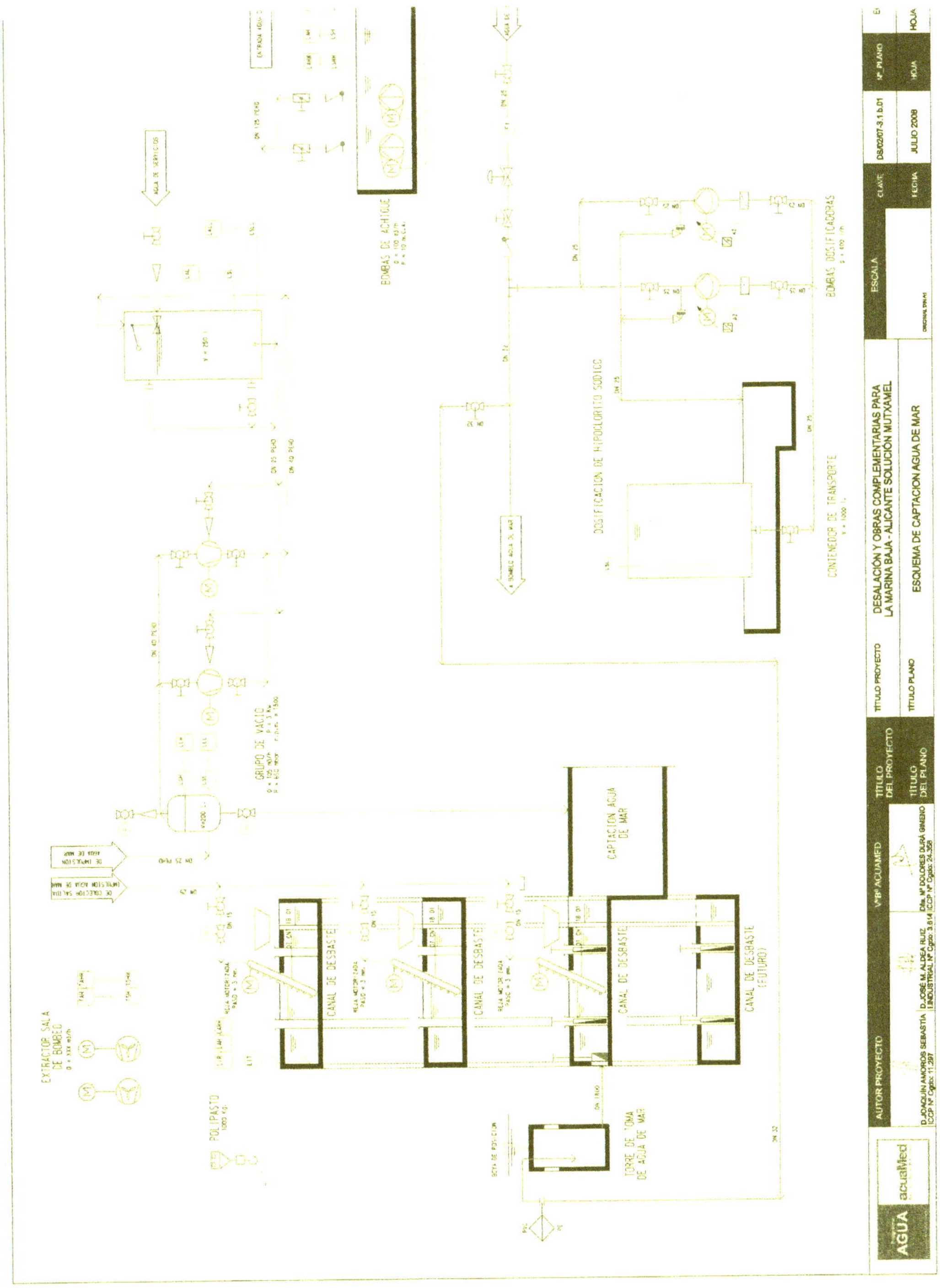

Figura 4.7. P&ID toma abierta

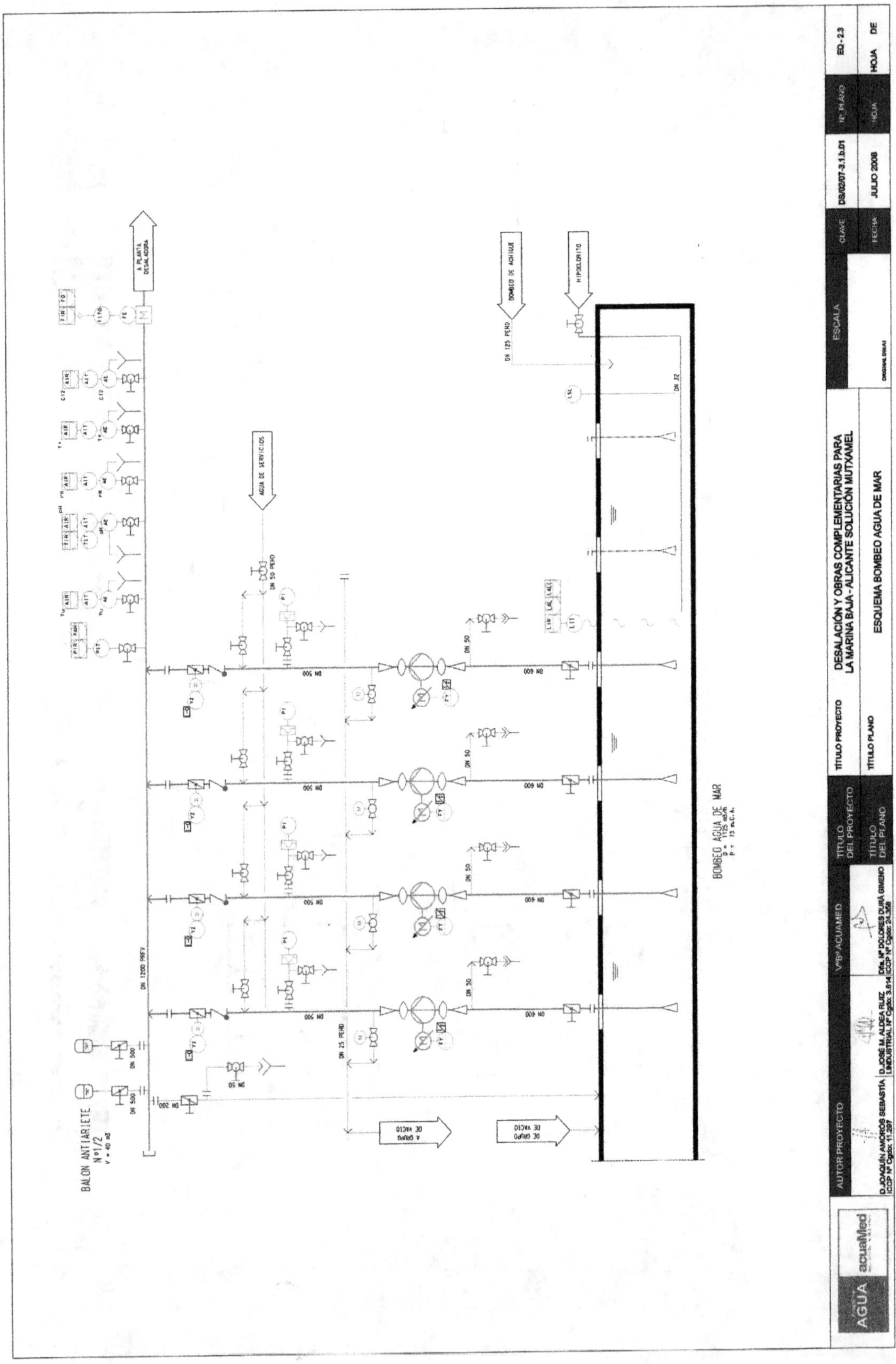

Figura 4.8. P&ID toma abierta

- ***Cántara de bombeo***

Construida en hormigón contiene rejas, compuertas y una zona de bombeo (como se puede ver en el siguiente plano). La cantara de bombeo debe tener la suficiente profundidad para que las diferencias de nivel por las mareas y las perdidas de carga no impidan que las bombas puedan funcionar. Normalmente la profundidad suele estar alrededor de los 4 mt.

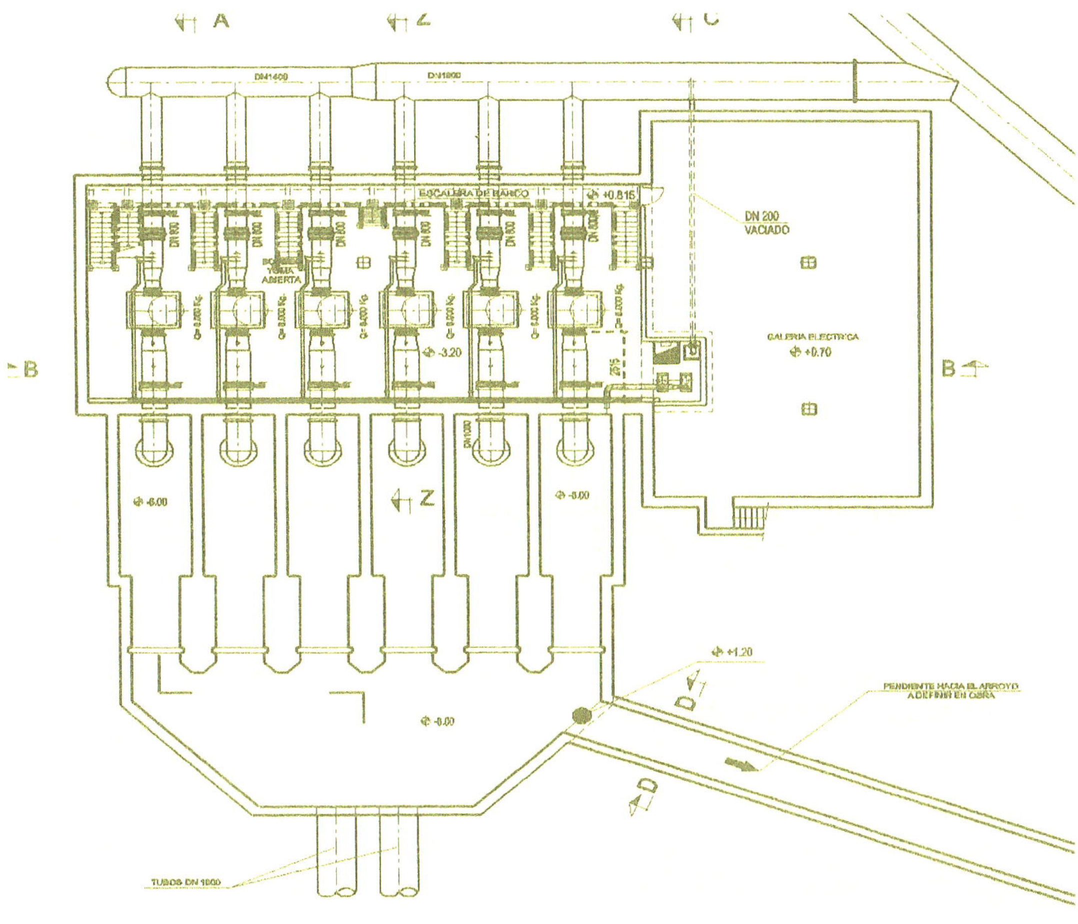

Figura 4.9. Cantara toma de agua.

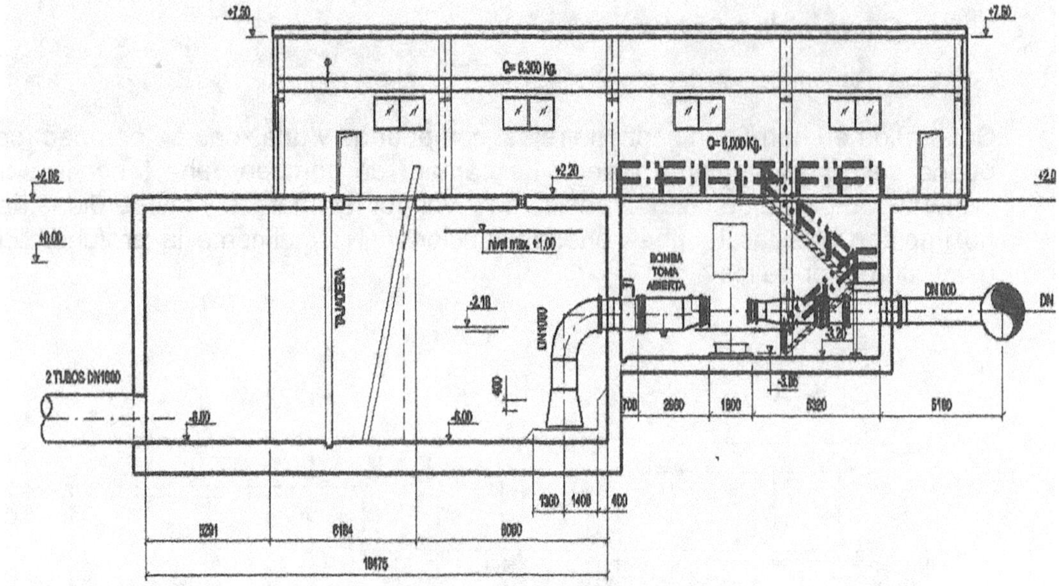

SECCION A-A

Figura 4.10. Cantara toma de agua

Las tuberías del emisario descargan en una cámara anterior a las rejas, normalmente se ponen (3) o más de forma que sean muy anchas (máximo 2 mt). Se colocan normalmente rejas manuales con un paso de 20 mm, pero en zonas donde pueden entrar algas u otro tipo de plantas marinas se recomienda poner rejas automáticas de 3 mm de paso. En este caso hay que tener en cuenta que estos desperdicios deben ser enviados a la superficie por medio de algún medio mecánico (tornillo sin fin, cinta, etc.).

Normalmente no se colocan desarenadores ya que es difícil que llegue la arena hasta la cántara debido a la baja velocidad del agua y a la pendiente inversa que tienen las conducciones.

En alguna instalación se han puesto canales pero fundamentalmente para retener el limo que pueda traer el agua. La velocidad en estos canales debe ser muy baja y normalmente se dimensionan para un tiempo de retención de 15 minutos, el nº de canales es igual debe ser igual al numero de rejas.

Cada reja, con canal o sin él, lleva una compuerta aguas arriba y otra aguas abajo para el aislamiento de la reja. Normalmente son manuales.

La zona de bombeo, lugar de donde aspiran las bombas debe estar diseñada de acuerdo con las normas del **Hidraulic Institute Standard** y de acuerdo al **Manual de bombeo Sulzer** en los siguientes puntos:

1. **Distancia de las compuertas a las tubos de aspiración de las bombas**
2. **Separación entre bombas**
3. **Distancia entre las tuberías de aspiración y la pared**
4. **Forma de la zona de aspiración de las bombas**

A continuación se detallan las características según los puntos listados anteriormente.

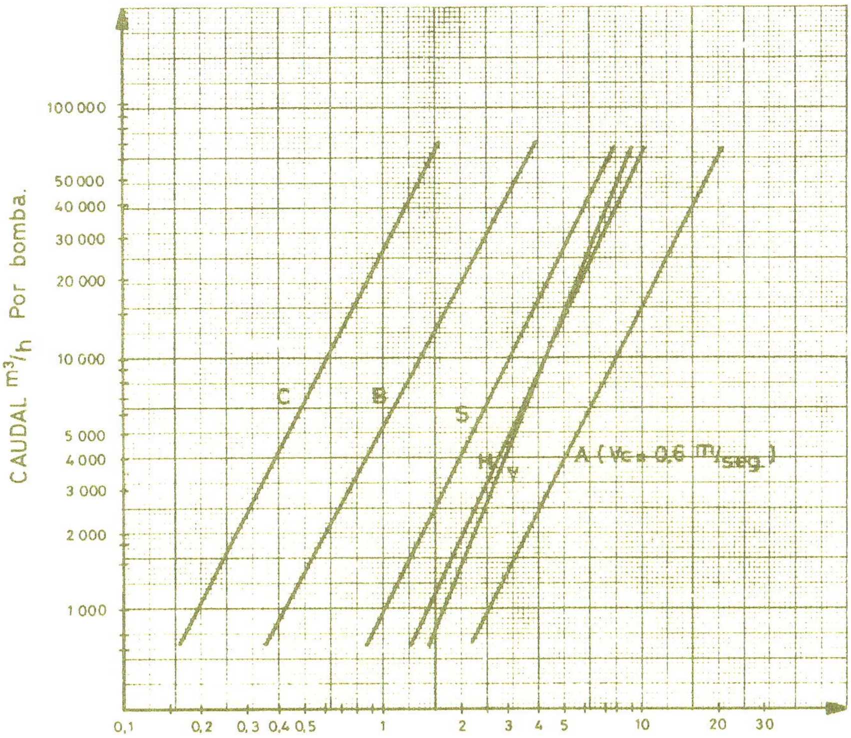

Fig. 4 DIMENSION RECOMENDADA, metros.

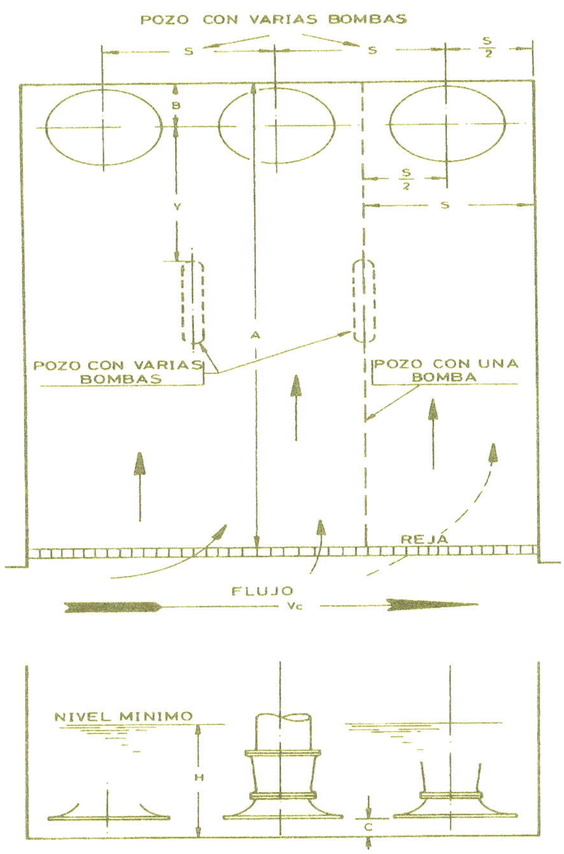

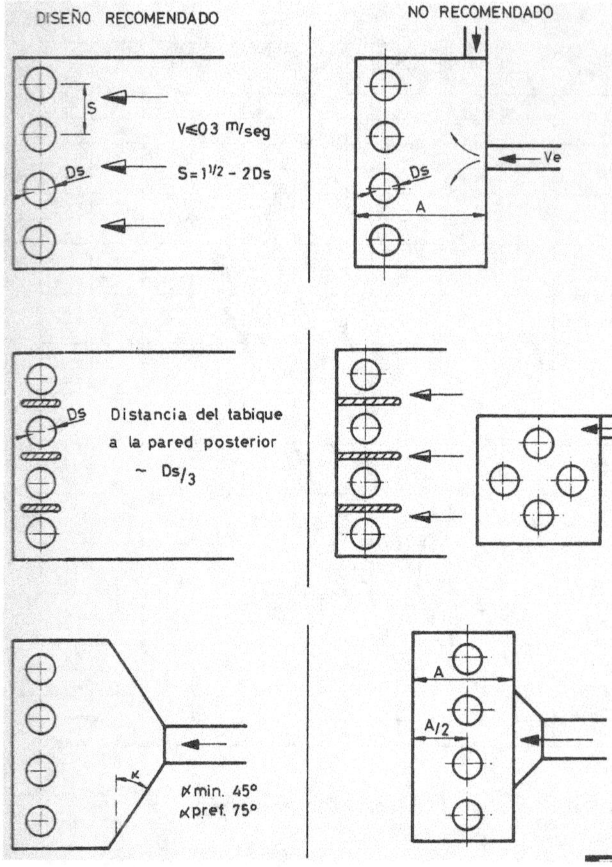

4.2 Guidelines for suction and inlet pipelines

4.2.1 Connections at suction or inflow reservoir

A horizontal pipeline may be connected to the suction or inlet reservoir according to the typical configurations below, depending on the capacity.

- for $Q < 0.5\ m^3/s$ see Fig. 4.16;
- for $Q < 1.0\ m^3/s$ see Fig. 4.17;
- for $Q < 5.0\ m^3/s$ see Fig. 4.18.

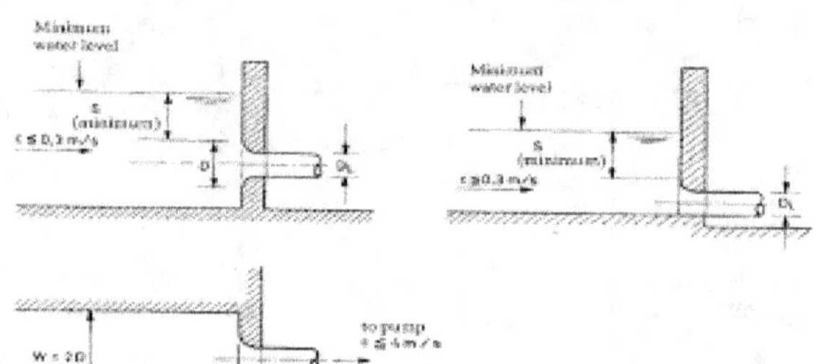

a) Horizontal inlet

Fig. 4.16
$Q < 0.5\ m^3/s$.

Recommended data:
- Inlet velocity in chamber $\leqq 0.3$ m/s
- Inlet velocity in bellmouth $\leqq 1.3$ m/s
- Velocity in pipeline D_L to pump $\leqq 4.0$ m/s
- Dimensions: $D = 1(-1.75\ D_L)$
  $S \geqq 1.0\ D \geqq NPSH_{req}$
  $W = 2.0\ D$

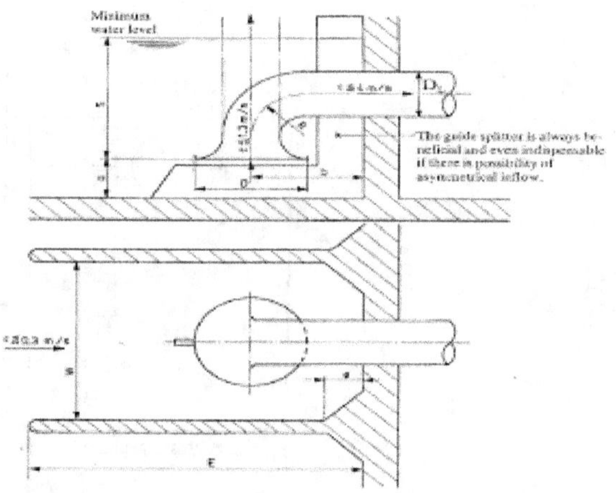

Fig. 4.17
$Q < 1.0\ m^3/s$.

Recommended data:
- Inlet velocity in chamber $\leqq 0.3$ m/s
- Inlet velocity in bellmouth $\leqq 1.3$ m/s
- Velocity in pipeline D_L to pump $\leqq 4.0$ m/s
- Dimensions: $D = 1(-1.75\ D_L)$
  $R \geqq 1.5\ D$
  $S \geqq 1.5\ D \geqq NPSH_{req}$
  $a = 0.5\ D$
  $b = 1.0\ D$
  $W = 2.0\ D$
  $E = 4.0\ D$
  $e = 0.33\ D$

Las bombas que se colocan para instalaciones grandes son de cámara partida verticalizadas (motor en vertical) para ocupar el menor espacio en horizontal trabajando en aspiración ya que son más económicas que las bombas verticales. Hay tener muy en cuenta el NPSH (net positive suction head) ya que normalmente se requieren bombas con un NPSH bajo entre 4 y 5 mt.

El calculo del NPSHd (disponible)= Pa/d-Pv-Hg/d-Hl/d

d = densidad agua
Pa = presión atmosférica
Pv = presión de vapor (función Tª del agua)
Hg = perdidas de carga
Hl = altura de agua disponible –marea mínima – perdidas en (toma+tubería+reja)

La parte superior de la cántara debe estar situada a la cota de máxima marea más un margen de seguridad del orden de 0,5 mt.

Para el cebado de las bombas se utiliza un sistema de vacío estándar (ver figura siguiente) compuesto por depósito y (2) bombas de vacío. La conexión a cada bomba lleva una válvula de solenoide y un indicador-interruptor de nivel, normalmente cada bomba lleva un presostato que para el sistema cuando se desceba la bomba.

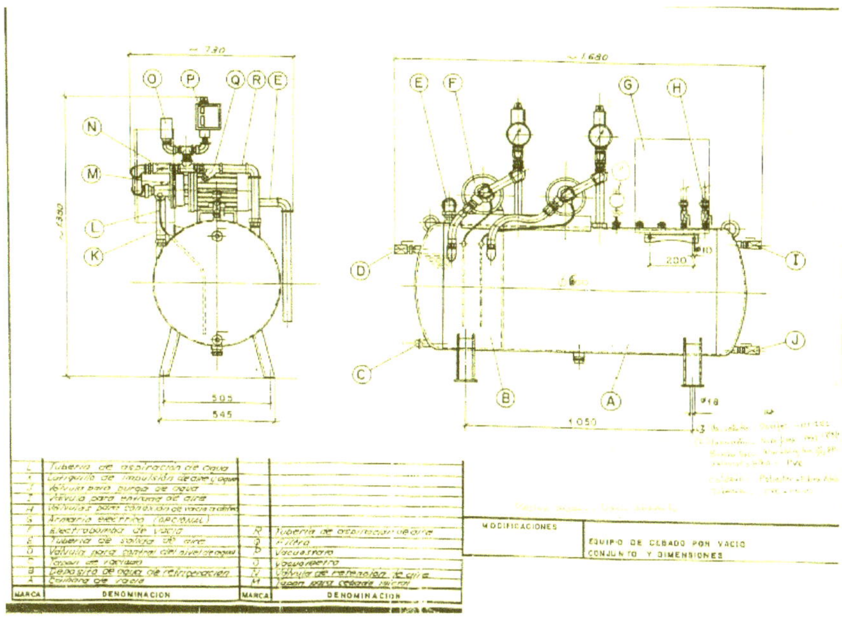

Figura 4.11

Para agua de mar se deben colocar bombas con materiales de Superduplex (A890 gr 5A o 1.4469) en el caso de poner Duplex (1.4517 o 1.4468) utilizar protección catódica, ya que normalmente se producen corrosiones (crevice corrosión) en las bridas o zonas donde no hay circulación del agua y por lo tanto no hay oxigenación.

Todas las bombas descargan a un colector común que conduce el agua al pretratamiento, normalmente se construye en PRFV, presión de diseño la máxima presión de operación y se debe tener muy en cuenta la soportación por estar situado al final del circuito

En el colector se debe colocar la siguiente instrumentación: PT y FIT (salvo que podamos medir el caudal por suma de caudales de bombas o filtros), este FIT nos permite hacer la dosificación de reactivos proporcional al caudal

1.5 Sondeos verticales

- ***Conceptos***

1. **Columna litológica:** Define la composición y características de un terreno.

2. **Cata con testigo:** Sondeo de Dn 80 ó Dn 100 con muestras del terreno que sirven para sacar la columna litológica.

3. **Piezómetro:** Tubo de Dn 80 o Dn 100 para medir el nivel de liquido. Ayuda a calcular el cono de influencia del pozo.

4. **Sondeo de reconocimiento y/o investigación:** Sondeo que se hace con extracción de agua para calcular el rendimiento del sondeo y su cono de influencia.

5. **Cono de depresión:** Es el cono que se forma alrededor del pozo cuando este está funcionando.

6. **Interfase:** Línea de separación agua salada y dulce, es la zona donde penetra el agua salada.

7. **Desarrollo de un sondeo:** Tiempo de limpieza con aire y agua para la extracción de todos los detritus que ha dejado el sondeo y eliminar la bentonita.

8. **Bentonita**: Material de alto contenido en Montmorillonita (57% SiO_2 + 20% Al_2O_3 + oxido de cal + magnesio) se emplea para la formación de lodos en perforaciones.

9. **Tuberías soporte**: Cuando el terreno del sondeo no se mantiene hay que introducir tubería de acero soporte del terreno que se saca una vez se haya introducido la de PVC. Si la entubación es larga se colocan de varios diámetros concéntricos para luego poderlos sacar.

10. **Grava filtrante**: Se introduce entre el sondeo y el tubo de PVC sirve para retener los arenas, gravilla, limos etc) y que no pasen al sondeo.

11. **Cementación:** Hormigón de sellado para evitar infiltraciones desde la superficie.

12. **Sellador:** Producto expansivo que se utiliza para sellar la zona salada de la de agua dulce.

Tipos de sondeos

Se utilizan diferentes formas para hacer los sondeos dependiendo del tipo de terreno. Al hacerlos al lado del mar el más usado es el de rotación-circulación inversa.

1. Percusión

Perforación a golpes mediante un tubo de acero con una válvula de retención en el fondo, al chocar el tubo con el terreno lo machaca y el se introducen dentro del tubo se saca y se descarga en la superficie. Compacta el terreno no se usa para roca dura ya que el tubo rebota ni tampoco para arenas, ya que necesita tubo soporte en todo el recorrido, y de varios diámetros, esto encarece económicamente el sondeo y puede ocurrir a veces que no se puede sacar alguno de los tubos soporte por la presión de la arena, las muestras del detritus son de calidad porque no se deterioran

2. Roto-percusión

Perforación a rotación y percusión se hace con un tricono movido por aire, este aire junto con agua se emplean para la extracción de los detritus , es un buen sistema para terrenos con roca y/o volcánicos, el inconveniente que tiene es que no se puede perforar tamaños grandes el limite está en dn250 o dn300

3. **Rotación-circulación directa e inversa**

Se compone de una perforación a rotación con un tricono movido por aire, lodos y agua que suben los detritus a la superficie.

Existen dos sistemas de extraer los detritus con **circulación directa** y **circulación inversa**, dependiendo por donde suben los detritus.

- **Directo**: Suben por el exterior del tubo de las varillas.
- **Inverso**: Suben por el interior de las varillas.

Este sistema usa lodos (bentonita) para sostener el pozo excepto en los metros iniciales que se usa AºCº.

Se pueden hacer de tamaños grandes normalmente se hace el pozo en Dn 500 con un tamaño inicial de Dn 800, en los metros iniciales 10-20 mt a veces si el terreno es de relleno es necesario colocar tubo soporte.

Este sistema requiere espacio para hacer la cuba donde se prepara el lodo bentonítico.

Perforación con aire en circulación inversa de martillo fondo de orificio

Esta técnica, puesta a punto por un contratista de Hérault, da buenos resultados y permite economías

Las diferentes técnicas de perforación pueden caracterizarse por :
— el tipo de herramienta que corta la roca : tricono (herramienta con moletas) o martillo fondo de orificio ;
— la naturaleza del fluido (lodo, agua o aire) que transporta las partículas de roca (cuttings) del fondo del orificio hasta la superficie del suelo ;
— el sentido de circulación del fluido : este es directo cuando el fluido es inyectado por el interior del tren de varillas (guarnición) y propulsa hacia la superficie los cuttings por el espacio anular entre la perforación y la guarnición ; es inverso, cuando el fluido (lodo o agua) desciende por ese mismo espacio anular y propulsa hacia la superficie los cuttings por el interior del tren de varillas.

Las técnicas de perforación convencionales son :
— la perforación en tricono, con lodo, en circulación directa (caso general de la perforación petrolera, por ejemplo) ;
— la perforación con aire, martillo fondo de orificio también en circulación directa (caso general de las perforaciones de agua en las regiones del zócalo cristalino, Bretaña y Africa del Oeste por ejemplo).

La sociedad Renos Investigación y Agua, ha desarrollado recientemente la técnica de la perforación con aire de martillo de fondo de orificio, en circulación inversa. Para ello ha puesto a punto y patentado un nuevo tipo de guarnición de perforación (varillas con doble pared y bloque distribuidor de aire).

El principio

El aire bajo presión es inyectado en el interior del espacio anular de las varillas de doble pared coaxiales (1), penetra en el bloque distribuidor (2), sale a la altura del martillo de fondo de orificio (3) para garantizar su funcionamiento, permite luego la evacuación y la subida de los cuttings por el tubo interno de las varillasde doble pared. Una velocidad del orden de 1000 m por minuto es mantenida en el tubo interno ; es independiente de la relación entre los diámetros del orificio y del tren de varillas.

Las obras de perforación de Saint-Hippolyte du-Fort : un orificio de 400 m de 17"1/2 en roca dura.

Foto 1 - Las varillas de doble pared con roscado cónico API

Técnica

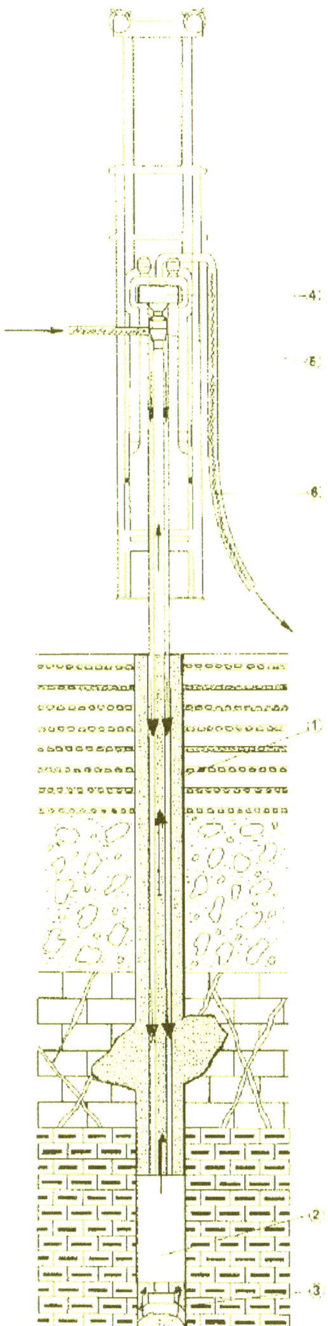

Los equipos

El empleo de las varillas de doble pared (1), de concepción sólida, es simple y rápido. Están constituidas por un tubo externo de un diámetro de 7''5/8, y un tubo interior de un diámetro de 5''1/2, con un roscado cónico API (5''1/2 it) de tipo petrolero (foto 1) ; el atornillado y desatornillado se efectuán como los de las varillas convencionales. El diámetro del paso de tubo interno es de 4''3/4, es decir suficientemente importante para reducir al mínimo las pérdidas de carga.

El bloque distribuidor estabilizador (2) tiene varios roles :

— hacer pasar el aire por el circuito descendente para garantizar el funcionamiento del martillo fondo de orificio ;

— hacer pasar, por intermedio de un racor cruzado, el aire y los cuttings por el circuito ascendente, es decir, por el tubo interno de las varillas de doble pared ;

— garantizar la verticalidad del orificio ;

— aislar el fondo del orificio de la parte de la perforación situada por encima de este dispositivo ; tiene el mismo diámetro de la herramienta de perforación y constituye una pieza determinante de la técnica de perforación de circulación inversa.

El martillo fondo de orificio convencional (3) está equipado con una herramienta con fondo plano (filo) cuya parte cortante está compuesta por botones de carburo de tungsteno insertados en la cabeza del filo (foto 2), el diámetro de los filos, en general, está comprendido entre 6'' y 30'' (152,4 a 763 mm).

Major información geológica

Las ventajas que se desprenden de la técnica de la perforación con aire, en circulación inversa, de martillo de fondo de orificio, se indican a continuación, principalmente las ventajas de circulación inversa que constituye la originalidad de la técnica de perforación desarrollada por Renos Investigación y Agua.

• *La información geológica es precisa y casi instantánea.* Los cuttings recogidos a la salida de la perforación proceden, a gran velocidad, del único fondo de orificio y son de dimensiones centimétricas ; no hay, en particular, mezclas con los cuttings procedentes de la erosión de orificio en el curso de la subida.

• *La información geológica es continua* (tasas de recuperación de los cuttings : 100 %). El paso por las zonas fisuradas, fracturadas o cavernosas, se traduce muy a menudo en pérdidas parciales o totales del fluido de circulación (aire, agua o lodo) en las técnicas de perforación convencionales (circulación directa). Por el contrario, la subida de los cuttings por el tren de varillas elimina las pérdidas de fluido y de cuttings y los riesgos asociados, tales como el colmateo y la polución eventual de los acuíferos o el atascamiento de las guarniciones.

• Las llegadas sucesivas de fluidos son individualizadas. Se puede así identificar las características físico-químicas respectivas y su importancia relativa, contrariamente al método de perforación de aire en circulación directa que permite obtener sólo informaciones globales sobre los depositos atravesados.

Economías

La reducción del caudal de aire necesario para la subida de los cuttings es muy importante : por ejemplo para realizar una perforación de 17''1/2 (444,5 mm), el caudal de aire es del orden de 25 m^3/ minuto en circulación inversa y de 5 a 6 veces más elevado en circulación directa. Dicho en otras palabras, la circulación inversa permite perforar obras de gran diámetro con inversiones gastos de explotación reducidos (compresores de mínima potencia).

La ausencia de turbulencia por encima del bloque del distribuidor estabilizador favoriza la estabilidad del orificio, y aumenta la longevidad del tren de varillas que no sufre erosión externa. La superficie lisa interior de los tubos internos favoriza menos la turbulencia en los flujos de subida que la geometría del espacio anular.

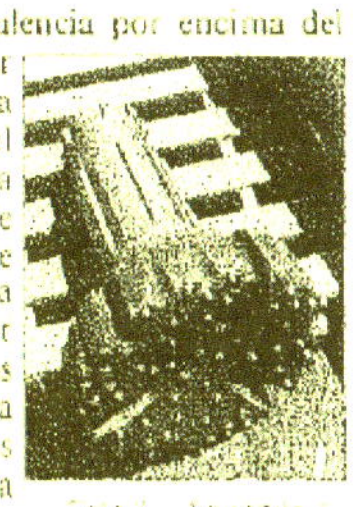

En la técnica de circulación inversa con aire, se asocia en general la utilización de un martillo de fondo de orificio y de un filo. Esta técnica genera una reducción del costo de la perforación cuya importancia aumenta en función de la dureza de la roca.

Esta reducción se debe en particular, al avance más rápido, a la economía de las herramientas de perforación y al material más ligero (sin circuitos de lodo ni bombas y masas de varillas).

En todo terreno

La técnica de perforación con aire en circulación inversa de martillo de fondo de orificio, puede utilizarse en todas las formaciones geológicas que van del silt a la roca. Constituye, en particular, una etapa importante en la solución de las dificultades de perforación de gran diámetro, en las rocas duras (calcáreas, granitos, etc.) y en las rocas fracturadas con pérdida total de fluido de circulación. Algunos ejemplos de aplicación se proponen en las siguientes disciplinas :

• Aguas subterráneas :

— ahondamiento de los pozos o perforaciónes existentes para aumentar la productividad ;

— obras de gran diámetro en el zócalo cristalino de Africa, que permiten adaptar medios manuales de bombeo.

• Petróleo

— realización de perforaciones de gran diámetro en las rocas duras. Por ejemplo Boniface acaba de realizar en Saint-Hyppolyte-du-fort (Gard) un anteorifició de aproximadamente 400 metros de profundidad, de un diámetro de 17''1/2 (444,5 mm) en las calcáreas kársticas de Kimmeridgien, con un avance medio de 8 m/hora. Esta operación ha sido realizada por cuenta de Total Exploration.

• *Investigación minera :*

— muestreo completo bajo forma de cuttings de dimensiones centimétricas que suministran una información geológica continua y precisa.

• *Ingeniería Civil.*

Realización de pilotes perforados.

- ***Recomendaciones antes de hacer los sondeos***

Antes de contratar los sondeos se debe hacer una cata y un sondeo de investigación, si ambos son positivos se deja como sondeo definitivo

1. Cata

Se realiza para conocer la litología de la zona. Suele ser de Dn 80 o Dn 100 y saca muestras del terreno que se llevan a un geólogo para que realice un informe. Con este ensayo se determina la zona filtrable y la zona ciega.

Debe llevar un tubo de PVC para que nos sirva de piezómetro.

2. Sondeo de investigación

Es un ensayo que se realiza con aforo del sondeo e incluye un informe con el cálculo del cono de influencia, caudales y cálculo de depresiones, de esta forma se determina la separación entre sondeos.

- ***Recomendaciones para el contrato***

Además de hacer los sondeos se deben contratar ciertos servicios que ayudan a la buena ejecución de los sondeos.

1. **Control del sondeo** por un geólogo e informe litológico de cada sondeo.
2. **Aforo de cada sondeo** verificado por un geólogo y determinación de los conos de depresión, medidas de conductividad, temperatura y turbidez.
3. **Determinar el tiempo mínimo de desarrollo de cada sondeo,** que suele ser de 48 horas con aire y agua.

- ***Tipos de terreno***

Los diferentes terrenos que nos podemos encontrar al hacer el sondeo son los siguientes:

1. **Rocas fracturadas (calizas, calcarenitas, etc)** dan agua y de calidad.
2. **Calizas compactas** dan muy poco agua.
3. **Gravas y arenas normalmente van con limos** dan menos agua depende cantidad de grava y peor calidad por el arrastre de limos.
4. **Arcillas y margas** no dan agua.

- ***Elementos necesarios en un sondeo***

A continuación se describe los elementos que requiere el sondeo para su buen funcionamiento:

1. Caudal de pozo

Es la variable que es preciso conocer para el correcto dimensionamiento de los elementos que lleva el sondeo.

El caudal depende de la permeabilidad del terreno donde se haga el sondeo, varia entre 60 a 150 l/seg lo más normal 80-120 l/seg según experiencia conseguida en sondeos realizados.

2. Tubería soporte o emboquillado

Tubo de Dn 800 que se emplea como soporte de las tierras y sirve también de soporte de la arqueta y piezas embebidas, normalmente la suministra el contratista que ejecuta el sondeo.

3. Tubería definitiva soporte del sondeo

Se emplea tubo de PVC roscado con un espesor adecuado a la profundidad del sondeo, hay varios suministradores de esta tubería. Los mas conocidos son Preussag Engineering, Boode y Pumpenboese (GWE).

Esta tubería se instala ranurada con paso de 3, 2 o 1,5 mm. La más usada es de paso 3 mm. La longitud de la tubería filtrable depende del caudal y de la zona filtrable y se calcula para una velocidad de 3 cm/seg.

Es frecuente utilizar tuberías de diferente diámetro Dn 500 o Dn 450 hasta donde va la bomba estos deben ser los tamaños mínimos y Dn 300 para el resto como se puede ver en la siguiente figura.

Tubewell with pb uPVC Plain Casing and Ribbed Screen

Description caractéristique de la mise en place d'une crépine nervurée et tube plein en PVC dans un forage

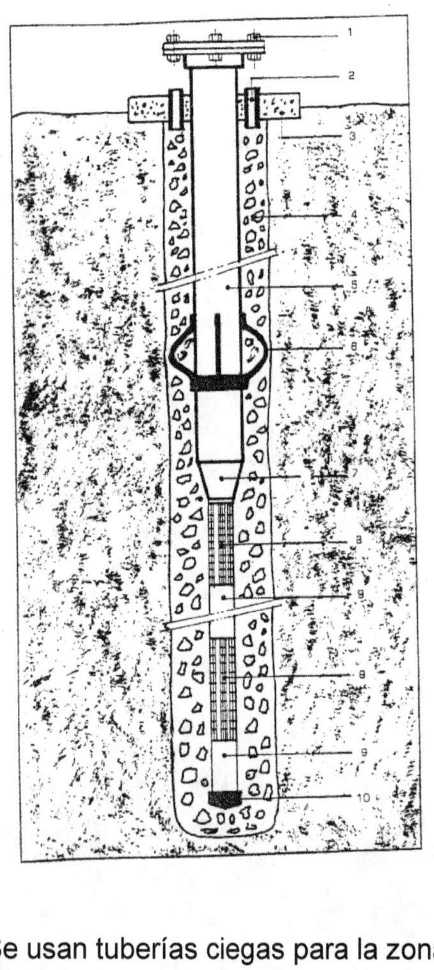

Index to figure alongside

1. Bolted Capping Flange
2. Gravel Top-up Pipes
3. Platform
4. Gravel Pack
5. **pb** uPVC Casing Pipes
6. Centering Guide
7. Reducer
8. **pb** uPVC Ribbed Screen
9. **pb** uPVC sandtraps
10. End Cap/Plug

Légende du croquis sur la gauche

1. *Bride fixée et boulonnée*
2. *Tube de remplissage pour gravier*
3. *Plateforme*
4. *Couronne de gravier*
5. *Tube plein en PVC*
6. *Guide de centrage*
7. *Cône*
8. *Crépine nervurée **pb** en PVC*
9. *Boite à sable **pb** en PVC*
10. *Bonnet/Bouchon de fond*

The entire text was written and compiled by Mr. G. Propp and Mr. Dr. K. Wandt, members of our technical staff, in June 1987.

2nd Edition, Sept. 1989

Write or Telex for
Detailed Product Information and Pricing on our Screen and Pump Equipments.

Le texte de cette brochure a été rédigé par MM. G. Propp et Dr. K. Wandt, membres de nos bureaux techniques, en Juin 1987.

2ème Edition, Sept. 1989

Veuillez nous contacter pour de plus amples informations sur les produits décrits.

Se usan tuberías ciegas para la zona no filtrable.

Características técnicas
Filtros y tubos ciegos SBF-K, SBF-KV

Características

Características			Metodo de prueba
Resistencia a la flexión (modulo elástico) aprox.:	N/mm^2	2500–3000	DIN 53457
Resistencia entalladura al choque a 20 °C Resistencia normal a la rotura aprox.	kJ/m^2	3–5	DIN 53453
Peso especifico aprox.:	g/cm^3	1,4	DIN 53479
Resistencia a la tracción aprox.:	N/mm^2	45 ... 55	DIN 53455
Resistencia al choque:		Rotura max. 10%	DIN 53453
Temperatura de ablandamiento – Vicat aprox.	°C	80	DIN 53460 B

Calculo para la obtención de la instalación de tubería a profundidares maximas

La profundidad para la instalación de tubería se determina por el tamaño de la tubería, su resistencia a la presión externa compresión y resistencia a la tracción. En la tabla representada aqui se encuentran los dos tipos de parametros para hallar la tubería apropiada para cada profundidad; se puede calcular facilmente la máxima profundidad a la que pueda instalarse la tubería. Tolerancias para maximas cargas, como puede darse al relleno con grava o en ensayos de sondeos, no se especifican. Sólo se puede dar un cálculo concreto dependiendo de los demás detalles técnicos de la construcción del sondeo.

Por ello no es posible determinar con exactitud la máxima profundidad en terminos generales. Sólo se puede dar con un caracter general una idea sobre las tolerancias máximas a diferentes profundidades:

Tipo de tubería	Profundidad de Instalación
SBF-K	max. 100 m
SBF-KV	max. 300 m

Resistencia química

De acuerdo con las normas DIN 8061 la Tubería de PVC-U es resistente a:

- Todo tipo de aguas subterraneas
- Agua marina
- Sales
- Acidos diluidos
- Lixiviados

Aparte de los liquidos referenciados también puede utilizarse para la regeneración o desinfección de tubería ranurada (Filtros) o tubería ciega, productos químicos que son habituales en estos procesos. Aún repitiendo estos procesos la tubería no sufre ningúna alteración.

Resistencia a la Tracción

DN	Tubo filtro Resistencia KN	Tubo ciego Resistencia KN Rosca	Tubo ciego Resistencia KN Rosca trapezoidal
35	1,5	5,0	–
40	2,0	6,0	–
50	2,5	8,0	–
80	4,0	12,0	–
100	6,5	12,0	20,0
115	6,5	–	20,0
125	10,0	–	30,0
150	13,0	–	40,0
175	13,0	–	40,0
200	26,5	–	80,0
250	36,5	–	110,0
300	50,0	–	150,0
350	65,0	–	200,0
400	65,0	–	200,0
500	65,0*	–	200,0*
600	65,0*	–	200,0*

Rosca – TNA – sobre petición * Rosca especial

Resistencia a la presión externa

DN	DN pulgada	**SBF-K** MPa*	DN	DN pulgada	**SBF-KV** MPa*
35	1 1/4	6,6			
40	1 1/2	4,1			
50	2	3,0			
80	3	0,8			
100	4	0,7			
115	4 1/2	0,5	115	4 1/2	2,0
125	5	0,8	125	5	1,7
150	6	0,8	150	6	1,8
175	7	0,7	175	7	1,9
200	8	0,7	200	8	1,8
250	10	0,7	250	10	1,7
300	12	0,7	300	12	1,8
350	14	0,7	350	14	1,4
400	16	0,7	400	16	1,3
500	20	0,4			
600	24	0,2			

DN = Diametro nominal

* 1 MPa = 10 bar

Tipo de unión con enchufe

- R ≙ Rosca Whitworth
- T ≙ Rosca Trapezoidal
- TNA ≙ Rosca Trapezoidal sin enchufe
- S ≙ Rosca especial
- SNA ≙ Rosca especial sin enchufe

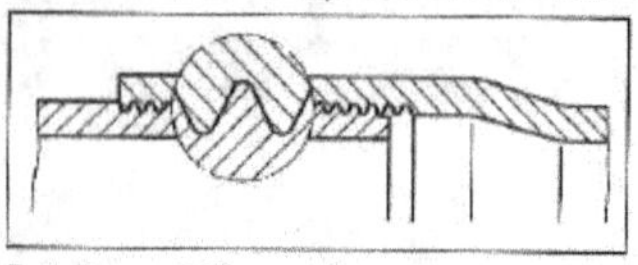

R ≙ Rosca Whitworth según DIN 2999. Rosca interna cilíndrica y rosca exterior abocardada. 11 pasos por pulgada. DN 35–DN 100.

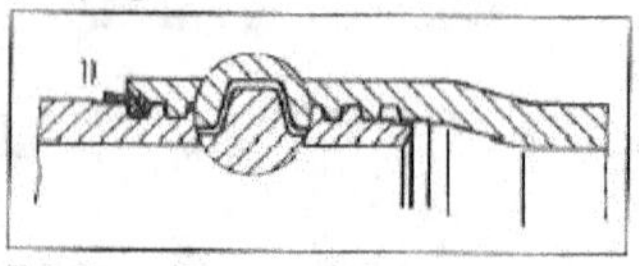

T ≙ Rosca Trapezoidal DIN 4925 según norma de fábrica.
Paso 6 mm: DN 100–DN 200.
Paso 12 mm: DN 250–DN 400.

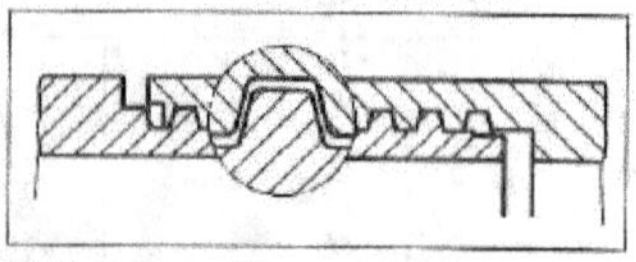

TNA ≙ Rosca Trapezoidal sin enchufe, según norma de fábrica. Rosca practicada en la pared de la tubería. Diametro de rosca y paso de rosca según norma de fábrica.

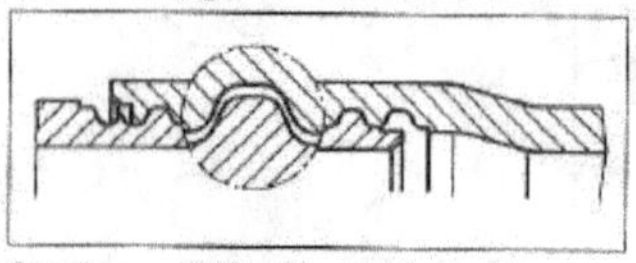

S ≙ Rosca SBF - Especial según norma de fábrica.
Paso 14 mm: DN 500–DN 600.

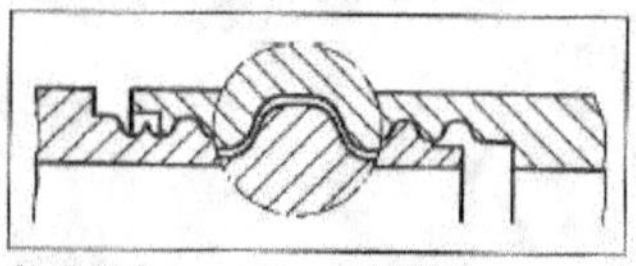

SNA ≙ Rosca especial SBF sin enchufe, según norma de fábrica. Rosca practicada en la pared de la tubería. Diametro de la rosca y paso según norma de fábrica.

Permeabilidad de filtros (para ranuración de 0,2 mm – 3,0 mm)

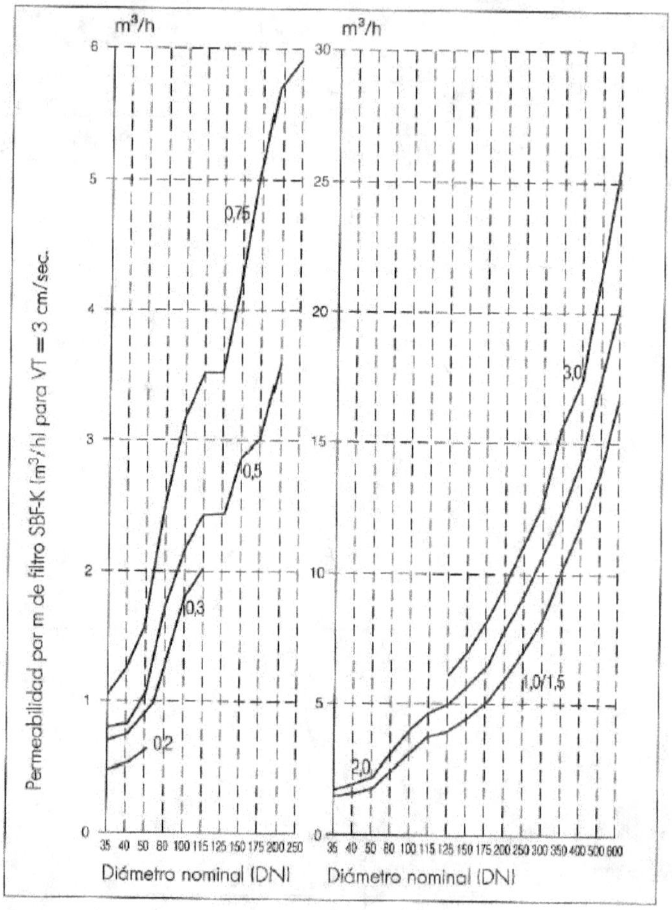

Filtros y tubos ciegos SBF-K, SBF-KV

SBF-K

DN	DN pulgada	Ø Externo d (mm)	Espesor s (mm)	Ø Min. interno d_1 (mm)	Ø Exterior con enchufe d_5 (mm)	Peso kg/m	Resist. a la compresión MPa
35	1 1/4	42	3,5	34	47	0,6	6,6
40	1 1/2	48	3,5	39	53	0,7	4,1
50	2	60	4,0	50	66	1,0	3,0
80	3	88	4,0	77	94	1,6	0,8
100	4	113	5,0	98	121	2,5	0,7
115	4 1/2	125	5,0	110	133	2,8	0,5
125	5	140	6,5	122	149	4,1	0,8
150	6	165	7,5	146	177	5,5	0,8
175	7	195	8,5	170	208	7,4	0,7
200	8	225	10,0	195	242	10,0	0,7
250	10	280	12,5	243	296	15,6	0,7
300	12	330	14,5	290	349	21,2	0,7
350	14	400	17,5	350	425	31,0	0,7
400	16	450	19,5	395	476	38,9	0,7
500	20	540	20,0	485	570	48,5	0,4
600	24	630	18,5	575	655	52,5	0,2

SBF-KV

DN	DN pulgada	Ø Externo d (mm)	Espesor s (mm)	Ø Min. interno d_1 (mm)	Ø Exterior con enchufe d_5 (mm)	Peso kg/m	Resist. a la compresión MPa
115	4 1/2	125	7,5	105	138	4,1	2,0
125	5	140	8,0	118	153	4,9	1,7
150	6	165	9,5	140	181	6,9	1,8
175	7	195	11,5	163	213	9,8	1,9
200	8	225	13,0	188	249	12,8	1,8
250	10	280	16,0	236	304	19,6	1,7
300	12	330	19,0	280	359	27,4	1,8
350	14	400	21,5	340	434	37,7	1,4
400	16	450	23,5	385	485	46,4	1,3

SBF-K tubos especiales según norma de fabricación

DN	SBF-K filtros y tubos ciegos dimensiones en mm					tipo de rosca
	Ø externo d	espesor s	Ø min. interno	Ø exterior con enchufe d_5	peso kg/m	
80	90	6,7	75	100	2,6	K
100	113	8,2	92	129	4,0	T/TNA
125	140	10,4	112	158	6,3	T/TNA
150	165	5,0	150	173	3,8	T
150	165	12,0	134	187	8,5	T/TNA
165	180	8,0	160	193	6,4	T/TNA
200	225	7,0	205	236	7,2	T/TNA
225	245	10,5	218	264	11,5	T/TNA
325	370	16,5	328	392	27,0	T/TNA

A petición se pueden suministrar tubos de otras dimensiones, longitudes y ranuraciones.

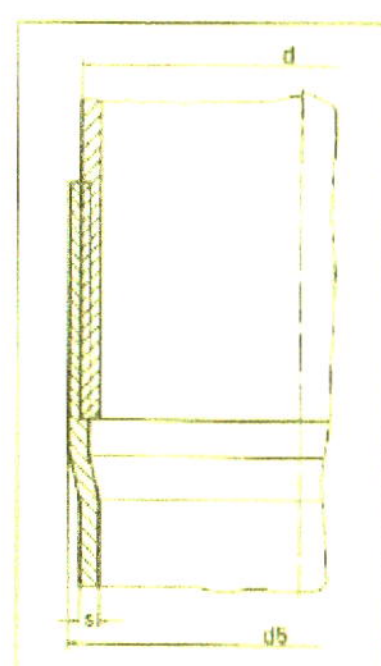

Longitudes estándar

Longitudes estándar	**SBF-K**	DN 35-600	1,0-2,0-3,0-4,0 m
	SBF-KV	DN 115	1,0-2,0-3,0-4,0 m
		DN 125-400	2,0-3,0-4,0 m

Ranuración de filtros

SBF-K	SBF-KV		
DN 35- 40- 50		0,2-0,3-0,5-0,75-1,0-1,5-2,0	mm
DN 80-100-115	DN 115	0,3-0,5-0,75-1,0-1,5-2,0	mm
DN 125-150-175-200	DN 125-150-175-200	0,5-0,75-1,0-1,5-2,0-3,0	mm
DN 250	DN 250	0,75-1,0-1,5-2,0-3,0	mm
DN 300-350	DN 300	1,0-1,5-2,0-3,0	mm
DN 400-500-600	DN 350-400	1,5-2,0-3,0	mm

Para lo sondeos donde no se puede colocar la grava se usa tubería con grava adherida al tubo, como muestra el catálogo de Presussag Engineering que esta adjunto a continuación.

Filtros con revestimiento de grava de cuarzo SBF-KK

En sondeos en los que el relleno de grava no se pueda introducir con seguridad o es difícil y costoso realizarlo, la utilización de filtros recubiertos con grava son la solución idonea y una buena alternativa para evitar el engravillado convencional.

Se consiguen aplicaciones exclusivas con los filtros engravillados, p. e. en sondeos profundos con pequeño diámetro anular.

La capa de grava que se aplica directamente sobre la tubería ranurada se compone de grava de cuarzo limpia y casí completamente redonda (96% SiO_2), que se une por medio de una resina Epoxy. El producto de unión reacciona durante el vertido de la misma, sin producirse el bloqueo de las ranuras, por lo que la permeabilidad queda asegurada en toda su superficie.

SBF-KK

DN	DN pulgada	Ø Externo d (mm)	Espesor s (mm)	Ø Min. interno d_1 (mm)	Ø Exterior con enchufe d_5 (mm)	Espesor de capa de grava s_1 (mm)	Ø Exterior con capa de grava max. d_3 (mm)	Peso con grava kg/m
35	1 1/4	42	3,5	34	47	11	66	3,4
40	1 1/2	48	3,5	39	53	11	72	3,5
50	2	60	4,0	50	66	15	91	5,0
80	3	88	4,0	77	94	16	122	8,0
100	4	113	5,0	98	121	16	146	11,5
115	4 1/2	125	5,0	110	133	16	160	12,5
125	5	140	6,5	122	149	16	173	13,5
150	6	165	7,5	146	177	16	199	17,2
175	7	195	8,5	170	206	16	227	20,0
200	8	225	10,0	195	242	16	259	24,5
250	10	280	12,5	243	296	15	312	33,5
300	12	330	14,5	290	349	16	364	44,0
350	14	400	17,5	350	425	18	439	63,0
400	16	450	19,5	395	476	18	488	74,0

Longitudes estándar SBF-KK
DN 35– 80 1,0 m
DN 100–400 2,0 m

Ranuración de filtros SBF-KK
DN 35–300 0,75 mm
DN 35–400 1,5 mm
DN 35–400 2,0 mm
DN 50–400 2,0 mm

Granulometria grava SBF-KK
0,7–1,2 mm
1,5–2,0 mm
2,0–3,0 mm
3,5–5,0 mm

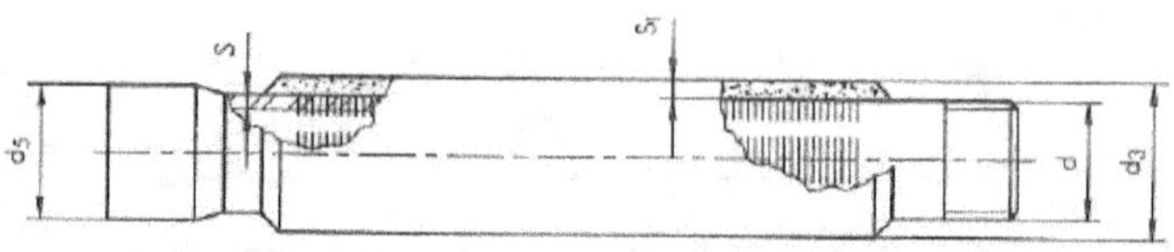

Filtros con nervaduras SBF-KR

La mecanización ranurada en sentido longitudinal dota a este tipo de filtros de una gran permeabilidad. Evita la concentración de gravas o arenas en la zona de las ranuras. Las ventajas practicas de la tubería ranurada son la mejora de las propiedades hidraulicas que produce una mayor capacidad de captación de agua.

Aparte de las dimensiones usuales expuestas seguidamente, tanto de la tubería ranurada como de la tubería ciega, disponemos, según las necesidades en proyectos concretos y dependiendo del volumen de obra, de versiones reforzadas (Tubería SBF-KV y extra reforzadas).

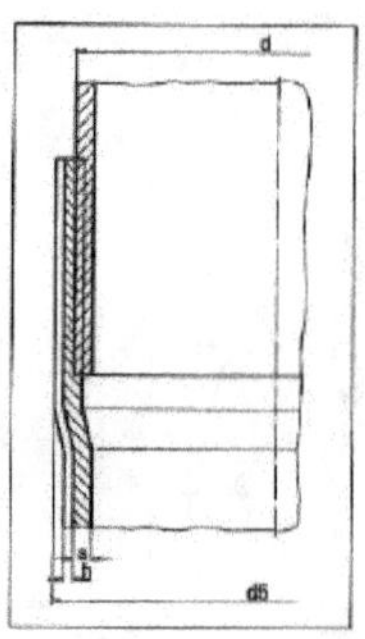

SBF-KR

DN	Ø Exterior con enchufe d_5 (mm)	Espesor pared Altura nervaduras s/h (mm)	Peso kg/m
40	56	3,5 / 2,0	0,9
50	69	4,0 / 2,0	1,3
80	97	4,0 / 2,0	2,0
100	125	5,0 / 2,5	3,0
125	153	6,5 / 2,5	4,8
150	181	7,5 / 2,5	6,4

Longitudes estándar SBF-KR
DN 40–150 1,0–2,0–3,0–4,0 m

Ranuración de filtros SBF-KR
DN 40–125 0,2–0,3–0,5–0,75–1,0–1,5–2,0 mm
DN 150 0,5–0,75–1,0–1,5–2,0–3,0 mm

4. Tubería soporte bomba

Tubería metálica que soporta la bomba y conduce el agua de mar al colector general, esta tubería esta colgada de la arqueta del sondeo y soporta el peso una pieza embebida en el hormigón como se puede ver en el siguiente diagrama.

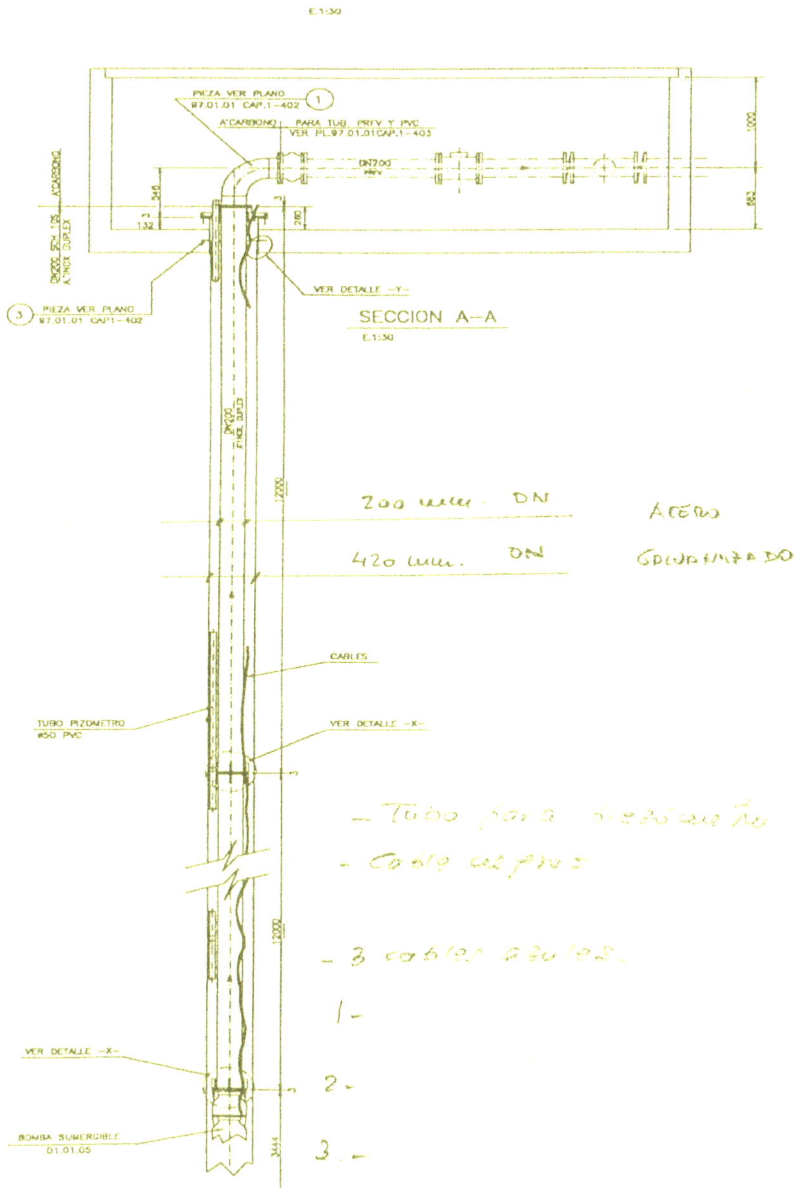

Figura 4.12. Plano constructivo. Pozo

Los materiales que se emplean para la tubería son duplex + protección anódica o cationica o duplex en tubería y superduplex en la zona más expuesta a la corrosión como tornillos y bridas. Como la tubería hay que desmontarla cuando se saca la bomba lleva bridas cada 6 mts y son bridas especiales.

Hay tuberías de AºCº recubiertas con epoxi con uniones de enchufe y soporte con cordones de plástico. Parece que se están empleando en agua de mar con buenos resultados. Son de la casa HAGUSTA del grupo Preussag.

HAGUDOSTA®

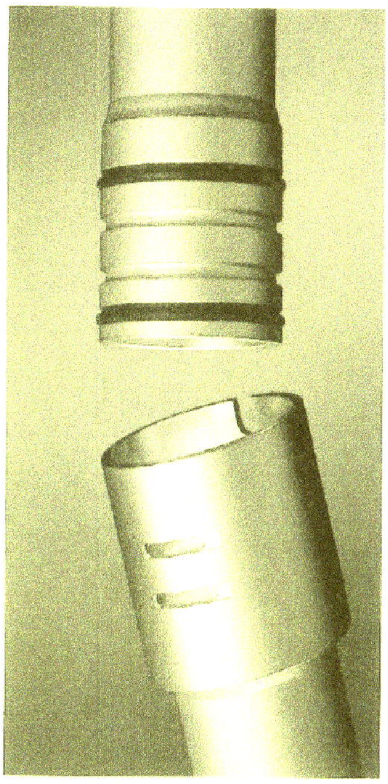

HAGUDOSTA® es sinónimo de una nueva técnica de unión para tuberias de impulsión a través de un manguito enchufable resistente a la tracción que se establece mediante dos cordones de plastico.

Este tipo de unión ha demostrado su eficacia desde hace décadas en la explotación de lignito – pero su aplicación en el sector de tuberías de impulsion es una novedad. Las tres ventajas más destacables de esta nueva tecnica son:

● ausencia de problemas

pues desaparecen las dificultades que puede presentar el apriete de una unión roscada. En comparación con uniónes mediante brida ofrece mayores posibilidades de aplicación en pozos de diametro reducido.

● seguridad

gracias al seguro automático contra torsión es imposible girar la unión. El uso de dos cordones mazizos de plastico aportan una seguridad adicional. Por otro lado no puede penetrar suciedad en el espacio anular de la unión, por el uso de una junta tórica.

● economía

economía de tiempo y costes de mantenimiento, gracias a una mayor rapidez en la maniobra de montaje y desmontaje, ademas del ahorro enérgetico que supone la presencia del manguito en lugar de la brida.

La tuberia de impulsión

con unión HAGUDOSTA® se fabrica en los diametros DN 50 hasta 250 y está disponible en las versiones HAGULIT®, acero negro con recubrimiento de resina de epoxy, y en acero inoxidable. La versión estándar comprende tubería de presión nominal PN 16, a petición, estan disponibles versiones en PN 25 y PN 40. Veanse características técnicas y dimensiones en la tabla.

El usuario dispone de contrastadas soluciones técnicas de protección permanente contra la corrosión:

● la probada y excelente calidad HAGULIT®, en el revestimiento de resina de epoxy de HAGUSTA.

● la calidad de nuestros aceros inoxidables para instalaciones hidráulicas.

El revestimiento de epoxy se caracteriza por su alta tenacidad a la percusión, resistencia al desgaste y excelente adherencia así como por un valor extremadamente reducido de difusión del oxígeno – el parámetro determinante de la velocidad de corrósion.

HAGUSTA dispone de una profunda experiencia de muchos años en su instalación sinterizadora de lecho fluidificado, asimismo contrastados conocimientos dentro de este campo especial del tratamiento de superficies. El cuidadoso tratamiento previo del acero, es el secreto para un eficaz revestimiento y esto naturalmente es norma de obligado cumplimiento en HAGUSTA.

En HAGUSTA, el acero inoxidable se somete a un tratamiento especial de superficie, que consiste en un decapado en baño de inmersión y posterior pasivado, aumentando de esta manera la resistencia a la corrosión de los aceros. Así se le devuelve al acero sus propiedades anticorrosivas que naturalmente se pierden en el proceso de fabricación como: curvación, transformación mecánica de superficie y soldaduras.
Gracias al decapado en baño de inmersión, se consigue una superficie metálica totalmente limpia estableciéndose el requisito previo para la formación de una capa pasiva. El proceso siguiente, la pasivación acelera la formación de una pelicula pasiva, que se produce por influencia del oxigeno y que finalmente establece la resistencia anticorrosiva de nuestros aceros inoxidables.

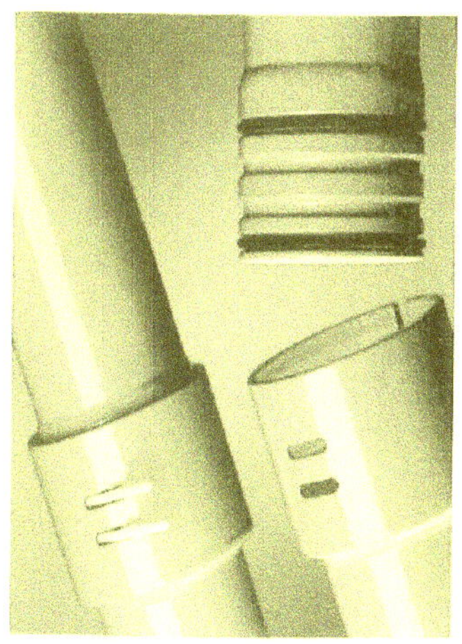

5. Arqueta de sondeo

Arqueta de hormigón que se hace para contener tuberías válvulas e instrumentos, y tapas del sondeo; tamaño (4x1.5 x 2) aprox. Debe llevar drenaje para evacuar el agua de fugas que se puedan producir en las tuberías

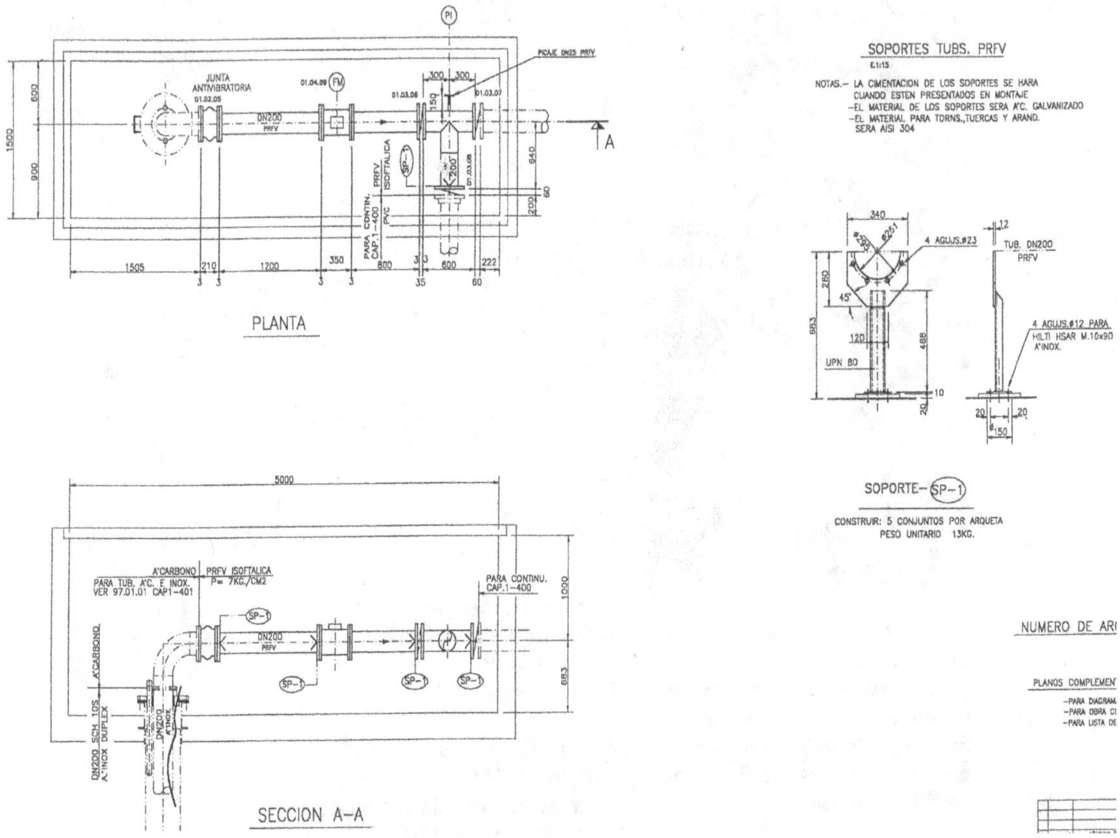

Figura 4.13. Detalle arqueta pozo

6. Bombas de impulsión

Se emplean bombas llamadas de lapicero donde la bomba y motor van sumergidas (bomba parte superior – motor parte inferior).

Se emplean de velocidad 1500 - 3000 rpm dependiendo de la calidad de agua. Si no hay arena 3000 rpm si hay arena 1500 rpm.

Se emplean materiales acero inoxidable 904L, Duplex con protección catiónica o Superduplex.

El motor se debe pedir con protección térmica PT-100 o PTC's. Es importante la posición del motor en el sondeo de forma que el agua de mar en circulación debe refrigerar el motor, para lo cual debe estar colocado en la zona superior a la entrada del agua.

Suministradores de bombas: Flowserve , EMU, Grundfos.

Normalmente el tamaño de la bomba es Dn 300.

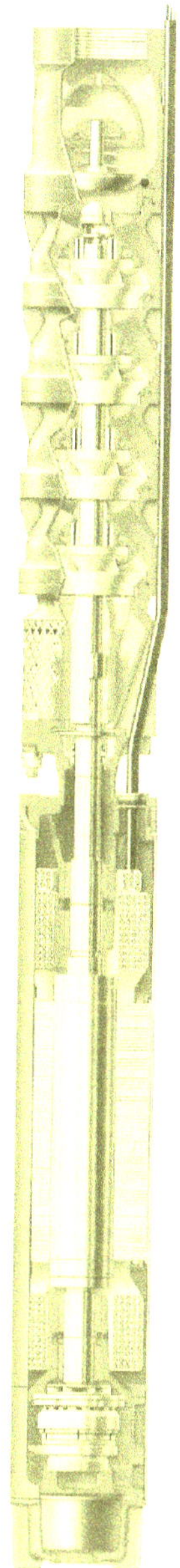

7. Tuberías, válvulas de impulsión e instrumentos

Además de las tuberías de pozo hay que colocar los siguientes elementos y que se listan a continuación.

- Una tubería Dn 60 para el transmisor de nivel. Se deben emplear tuberías de poliéster para presiones > 5 bar o PVC para presiones menores, también se puede usar PE.

- En la arqueta lleva un codo soporte de la tubería metálico de A°C° + goma o Duplex para soportar la fuerza de la tubería de plástico.

- Lleva una tubería de by-pass para poder tirar el agua a drenaje cuando es necesario limpiar el pozo.

- Se emplean válvulas de mariposa recubiertas de halar o nylon, neumáticas o motorizadas. La válvula de by-pass se pone normalmente manual, pero en algunos casos (pozos limosos) es conveniente ponerla automática.

- Cada sondeo lleva un Transmisor de nivel y un Medidor de caudal recubiertos de neopreno o goma para el control del nivel y caudal del pozo respectivamente.

1.6 Sondeos Horizontales

Son sondeos en horizontal que se hacen en el fondo del mar cercanos a la costa a una profundidad de 5-10 m. Como se perfora con maquina horizontal, la horizontalidad se la da con un radio de curvatura de 180 m y una salida en el mar, iniciando el sondeo de forma inclinada.

Para mantener el sondeo igual que en los verticales utilizan bentonita más otros productos, esto obliga a que una vez esté montada la tubería se requiera mucho tiempo en la eliminación de los lodos.

Requiere mucha superficie para poder instalar los drenes, 104.000 m2 para 2.000 l/seg, velocidad 0,07 m/h en 20 drenes de Ø350 longitud 450 mt.

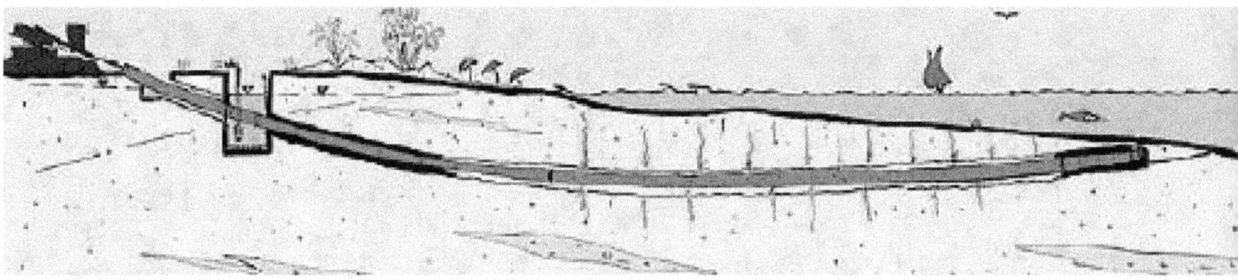

Figura 4.14.

- ***Proceso de instalación del drene horizontal***

A través de las siguientes fotografías se puede ver el proceso completo de instalación del drene que en siguientes apartados se explica con todo detalle.

- ***Características***

Permeabilidad es el primer requisito que se necesita para conocer si es viable este tipo de perforación. La empresa encargada debe hacer el estudio geológico para ver las características del terreno y su permeabilidad a través de catas en el mar. Así mismo es necesario hacer una batimetría del fondo marino.

- ***Elementos necesarios***

2. Maquina de perforación

Se usa una maquina de rotación para perforar con lodos y formar el túnel donde se colocará la tubería perforada.

Se usa un sistema de navegación por coordenadas para conocer la posición del cabezal.

Necesita servidumbre marítima para poder hacer las operaciones de perforación, ya que la perforadora se saca por el mar.

Necesita servidumbre en tierra para la instalación de la maquinaria balsas de lodos etc.

3. Tubería de conducción

Se usa tubería de polietileno de diferentes tamaños dependiendo del caudal a extraer.

Debido a que la operación se hace manualmente, se realizan orificios de paso de 6-8mm donde pasa bastante arena especialmente durante las operaciones de limpieza.

4. Lodos y limpieza de lodos

Los lodos están formados por Bentonita + Carbonato de sosa + Corrector de filtración.

Requiere la eliminación de los lodos que han formado el túnel, operación muy costosa en tiempo e instalación de reciclado del agua de mar que sirve para la limpieza.

A veces se emplean productos ácidos para neutralizar la bentonita y poderla limpiar mejor

5. Infraestructura necesaria

Necesita en tierra una superficie de unos 500 m^2 para maquinaria, depósitos etc.

En el mar necesita un área 3 a 4 veces el área ocupada por los drenes para colocar muertos de hormigón de donde se colocan las poleas para poder tirar de los conos de perforación o de la tubería de PE.

También se necesitan tuberías y bombas que trabajen en aspiración para el sistema de limpieza de los lodos.

6. Válvulas de aislamiento

Los drenes requieren lavarlos periódicamente. La frecuencia la dará el tipo de sólido que retiene y si el mar con el movimiento de fondo puede lavar los lechos filtrantes.

El lavado se hace de forma automática como si fuera un filtro. Se deben colocar (2) válvulas automáticas de mariposa de aislamiento del dren a la cántara y del sistema de lavado, las válvulas deben ser de accionamiento neumático o eléctrico.

7. Sistema de lavado

El sistema de lavado debe preverse con agua del propio sistema (da buenos resultados), no obstante no se debe descartar la limpieza con aire.

Para el lavado con agua de los drenes se debe prever una bomba de lavado o utilizar la bomba de reserva con un caudal de 3 a 4 veces el caudal de servicio medio de los drenes a una presión de 10 - 15 mca.

8. Desarenador

Todos los drenes descargan por gravedad en un compartimento que llamamos desarenador.

Los drenes arrastran arenas y bentonita especialmente en los primeros meses de funcionamiento. Para evitar desgastes en las bombas sumergidas se prevé un desarenador (zona donde el agua pierde velocidad) para que se puedan depositar las arenas gruesas, pero las más finas serán arrastradas por el agua.

9. Dimensionado de la cantara

Lo recomendable es utilizar bombas sumergibles de material Duplex con protección catódica superduplex

La cántara se debe dimensionar como un pozo de agua residual ya que las bombas que se instalan son sumergidas, las distancias entre bombas y de las bombas a las paredes las marca el fabricante.

No obstante en el caso de que se instalasen bombas centrifugas las dimensiones de la cantara debería estar de acuerdo con el HYS (Hidraulic Institute Standars).

10. Bombas de descarga

La cámara del agua de mar trabaja en depresión es decir por debajo de la cota cero normalmente entre la (0) a bombas paradas y la (-7) a bombas funcionando.

El tipo de bomba a emplear es la bomba sumergida, ya que puede trabajar inundada. Se puede utilizar bomba centrifuga pero habría que construir una cámara seca para las bombas, ventilación etc.

11. Instrumentación

Es recomendable la instalación de un medidor electromagnético en cada dren de esta forma podremos conocer el caudal de cada dren como ocurre con los pozos verticales.

11.1 Cantara Natural

Es una cántara formada por una escollera donde el agua puede decantar, porque no está influenciada por el oleaje normalmente. Suele tener (2) tipos de escollera la de mayor tamaño está en el exterior y otra en el interior de la cántara de menor tamaño que pueda hacer de filtro.

Debe ser suficientemente grande con un tiempo de retención de > 6 horas para que se produzca en ella una decantación de arenas.

La toma se hace mediante bomba centrifuga horizontal verticalizada con cebado automático y normalmente en la zona más alejada de la entrada de agua.

Se deben colocar rejillas de plástico rodeando la aspiración de las bombas para evitar entrada de peces y objetos extraños.

Aunque el agua suele llevar pocos sólidos en suspensión su actividad biológica es grande por ser toma superficial y estar a la luz solar.

Para el diseño de las bombas solo hay que tener en cuenta las mareas y el NPSH de este tipo de bombas.

El agua que se obtiene con este tipo de toma es la de peor calidad ya que normalmente la toma está a poca profundidad <10mt.

- ***Colector impulsión***

En todos los tipos de toma las bombas centrifugas descargan a un colector que conducirá el agua de mar hasta el pretratamiento.

Normalmente los colectores son de PRFV y la presión de diseño será la máxima presión de descarga de las bombas.

A veces se requiere colocar depósitos antiariete dependiendo de la longitud de la tubería y diferencia geométrica. Debe ser del tipo membrana de forma que el agua de mar este por el interior de la membrana y no tenga contacto con el material del antiariete (AºCº).

Respecto a la instrumentación se recomienda instalar PIT y FIT, este último para la dosificación de reactivos. El FIT se puede sustituir por los FIT de cada bomba si llevan en la impulsión o bien en la entrada a filtros mediante suma de todos los FIT que están en servicio.

Cuando lleve dosificación de reactivos (coagulante y/o ácido) debe hacerse mediante un mezclador estático colocado lo más cerca posible a las descarga de las bombas.

Los soportes del colector, especialmente en el final del colector cuando se trabaja a presiones mayores de 3 bar deben cumplir con la normativa del fabricante de la tubería.

- ***Deposito intermedio***

Es el depósito que se coloca en la planta cuando la toma está alejada (> de 1km de la planta). Recoge el agua de los pozos, emisario o drenes horizontales, que mediante colectores, normalmente (2), es conducida desde el edificio de toma.

En este depósito se depositan limos, arenas, etc. que no se han retenido en el edifico de toma o en los pozos, por ello en la zona de aspiración de bombas debe llevar un tabique de 0,5 m de altura para que retenga los sólidos que se han podido depositar.

Se pueden utilizar bombas horizontales en aspiración con cebado automático o bombas centrifugas en carga colocadas en cámara seca. Por sencillez recomendamos la instalación de bombas en aspiración con cebado automático. Estas bombas normalmente llevan variador de velocidad por lo que es importante indicar al proveedor de las bombas las presiones máximas y mínimas a las que van a funcionar.

El depósito deberá llevar un transmisor de nivel LIT para el control del nivel del depósito.

5. DOSIFICACIÓN DE REACTIVOS PARA EL AGUA DE MAR

11.2 Reactivos a emplear

Se necesitan para acondicionar el agua de alimentación a la Osmosis. Podemos agruparlos en las siguientes clases:

1. **Desinfectantes**
2. **Reactivos para ajuste de pH**
3. **Coagulantes**
4. **Protectores**

- ***Desinfectantes***

La desinfección se realiza para la eliminacion de la contaminación bacteriológica o por algas, muy frecuentes en numerosas tomas de agua.
Tanto en aguas salobres , cuando la toma se realiza de un pozo poco profundo o de un canal o depóisto abierto, como en agua de mar cuando la captación es abierta e incluso en determinadas ocasiones en pozos costeros, es frecuente la presencia de materia organica y en consecuencia una gran actividad biológica que antes o despues afecta a las membranas, produciendo un ensuciamiento biológico de la superficie de la misma que se conoce como "biofouling".

1. Hipoclorito sódico o Hipoclorito cálcico

No se usa en continuo, se dosifica por choque. El hipoclorito es efectivo a pH entre 4,5-6,5 luego pierde efectividad como se ve en la curva de formación del ácido hipocloroso.

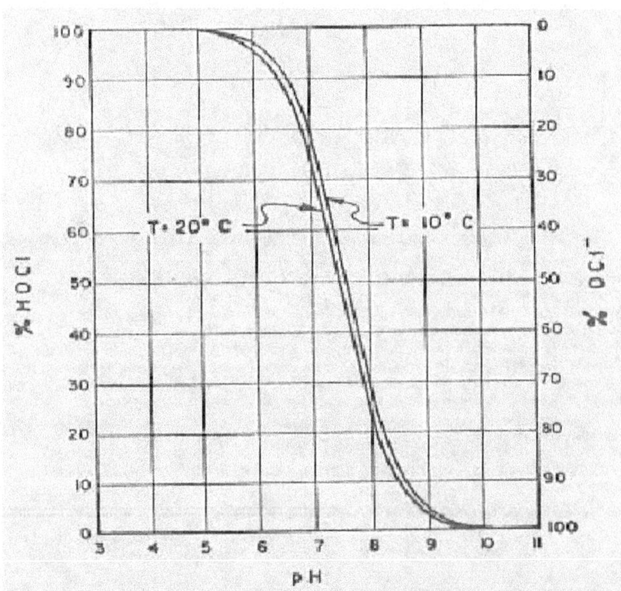

Figura 5.1. Relación pH/efectividad cloro.

La reacción del hipoclorito sódico en agua es la siguiente:

$$ClONa + H_2O \rightarrow ClOH + NaOH$$

2. Dióxido de cloro

Se dosifica diluido en agua es más efectivo que el cloro a todos los pH, la reacción con el agua es la siguiente:

$$ClO_2 + 4H + 5e^{-} \rightarrow Cl^{-} + 2H_2O$$

- ***Reactivos para ajuste de pH***

1. Acido sulfúrico

Se dosifica para bajar el pH del agua de mar que normalmente está en el entorno de 8 y la tendencia es a trabajar en pH de 6,5 a 7. La acidificación del agua de alimentación se emplea con varios objetivos:

- A pH bajos el desarrollo bacteriológico es menor.
- Colocar el agua a un pH optimo para la membrana
- Prevenir la precipitación de carbonato cálcico eliminando la alcalinidad del bicarbonato y previniendo la precipitación del carbonato

El ácido sulfúrico reacciona con los bicarbonatos que lleva disueltos el agua produciéndose la siguiente reacción.

$$SO_4H_2 + 2CO_3H \rightarrow SO_4{=} + 2CO_2 + 2H_2O$$

Se incrementa la concentración del ión sulfato y la tendencia a la formación de precipitados de sulfato cálcico. Este aspecto habrá que considerarlo agregando un antiincrustante.

2. Metabisulfito

En algunos países que no es posible tener fácilmente el ácido se suele dosificar en aguas de pozo el meta bisulfito que actúa como desinfectante y nos baja algo el pH.

- ***Coagulantes***

1. Cloruro férrico

En el caso del agua de mar el coagulante más empleado es el cloruro férrico, cuya eficacia es alta y su precio reducido. Se dosifica para la coagulación de los sólidos en suspensión que lleva el agua. La reacción que se produce es la siguiente:

$$Cl_3Fe + CO_3H \rightarrow Fe(OH)_3 + Cl + 3CO_2$$

Hay que controlar la cantidad de Fe(OH)3 que puede precipitar en el rechazo.

2. Ayudantes de coagulación

Se suele emplear como ayuda de coagulación algún tipo de polielectrolito catiónico, pero debe ser aceptado por los fabricantes de membranas.

- ***Protectores***

1. Dispersantes

Son dosificados para evitar la precipitación de las sales solubles en la membrana cuando se produce la concentración de la salmuera en el proceso de Osmosis Inversa.

Inicialmente se utilizaba dispersante a base de fosfatos (hexametafosfatos) pero actualmente está prohibido y se utilizan dispersantes a base de ácido fosfórico.

2. Anti-oxidantes

Se utilizan para eliminar los productos oxidantes que llegan al agua como el ClOH el más usado es el meta-bisulfito, la reacción es la siguiente:

$$S_2O_5Na_2 + 2ClOH + 4CO_3H \rightarrow 2SO_4{=} + 2Na + 2Cl + 4CO_2 + 3H_2O$$

11.3 Lugar de dosificación

- ***Desinfectantes***

En la zona de toma y diluido de forma que se pueda distribuir mejor.

Dosis de 5-10 ppm como Cl_2 de forma de choque con una frecuencia (1) o (2) veces por día tiempo de 5 a 15 minutos no hay regla fija y lo da la experiencia en la planta.

Si se emplea el ClO_2 la dosis suele ser de 0,3-0,5 ppm de forma que el residual no sea mayor de 0,05 ppm en la planta, el dióxido de cloro se genera en planta a base de clorito sódico y ácido clorhídrico con la siguiente reacción:

$$5NaClO_2 + 4HCl \rightarrow 4ClO_2 + 5NaCl + 2H_2O$$

Empresas como Prominent te suministran todos los equipos para la generación y dosificación del ClO_2

Para el control de cloro residual se usa medidor de Potencial Redox que es más fiable que el analizador de cloro para bajas concentraciones.

El dióxido de cloro se controla con analizador de dióxido de cloro y analizador de cloritos.

- ***Reactivos para ajuste de pH***

Debe dosificarse en la zona de toma y en la descarga de las bombas de agua de mar. Se dosifica en la toma a la vez que el desinfectante si se emplea hipoclorito, si se emplea dióxido de cloro no es necesario.

La razón es que el hipoclorito es mucho más efectivo a pH 4,5-6,5 que es cuando se genera más ácido hipocloroso. La actividad biológica del dióxido de cloro es constante entre pH de 6-9.

La dosificación de ácido en la descarga de las bombas se hace para mantener un pH en el agua de alimentación entre 6-7 ya que a bajos pH la actividad biológica se reduce de forma considerable y mejora el índice LSI y S&D al reducir los bicarbonatos de calcio.

El ácido debe dosificarse diluido para una mejor y más rápida mezcla. Al mezclarse con el agua genera calor y es muy corrosivo, normalmente se emplea ácido sulfúrico. Debe emplearse mezclador estático para la mezcla.

- ***Coagulantes***

Se emplea el cloruro férrico en dosis de 5-10 ppm, se dosifica diluido y se mezcla con mezclador estático el mismo que se emplea para el ácido.

También se emplea ayuda de coagulante (poli electrolito) en dosis de 0,5-1 ppm. Se dosifica diluido y en el mismo mezclador que el coagulante.

La posición del mezclador estático debe ser lo más cerca posible a las bombas de impulsión.

- ***Protectores***

El **dispersante** o **anti-incrustante** se suele añadir diluido o sin diluir y normalmente se añade delante de los filtros de cartuchos

Los **anti oxidantes** más usado son el meta bisulfito en polvo o el bisulfito sódico diluido al 38% y se dosifican a la salida de los filtros de cartuchos. Debe llevar mezclador estático y debe estar diluido al 10 o 15%. La cantidad a dosificar es de 3ppm por ppm de cloro.
Se colocan dos depósitos en paralelo provistos de sus correspondientes agitadores, que permiten la preparación del producto en un de ellos cuando en el otro empieza a agotarse.

11.4 Almacenamiento de reactivos

Los productos líquidos se almacenan en depósitos con una autonomía mínima de 15-30 d días.

1. **Hipoclorito sódico, riqueza del 14% de Cl2**
2. **Coagulante, riqueza del 40%**
3. **Acido sulfúrico, riqueza del 96%-98%**
4. **Bisulfito sódico, riqueza del 38%**

Hay otros productos líquidos que se suministran en IBC (dispersante y ayudas de coagulante) que se almacenan en depósitos de menor capacidad 1 día a 1 semana.

Hay otros productos que son sólidos (hipoclorito cálcico, meta bisulfito e hidróxido cálcico) que se almacenan en sacos, bidones o silos y se diluyen para su dosificación.

Para almacenar los reactivos se emplean los siguientes materiales:

1. **Hipoclorito sódico**.PRFV o PVC
2. **Coagulante**............PRFV o HDPE
3. **Acido sulfúrico**......A°C°
4. **Bisulfito sódico**.....PRFV o HDPE
5. **Dispersante**...........PRFV o HDPE
6. **Silo de hipoclorito cálcico** PRFV
7. **Hidróxido cálcico**..A°C°

Se deben tener en cuenta lo siguiente:

1. **Cubetos de hormigón**

2. **Indicador local de nivel**

3. **Sistema de llenado (con bomba o sin bomba) + armario de protección con bidón de recogida.** La bomba de carga suele ser centrífuga de plástico de arrastre magnético.

4. **Hipoclorito sódico riqueza del 13 al 14 % como cloro.**
Pierde actividad con la Tª y se emplean sistemas de enfriamiento para mantenerlo a 10°C, (enfriador+cambiador de calor +bomba de recirculación).
Desprende gases de Cl que deben evitarse poniendo sellado hidráulico en el rebose.

5. **Acido sulfúrico.** Debe llevar secador de silicagel para quitar humedad al aire y el rebose debe llevar sello hidráulico.

6. **Deposito de bisulfito** El bisulfito desprende SO2 que es toxico por lo cual debe ponerse extractor de aire y el venteo sacarlo a la calle.
   Si se emplea meta bisulfito al mezclarlo con el agua genera SO_2, por lo que cada tanque de dilución debe llevar venteo comunicados entre ellos si hay más de uno, y colocar extractor en la tubería para enviarlo al exterior.

7. **Deposito dilución hipoclorito cálcico.** El hipoclorito cálcico viene en forma sólida con una riqueza del 65% y hay que diluirlo al 20% para obtener hipoclorito cálcico al 13% como Cl2, se debe tener en cuenta que el agitador debe ser ebonitado y colocar venteo al exterior.

Figura 5.1 Sistemas completo de dosificación

11.5 Dosificación de reactivos

En la dosificación de los reactivos se emplean bombas dosificadoras, el nº y tipo de bombas depende del caudal a dosificar y del nº de bastidores.

Al final de este capitulo se ha incluido el diagrama de flujo para la dosificación de ácido sulfúrico y reductor donde se puede ver todos los elementos que se explican en este capitulo sobre la dosificación de reactivos.

Tenemos fundamentalmente (2) tipos de bombas dosificadores, de membrana y de pistón normalmente utilizamos las **bombas de membrana** ya que las de pistón se usan para grandes caudales.

En las bombas de membrana hay (2) tipos de accionamientos, hidráulico y mecánico. En cuanto al tipo de regulación hay (2) tipos, variando la velocidad del motor (convertidor de frecuencia) y variando la carrera de la membrana (regulación electrónica). En la primera el rango es de (30 % al 100 %) ya que la bomba gira a 1500 rpm no se recomienda bajar de 500 rpm. En la segunda el rango es de (15 al 100%) mi recomendación es emplear bombas con regulación electrónica.

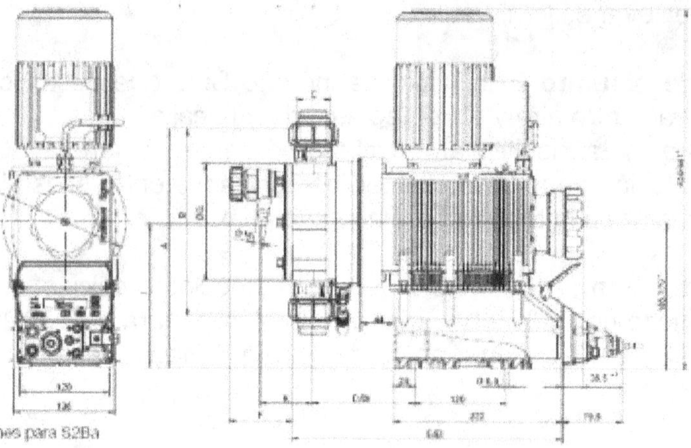

Figura 5.2. Bomba dosificadora de membrana

Para el ácido sulfúrico es necesario proteger el sistema de forma que el ácido siempre se debe diluir sobre el agua, para poder arrancar la bomba de ácido debe estar la dilución funcionando, el rotámetro debe llevar interruptor de mínima de forma que impida el funcionamiento de las bombas por bajo caudal.

La dosificación se hace proporcional al caudal por lo cual solo se necesita una medida de caudal del agua de mar. La función de proporción es **f x d / (q x r x 1000)**, cuyas siglas tienen los siguientes significados:

f= caudal máximo (l/h)
d= dosis (mg/l)
q= caudal bomba dosificador máximo (l/h)
r=riqueza (kg/l)

Para la regulación del pH y del bisulfito se realiza un lazo de control con el pH-metro y otro con el medidor potencial Redox respectivamente.

Además de las bombas dosificadores el sistema de dosificación debe llevar depósito de calibración y amortiguador de pulsaciones, válvulas de seguridad y sistemas de inyección.

Se venden armarios de dosificación conteniendo (2) o (3) bombas dosificadores. Es recomendable es emplear estos armarios especialmente para ácido sulfúrico y cloruro férrico. Estos equipos son imprescindibles en todas las dosificaciones para la construcción de plantas en UK o USA.

Los materiales a emplear en dosificaciones son los siguientes:

1. **Ácido sulfúrico**

- **Tuberías**. Para el ácido concentrado AºCª o PVDF para pequeños tamaños y para el ácido diluido PP ó PVDF, en las zonas de mezcla y adyacentes AºCº+teflón.

- **Válvulas**. Para el ácido concentrado de compuerta en AºCº y las que están en la te de mezcla (retención y automáticas) tipo membrana y cuerpo en HºFº +halar y membrana de viton agua de dilución válvulas de membrana de polietileno (auto) y bola manuales.

2. **Hipoclorito**

- **Tuberías.** Material de tuberías PVC se puede utilizar el polietileno pero con juntas de teflón o viton para conducciones largas.

- **Válvulas**. Bola de PVC.

3. **Cloruro férrico**

- **Tuberías.** Material PVC o polipropileno.

- **Válvulas.** Material de polipropileno y de bola.

4. **Bisulfito o dispersante**

- **Tuberías.** Material PVC o polipropileno.

- **Válvulas.** Material polipropileno y de bola.

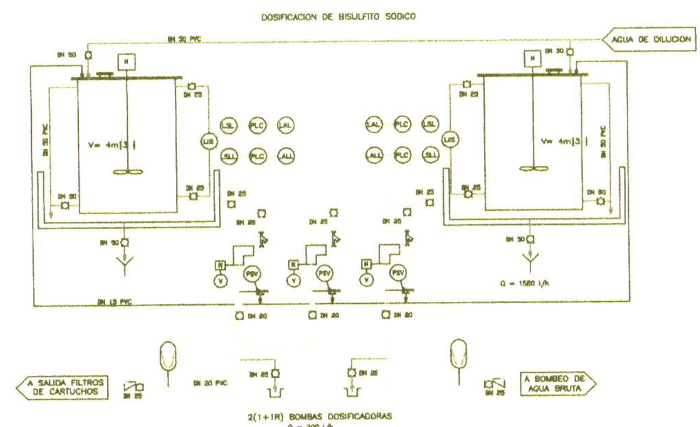

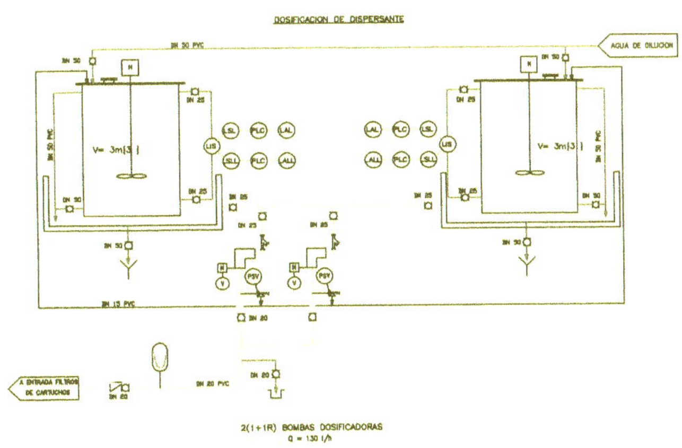

Figura 5.3 P&ID dispersante y bisulfito

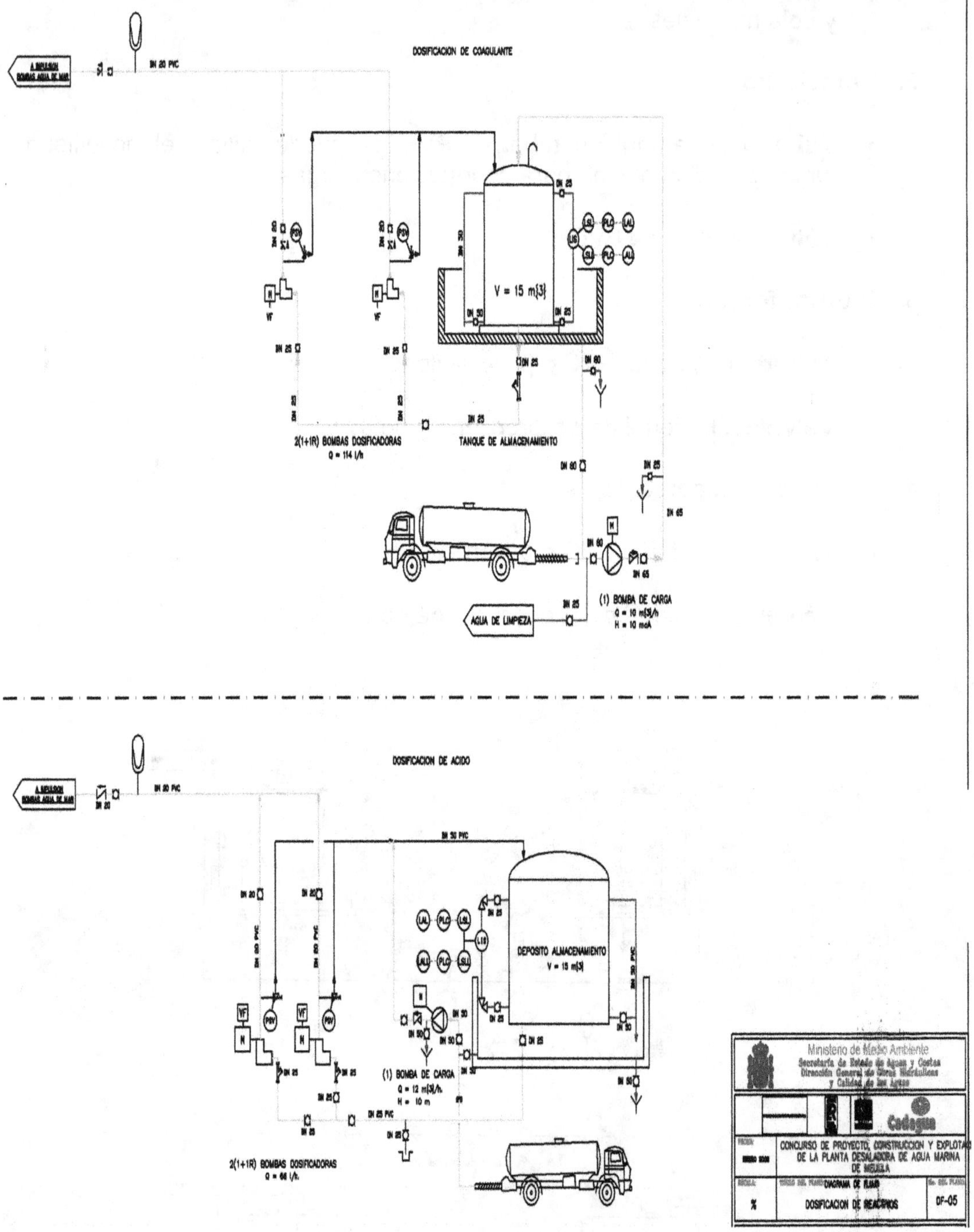

Figura 5.4 P&ID dosificación coagulante y acido sulfúrico

6. PRETRATAMIENTO PARA LA OSMOSIS INVERSA

La selección del pretratamiento adecuado es un elemento clave para el correcto funcionamiento de la osmosis inversa. Las posibilidades son diversas, pero la justificación se escapa del objetivo básico de este libro, por lo que nos limitaremos a presentar un grafico en el que en función de la turbidez y de la materia orgánica (obtenida indirectamente a través del contenido de algas) se indican los procesos convencionales recomendados.

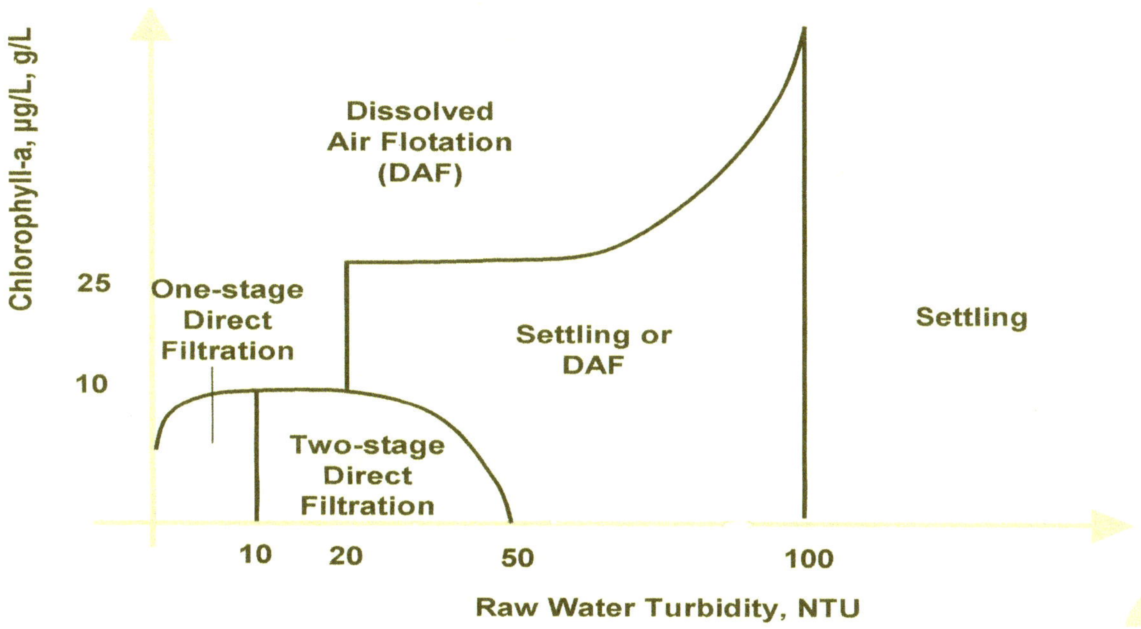

Figura 6.1 Grafico recomendaciones básicas de pretratamiento

11.6 Sedimentación

Objetivo

Los procesos de decantación se utilizan para aguas con turbidez media superior a 30 NTU o picos de más de 50 NTU por periodos superiores a una hora. Si no se instalan decantadores en este tipo de aguas, picos de turbidez puede producirse que se exceda la capacidad de almacenamiento de sólidos de los filtros de pretratamiento, con el impacto asociado sobre la capacidad de filtración. Los decantadores pueden producir agua tratada de menos de 2 NTU y SDI menor de 6.

Tipos de decantadores

Los decantadores de alta carga con recirculación de fangos son los mas utilizados en el pretratamiento de desalación.
Las ventajas son las siguientes:

- Diseño compacto. Velocidades ascensionales entre 20-40 m/h

- Agua clarificada de alta calidad
- Baja afectación por variaciones en la carga contaminante
- Producción de fango espesado

Dentro de los decantadores de alta carga nos vamos a centrar en las marcas comerciales con más presencia y referencias en el sector

1. **DENSADEG**

El proceso densadeg combina mezcla, recirculación de fangos , espesamiento y clarificacion en dos tanques conectados. En el primer compartimento (1) el agua de aporte se mezcla con coagulantes y floculantes. En el segundo compartimento el fango es recirculado y mezclado con el agua de aporte, utilizando un mezclador. A través de un vertdero (3) en el fondo del reactor el agua mezclada pasa al tanque de clarificación.

El tanque de clarificación utiliza lamelas (6) para la separacion solido/liquido. Una parte del fango decantado (7) es recirculado para incrementar más rapidamente su volumen y la concentración y homogeneidad

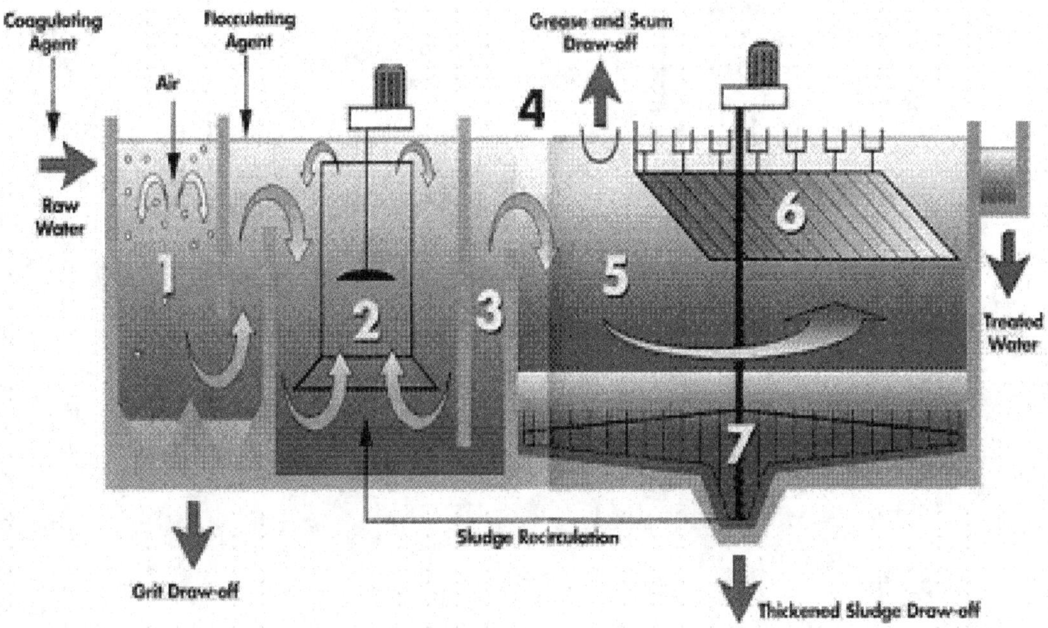

Figura 6.2 Densadeg

La carga hidráulica varía entre 35-75 m3/m2/h con valores medios a efectos de diseño de 50 m3/m2/h. El porcentaje de eliminación de sólidos totales en suspensión es de 60-70 % y la eliminación de materia orgánica superior al 30-40%. Las partes en contacto con el agua deben , en el caso de desalación, fabricarse en materiales adecuados a efectos de corrosión

2. **ACTIFLO**

Es un proceso de decantación lastrada que utiliza partículas de arena como precursor para la formación de floculos, que proporcionan una superficie que facilita la floculación y actúan como lastre permitiendo una velocidad de decantación mayor que otros procesos

El proceso incorpora un sistema de hidrociclones que permite recuperar la arena para su continua utilización

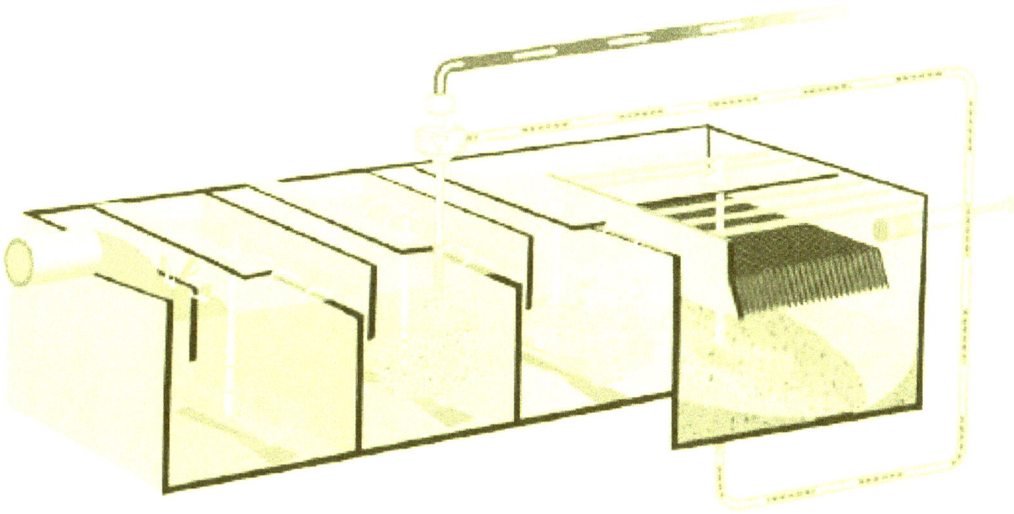

Figura 6.3. Actiflo

La carga hidráulica varía entre 50-150 m3/m2/h con valores medios a efectos de diseño de 100 m3/m2/h. El porcentaje de eliminación de sólidos totales en suspensión es de 60-70 % y la eliminación de materia orgánica superior al 30-40%.

3. **ACCELERATOR**

Es un proceso de decantación de alta carga que emplea el principio de recirculación interna para acelerar los procesos químicos de coagulación y decantación. La mezcla, recirculación y decantación se realiza en el mismo depósito.

11.7 Flotación

- ***Objetivo***

La flotación de aire disuelto es adecuada para la eliminación de particuladas flotantes, tales como algas, aceites, grasas u otros contaminantes que no pueden ser de manera efectiva eliminadas mediante procesos de sedimentación o flotación. Los sistemas DAF pueden producir valores de NTU< 0,2 y pueden combinarse con filtros de áridos para el pretratamiento secuencial del agua de mar

- ***Tipos de flotadores de aire disuelto***

Dentro de los flotadores de aire disuelto de alta carga nos vamos a centrar en las marcas comerciales con más presencia y referencias en el sector

1. **AQUADAF**

El agua coagulada pasa a la zona de floculación donde entra en contacto floculante y el coagulante, alcanzando así el floculo las características necesarias para la flotación. El agua presurizada es introducida mediante boquillas de despresurización. El agua clarificada atraviesa el fondo perforado del flotador de arriba abajo y accede al canal de recogida de agua clarificada.
El caudal de recirculación es de aproximadamente 8-10% del agua de entrada a una presión de recirculación de 4-5 bares. Puede trabajar a velocidades ascensionales entre 30-40 m/h. En función de la velocidad ascensional, se distinguen dos modelos, AQUADAF-HF30 con velocidad hasta 30 m/h y el AQUADAF-HF40 con velocidades entre 33-40 m/h

Ventajas

- Puede soportar picos ocasionales de turbidez de 200 ppm
- Puede tratar agua a muy baja temperatura (hasta 0ºC)
- Se reduce el tiempo de reacción en la fase de floculación a 5 minutos
- Flexibilidad en la mezcla rápida al disponer de dos cámaras

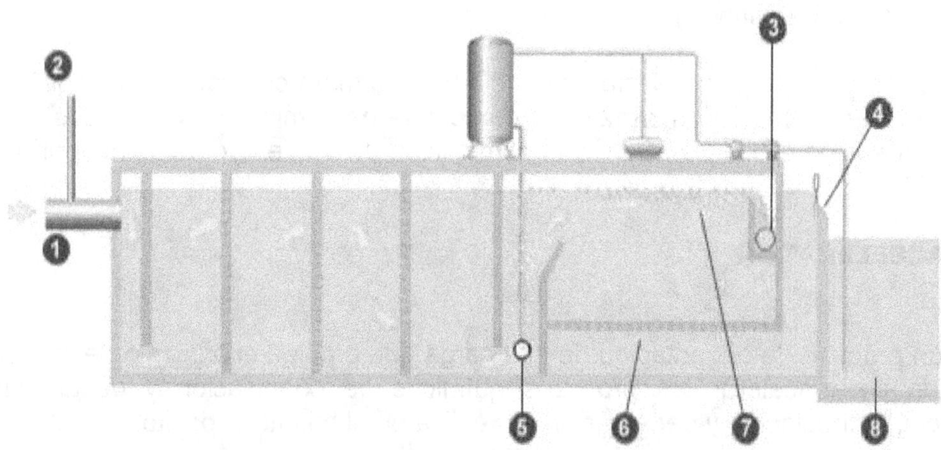

Figura 6.4 Aquadaf

Adjuntamos planta típica de sistema AQUADAF y dimensiones generales del AQUADAF-30 y 40 para diferentes caudales de tratamiento

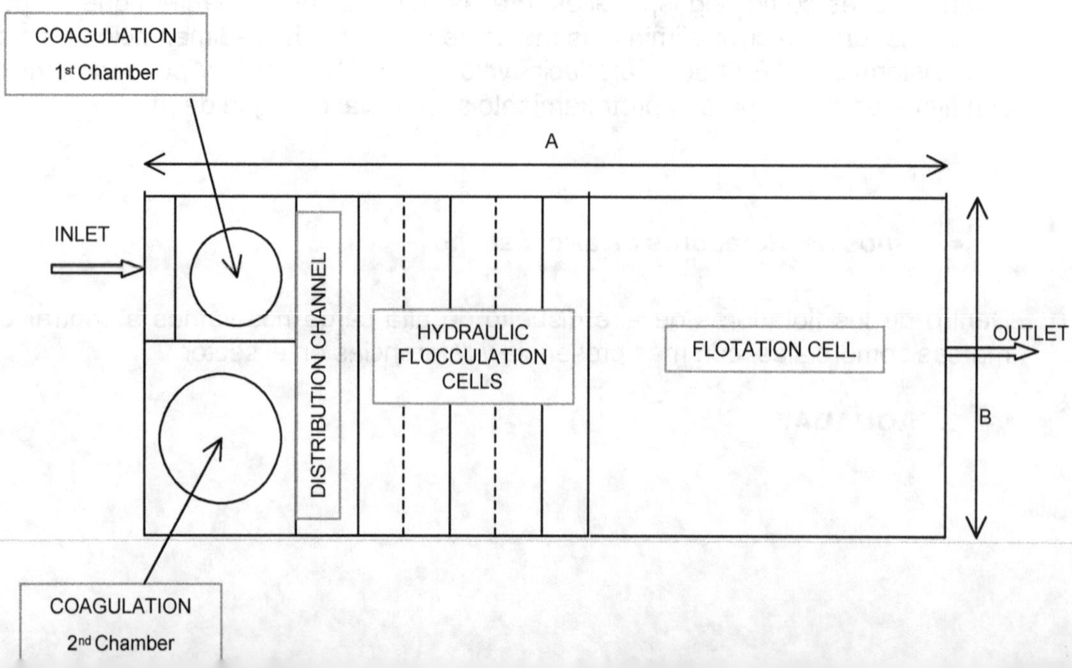

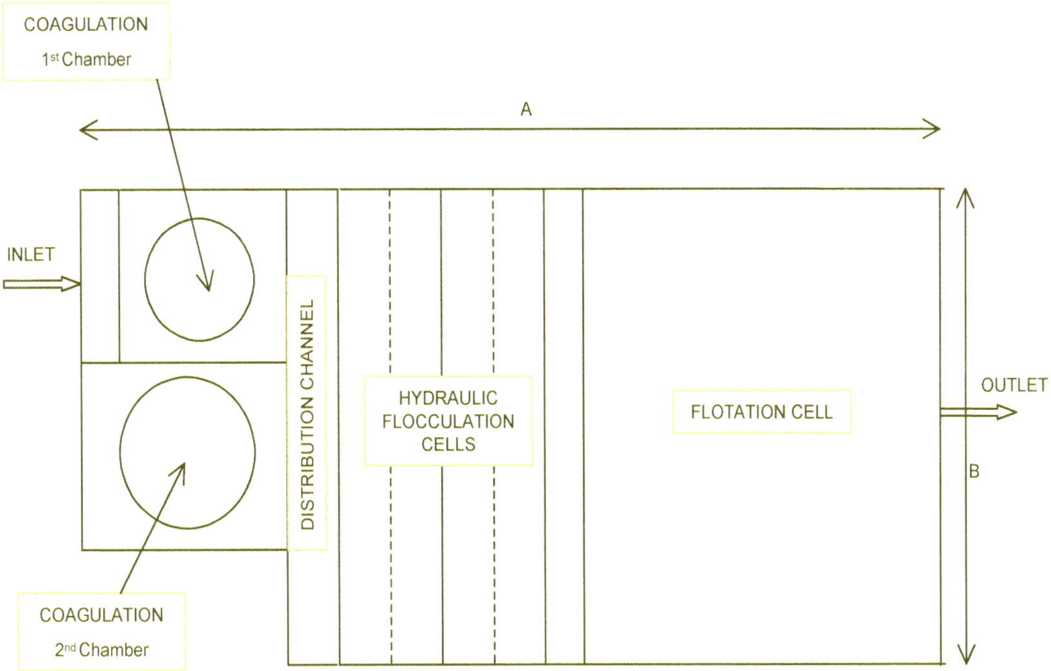

AquaDAF ® Top View _ Hydraulic Flocculation Type 2

QA(2)	**m3/h**	202.5	360	540	900	1260	1530	1980	2520	2700
Tipo		1	1	1	1	1	2	2	2	2
A(3)	**m**	10.32	11.56	13.45	16.08	18.27	19.32	19.87	19.59	19.77
B	**m**	2.7	4.0	4.5	6.0	7.0	8.5	11.0	14.0	15.0
F	**m**	2.5	3.0	4.0	5.0	6.0	6.0	6.0	6.0	6.0
HF(4)	**m**	3.20	3.35	4.00	4.10	4.30	4.30	4.30	4.30	4.30
L	**m**	3.00	3.45	3.50	4.00	4.50	4.50	4.50	4.50	4.50

SF(1)	**m^2**	6.75	12	18	30	42	51	66	84	90
QA(2)	**m3/h**	270	480	720	1200	1680	2040	2640	3360	3600
Type		1	1	1	1	1	2	2	2	2
A(3)	**m**	10.32	11.56	14.91	17.74	20.13	21.18	21.73	21.45	21.63

SF(1)	m^2	6.75	12	18	30	42	51	66	84	90
B	**m**	2.7	4.0	4.5	6.0	7.0	8.5	11.0	14.0	15.0
F	**m**	2.5	3.0	4.0	5.0	6.0	6.0	6.0	6.0	6.0
HF(4)	**m**	3.90	3.95	4.00	4.10	4.30	4.30	4.30	4.30	4.30
L	**m**	3.00	3.45	4.96	5.66	6.36	6.36	6.36	6.36	6.36

2. CLARIDAF-LEOPOLD

El caudal de recirculación es de aproximadamente el 10% del agua de entrada a una presión de recirculación de 4-5 bares. Las cargas hidráulicas habituales varían entre 10-20 m/h

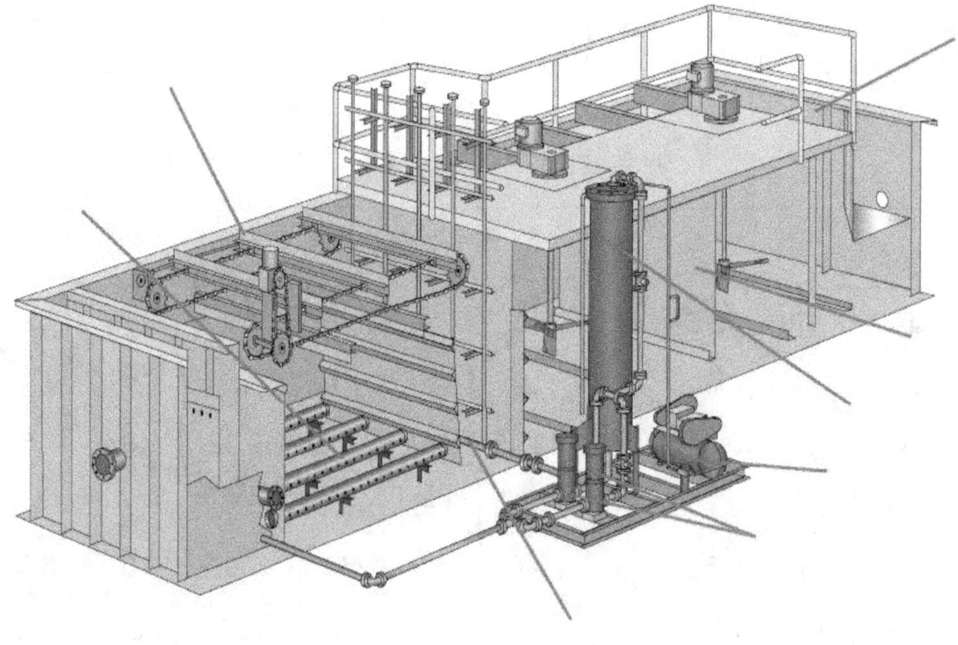

Figura 6.5

11.8 Filtros de áridos

- ***Objetivo***

Eliminar la materia en suspensión que trae el agua. Alguna materia no es filtrable por su bajo tamaño y se usan floculantes para agruparlas y poderlas filtrar.

- ***ÁRIDO. Elemento básico en la filtración***

El árido es el elemento filtrante que forma el lecho. Los principales áridos que se usan son:

1. **Grava**
2. **Arena**. Sílice > 98%. Perdida en HCl <5mg/100gr. Densidad 1,5 a 1,7 compactada y de 2,5 del grano. Fiabilidad a 750 stokes <5%.
3. **Antracita**. Sílice <0,02%, densidad 1,4 en partícula y de 0,7 aparente, perdida en clh < 1%.
4. **Piedra volcánica** densidad muy parecida a la antracita.
5. **Garnet** Densidad >4 densidad aparente 1,9 a 2,4.

- ***Conceptos***

1. **Tamaño efectivo**

El tamaño teórico del tamiz que retiene el 90% de la muestra y que deja pasar el 10%. Varía dependiendo del árido.

2. **Arena**

Se suele emplear un tamaño efectivo de 0,2-0,3 mm para 2º etapa de filtración; de 0,4 a 0,65 mm para la 1º etapa de filtración y de 0,8 a 1mm cuando solo existe una etapa.

3. Antracita

Se suele emplear un tamaño efectivo de 1,2 a 1,5 mm para la 1º etapa de filtración y de 0,7 a 0,9 mm para la 2º etapa de filtración.

4. Grava

Se suelen emplear tamaños efectivos de 2 a 3 mm en todas las etapas de filtración para cubrir las boquillas filtrantes.

5. **Coeficiente uniformidad**

Es la relación entre el tamiz que deja pasar el 60% y el tamiz que deja pasar el 10%. Se emplean coeficientes de uniformidad máximos entre 1,4 a 1,6 normalmente se pide 1,45 a 1,5 para la arena y de 1,5 a 1,6 para la antracita.

- ***Velocidad de filtración***

Se mide en m/h o gpm/ft2 y varía desde 7 m/h o 3,5 gpm/ft2 a 18 m/h o 7,5 gpm/ft2 dependiendo de la turbiedad del agua de entrada.

Las velocidades de filtración varían por lo siguiente:

- **Turbiedad de entrada**
- **Floculación en línea**
- **Doble filtración**

Para clasificar la velocidad de filtración vemos la procedencia de las aguas:

1. Aguas de pozo

Son aguas muy bajas en turbiedad < de 1 a 2 NTU, suelen llevar arenillas o limos en suspensión. Se emplean velocidades entre 14 -18 m/h con una sola etapa de filtración y tipo de lecho solo arena y lavado solo con agua o agua y aire si hay limo. No es necesaria la etapa de maduración.

2. Aguas de drenes horizontales

Son aguas bajas en turbiedad < 2 a 5 NTU, llevan sólidos en suspensión arenas y limos. Se emplean velocidades entre 10 - 12 m/h con una sola etapa de filtración. El lavado es con aire y agua y es necesaria una maduración entre 15 -30 minutos.

3. Aguas de toma con emisario

Son aguas de alta turbiedad en épocas de tormentas con sólidos en suspensión y materia orgánica la turbiedad puede llegar > 20 NTU. Debe usarse doble filtración con doble lecho arena y antracita con floculación, velocidades entre 10 - 12 m/h en 1º etapa y 13-14 m/h en 2º etapa y es necesaria etapa de maduración 15-30 minutos.

En aguas con toma de emisario la variedad de aguas puede ser muy diferente y por lo tanto para elegir el sistema de filtración lo mejor es hacer pruebas de filtración en planta piloto.

En el caso de pretratamiento previo con decantador o flotador de aire disuelto, los criterios de diseño de la filtración posterior se mantienen con velocidades para la filtración en primera etapa no superiores a 10-12 m/h

4. Otras opciones que se pueden emplear

Una etapa de filtración a velocidad baja < 7m/h con mayor altura de lecho (3) capas antracita, arena y garnet, sistemas de filtración utilizados en filtros abiertos.

Dos etapas de filtración con solo arena y diferente granulometría en cada etapa, esta opción solo es aconsejable para bajas velocidades 7 m/h 1º etapa y 10 m/h 2º etapa

El diseño del filtro con una o más de capas de filtración es diferente por la necesidad de poner más altura de expansión y mayor tamaño en los colectores de recogida del agua de lavado.

- ***Características de diseño***

1. Fluido de lavado

Tiene como función soltar y arrastrar la suciedad que ha quedado adherida a los granos de los áridos empleados en la filtración.

Normalmente se usa agua de rechazo (salmuera) y aire para el lavado y las siguientes velocidades de 30 a 50 m/h para el agua y de 50 a 70 Nm/h para el aire.
Las velocidades de lavado varían en función del tipo de lecho que se lava, se necesita menos caudal para un lecho de arena que para un lecho de arena más antracita.
Las velocidades varían en función de la temperatura, a temperatura fría baja el caudal y a temperatura alta aumenta.

Se suele emplear los siguientes coeficientes para variar el caudal de lavado en función de la temperatura.

- **15ºC - 20ºC..........0.94**
- **20ºC - 25ºC..........1**
- **25ºC - 30ºC..........1.06**

Debe emplearse el mayor caudal posible sin que se produzca arrastre de áridos especialmente antracita.
Siempre se usa el lavado con aire en primer lugar (sirve para desprender la suciedad de los granos de los áridos) y después se lava con agua que es la que arrastra la suciedad al exterior.

2. Altura de expansión

Altura libre sobre el lecho que necesita el árido para poder lavarse con agua. Varia desde el 30 al 50 % de la altura del lecho.

- Si se emplea arena se recomienda un 30% de expansión.
- Si se emplea antracita se recomienda un 50% de expansión.
- Cuando hay mezcla de arena y antracita se recomienda del orden de un 40% de expansión

Hay que tener en cuenta que una mayor expansión reduce el riesgo de arrastre del árido por el agua.

3. Perdidas de carga y duración de los lechos filtrantes

La perdida de carga en el lecho del filtro va en función de los siguientes valores

- Caudal del en del agua por boquilla filtrante (m3/h/boquilla).
- Altura y tipo de lecho (ver graficas adjuntas).
- Temperatura del agua.

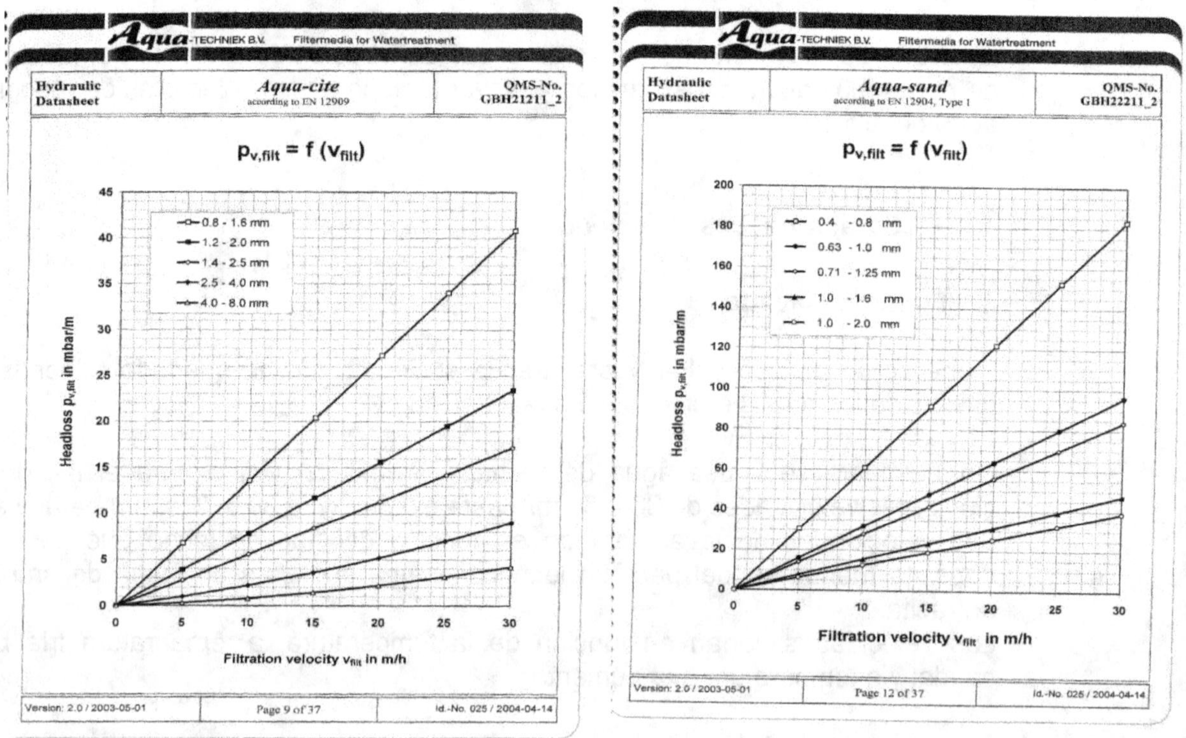

Figura 6.6. Perdida de carga

En funcionamiento normal la perdida de carga es del orden 3 mca a filtro limpio y de 10 mca a filtro sucio. La curva de perdida de carga es inclinada y luego se hace exponencial.

La duración de un filtro va en función de los sólidos que retiene el filtro, la velocidad de funcionamiento y el incremento de pérdida de carga que se admite.

Una formula aproximada para saber la duración del filtro es la siguiente:
Horas = 100 * incremento perdida de carga (ft) / (turbiedad (NTU) * velocidad (gpm/sq/ft))

11.9 Tipos de Filtros

Existen (3) tipos de filtros que se usan en desalación

1. **Filtros a presión monocapas, bicapas o tricapas.**
2. **Filtros de gravedad monocapas y bicapas.**
3. **Filtros de lavado continuo.**

6.1.1 Filtro a presión

1. Recipiente

Contiene la masa filtrante así como el resto de elementos, construido de Aº Cº + ebonita.
Se están instalando también filtros de arena en PRFV. Tienen la ventaja de la eliminación del riesgo de corrosión , pero es necesaria comprobar durante largos periodos de explotación su comportamiento, en especial el comportamiento mecánico.

Los tamaños estandarizados son los siguientes:

- 2800 mm de diámetro x 10 m de longitud cilíndrica. Superficie 27 m2.
- 3600 mm de diámetro x 12, 5 m de longitud cilíndrica. Superficie 44 m2.
- 4000 mm de diámetro x 12.5 m de longitud cilíndrica. Superficie 50 m2 (ojo con el transporte).

Los filtros de altura de lecho de 1000 mm bicapa deben tener un diámetro de 4000 mm.

Los filtros normalmente son horizontales con (2) cunas de apoyo o cunas de hormigón, en este caso hay que colocar más cunas (4 o 6).

La presión de diseño es la máxima presión de trabajo, que suele ser la máxima presión de las bombas de agua de mar menos la altura geométrica.

Figura 6.7 Filtros de arena a presión en PRFV

2. **Distribuidor de entrada**

Reparte el agua a filtrar a lo largo del filtro y recoge el agua de lavado

Pueden ser de los siguientes materiales:

- Acero +ebonita sección trapeciodal muy caro.
- De la misma forma pero de poliéster.
- Tubo de PVC con ranura para el paso del agua debe estar muy bien nivelado ya que debe trabajar como vertedero de descarga y de recogida.

Este último es el que se utiliza para filtros de arena. Normalmente se usan colectores de PVC de 500 mm 0 600 mm de diámetro.

Cuanta mayor responsabilidad tenga el filtro mejor dimensionado y diseñado debe estar el colector o colectores de recogida.

Para filtros de 4000 mm de diámetro deben llevar (2) colectores de recogida ya que se trabaja a 2000 m3/h de caudal de lavado.

Figura 6.8 Colector de distribución de agua

3. **Boquillas filtrantes**

Retienen el lecho filtrante impidiendo su salida en la filtración y reparten la filtración de forma uniforme por el lecho. Deben colocarse entre **45 a 55 unidades por m2.**

Se emplea una placa metálica para el soporte de las boquillas y la arena, esta placa se sostiene con pies metálicos apoyados en la virola. La placa de boquillas normalmente se diseña para 1,5 bar de presión diferencial.

Figura 6.9. Boquillas

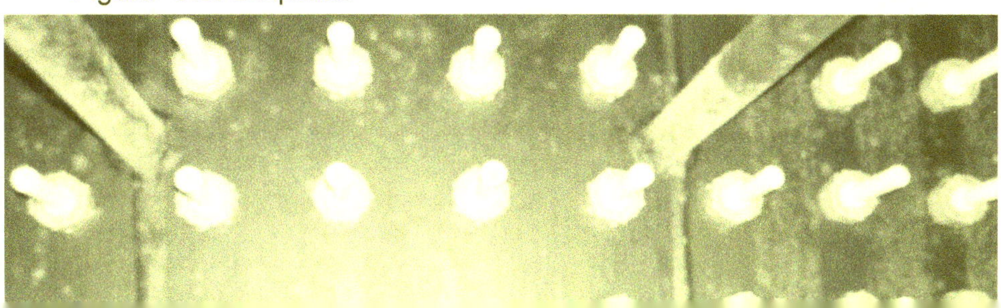

Figura 6.10. Boquillas

4. Válvulas que lleva un filtro

Figura 6.11

- **Filtro de DN 3600**
    - Entrada y salida para filtro de DN 250, entrada con posicionador.
    - Entrada y salida lavado de DN 400 y DN 500.
    - Entrada de aire de DN 250.
    - Salida maduración de DN 250.
    - Venteo de DN 150.

- Salida desplazamiento y vaciado DN 200.
- Colector recogida de agua de 600 y tubería salida lavado.
- Válvula de control (mariposa + posicionador) para el ajuste caudal lavado.
- Válvulas comunes para el conjunto de filtros (1) DN 80 para el drenaje de la tubería de aire.
- Válvula de control con posicionador en la salida maduración para el ajuste caudal + placa orificio.

- **Filtro de DN 4000**

  - Entrada y salida para filtro de DN 300, entrada con posicionador.
  - Entrada y salida lavado de DN 500 y DN 600.
  - Entrada de aire DN 250.
  - Salida maduración de DN 250.
  - Venteo de DN 150.
  - Salida desplazamiento y vaciado DN 200.
  - Válvula de control (mariposa + posicionador) para el ajuste caudal lavado.
  - Válvulas comunes para el conjunto de filtros (1) DN 80 para el drenaje de la tubería de aire.
  - Válvula de control con posicionador en la salida maduración para el ajuste caudal+ placa orificio.

5. Filtros de 2º etapa

Son filtros del mismo tamaño que los filtros de la 1º etapa pero al ir a más velocidad las válvulas de servicio son mayores y el nº de filtros menor.

6. Funcionamiento filtro a presión

Normalmente funciona a caudal constante y perdida de carga variable siendo la válvula de entrada que lleva posicionador la que hace la regulación, también puede funcionar a caudal variable. Este sistema crea más perturbaciones cuando se pone un filtro limpio en servicio que a perdida de carga constante.

Para el calculo del nº de filtros debe considerarse (1) filtro lavando ó en parado ó en espera.

7. Etapas de lavado

- Vaciado.
- Agitación por aire.
- A veces se utiliza aire y agua (con antracita es peligroso ya que se puede perder en los lavados).
- Descanso.
- Lavado con agua.
- Llenado.
- Desplazamiento salmuera.
- Maduración.

8. Aprovechamiento agua maduración

Si se quiere aprovechar el agua de maduración hay que colocar una válvula de drenaje en el colector de alimentación de agua de lavado por donde saldría a drenaje el agua de maduración, de esta forma con (1) sola válvula para toda la batería de filtros podemos hacer la operación de maduración.

En el caso de que se quiera solapar la etapa de maduración con otra etapa de lavado seria necesario colocar (1) válvula de drenaje por filtro adicional y el colector de unión entre todas las válvulas.

En la maduración se debe colocar una válvula de mariposa con posicionador para la regulación de caudal máxima perdida de carga (2) bar, el resto lo debe perder mediante placa orificio y válvula control entrada (5) bar.

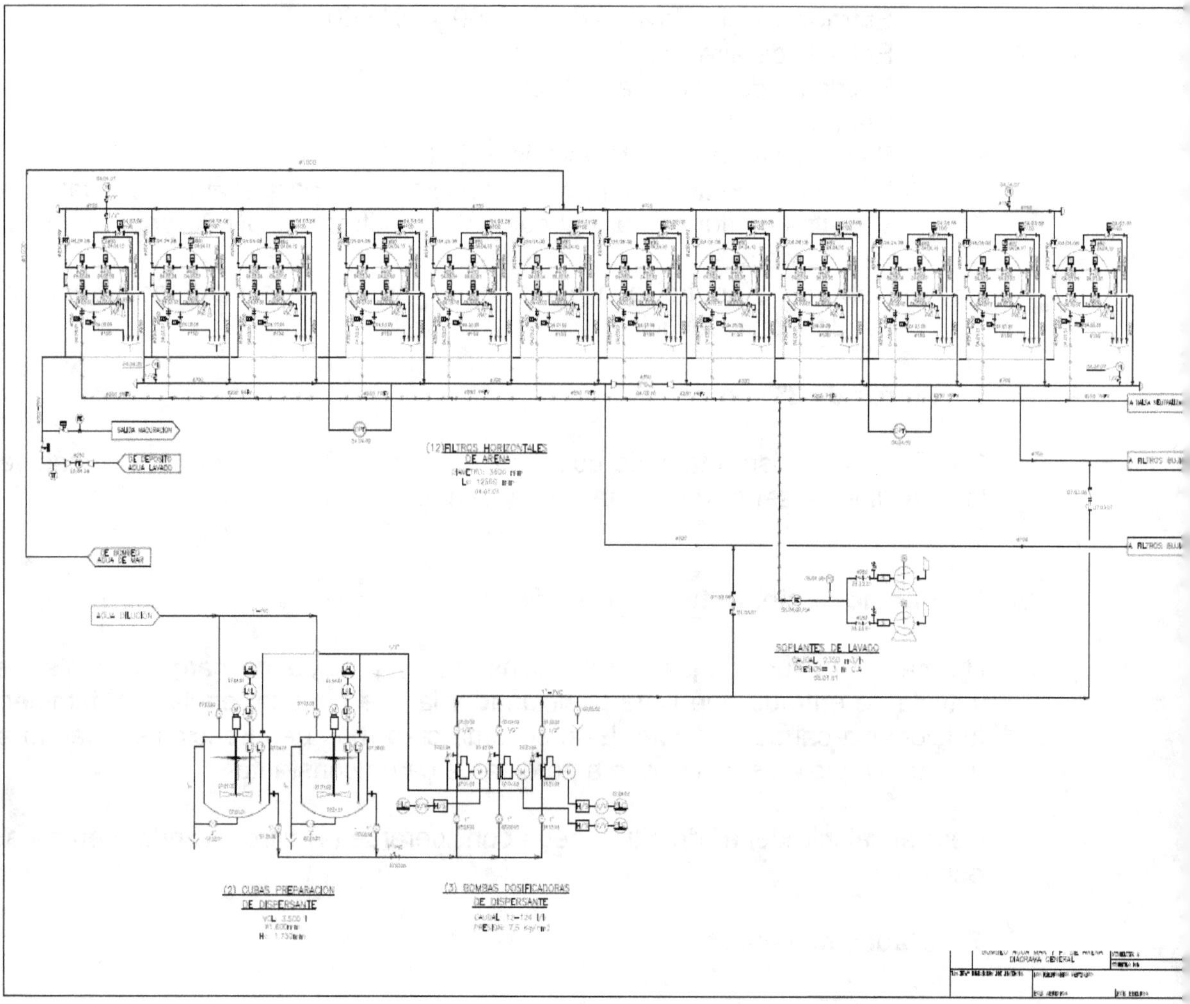

Figura 6.12.P&ID filtracion

9. Sistema de lavado

- **Agua**

El lavado se realiza con agua salmuera y se colocan (2+1) o (1+1) bombas dependiendo del costo. Como funcionan en aspiración con el sistema de vacío ojo con el NPSH. Presión descarga 20 mca.

A veces se hace un foso para que trabajen en carga, la mayoría de las veces está con agua y hay que poner bomba de achique. Tiene un mal mantenimiento.

La regulación del caudal se debe hacer con una válvula de mariposa con posicionador, tener en cuenta que el caudal varía con la Tª del agua, también se coloca una termorresistencia para la medida de la Tª y un FIT.

Las válvulas de aislamiento de las bombas deben ser manuales y las de retención de PP.

El depósito de salmuera debe tener un doble bafle para que el aire que viene con la salmuera se escape y no vaya a las bombas.

- **Aire**

Se emplean soplantes para la agitación del lecho de arena o antracita con un caudal de 50 - 70 m/h.

La tubería es de PRFV y lleva sifón en la entrada a los filtros de arena para evitar que vaya agua a las soplantes, entre el sifón y los filtros se coloca una válvula de drenaje para vaciar el agua.

En cada filtro se coloca un colector de PVC que reparte el aire a lo largo del filtro.

Las soplantes (1+1) llevan válvulas de retención y válvulas manuales de mariposa.

- **Arquetas de recogida el agua de lavado**

Cada filtro debe llevar su arqueta, el caudal de agua es importante y debe ser profunda 1,5 m tubería de desagüe amplia para que no haya posibilidad de rebose, tener en cuenta que la descarga se hace a mucha velocidad caída desde 3m-4m.

6.1.2 Filtro de gravedad

1. Continente

Se construyen de hormigón en superficies desde 28 a 100 m^2. Los habituales se construyen en desalación de 60 m2 de dimensiones 4 m x 15 m. Los que se han diseñado para Argelia son de 75 m2 de dimensiones 5 m x 15 m.

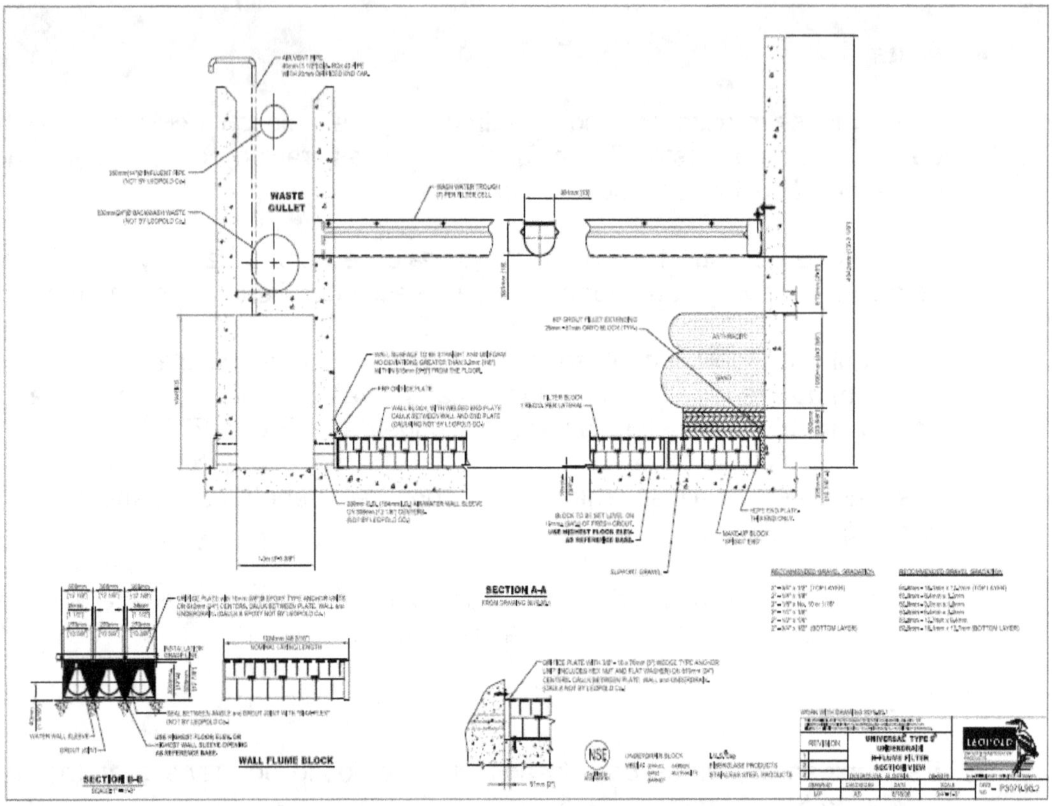

Figura 6.13. Filtro de arena

Hay que tener en cuenta que cuanto más grande se haga el filtro más repercute cuando está lavando en el resto de filtros, así los equipos de lavado son mayores.

Lleva un canal central para la recogida del agua de lavado y el reparto del agua a filtrar.

Normalmente estos filtros deben ir cubiertos con un material opaco para evitar la entrada de luz.

2. Áridos

Se emplean los mismos áridos que para los filtros de presión aunque se suele dar algo más de altura 1350 mm en vez de 1000 o 1100 mm con lechos de 600 mm antracita, 600 mm arena y 150 mm de grava.

Cuando se usa tricapa se suele usar 400 mm antracita, 400 mm arena y 300 mm garnet.

3. Falso fondo

El falso fondo o fondo de boquillas filtrantes se emplea de dos tipos:

- Placas con agujeros para la colocación de boquillas

- Fondos Leopold que son fondos filtrantes

Supongo que saldrá más barato el fondo Leopold al tener menos mano de obra y con menor riesgo de fugas de arena.

Las boquillas filtrantes son semejantes a los filtros de presión con la excepción que el tubo de entrada de aire es más largo.

La Tecnología de Falso Fondo Tipo S Se Beneficia de las Ventajas que Sólamente Leopold Ofrece

Mejora en el rendimiento para resultados superiores

Debido a que el flujo ascendiente de aire a través de otros falsos fondos crea zonas de baja presión, algunos orificios se quedan sin flujo o en algunos casos, este se revierte. Leopold ha diseñado un canal de recuperación de agua en su tecnología Tipo S™ de falso fondo para asegurar un flujo de aire continuo y uniforme desde los orificios superiores. Este canal ha sido diseñado para ayudar al agua a reintroducirse en el falso fondo y balancear las áreas de baja presión. Esto ha mejorado considerablemente el redimiento del falso fondo y provee resultados superiores, particularmente por su diseño dual paralelo.

Los resultados de la tecnología Tipo S son reales:

- Rango más amplio de flujo de aire, ahora de 18.23 m/h a 91.43 m/h.
- Mejor estabilidad de aire bajo todas las condiciones de operación en el cual todos los orificios suministran un flujo de aire continuo y uniforme.
- Mínima mala distribución, menor de un 5% total.

Hay una tecnología Tipo S de Leopold disponible para cada diseño de filtros, el cual lo convierte verdaderamente en un falso fondo Universal.

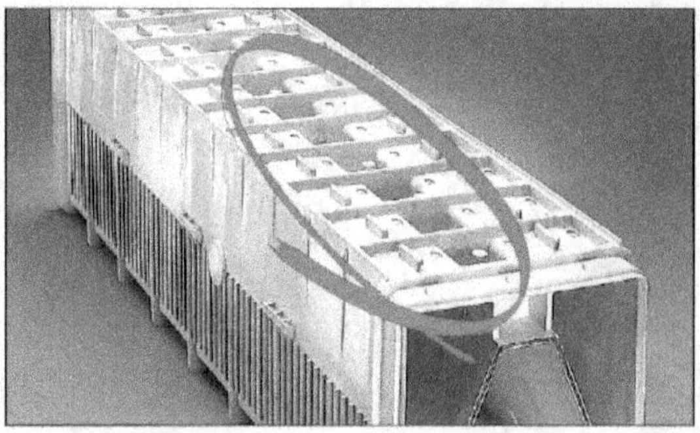

La tecnología S del falso fondo Leopold posee un canal de recuperación de agua único para un barrido de aire superior y alto redimiento en el retrolavado.

Mejor limpieza del medio filtrante

Todos los falso fondos Leopold de tecnología S tienen orificios con menos espacio entre sí que no se atascan y proporcionan una distribución uniforme de aire y agua de retrolavado. Esto hace más que sólo proveer una operación sin problemas, mejora la limpieza del medio filtrante.

En otros diseños de falso fondos en los cuales el espaciamiento de los orificios es más amplio, pueden presentarse zonas con espacios muertos. Esto significa que el aire no alcanza todo el medio filtrante para barrerlo. El espaciado menor de los orificios del falso fondo Leopold de tecnología Tipo S, previene la formación de zonas muertas, y como consecuencia, todo el medio filtrante se expone a la acción de limpieza del aire con la tecnología Tipo S del falso fondo Leopold

Limpieza de pulso colapsado para cualquier configuración de medio filtrante

La distribución amplia y uniforme de la tecnología Tipo S del falso fondo Leopold, permite configuraciones variadas del medio filtrante que se benefician de la limpieza de pulso colapsado durante el retrolavado concurrente (aire y agua simultaneamente). Otros falsos fondos limitan el flujo de aire, y esto puede eliminar la posibilidad de la limpieza de este tipo.

Una mejor acción en el barrido de aire, una mejor limpieza del medio filtrante, es el resultado de los orificios a corto espacio y a prueba de atascamientos que permiten una distribución uniforme de aire a todo lo largo de las hileras de falsos fondos.

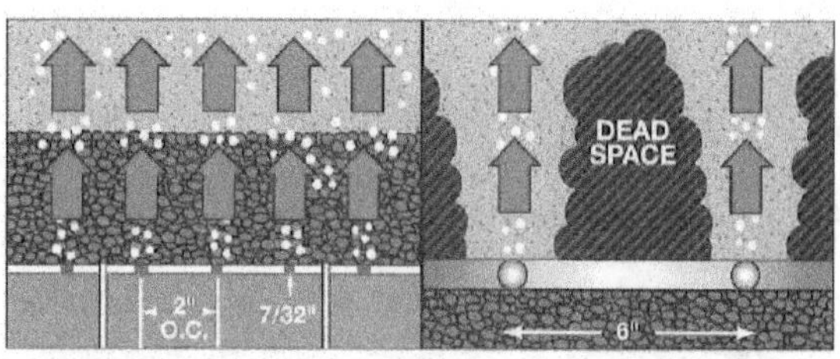

A la izquierda se muestran los orificios con menor espacio entre si e inatascables de la tecnología S del falso fondo Leopold, suministrando una distribución de aire y agua uniforme durante el retrolavado del filtro para una operación sin problema. Cuando se tienen orificios espaciados más ampliamente, puede ocurrir una limpieza ineficiente debido a las zonas muertas.

Niveles más tolerantes

Los falsos fondos mas viejos requieren niveles de ± 3.2 mm. Los falsos fondos de tecnología Tipo S, tienen una mampara interna para reducir la sensibilidad del aire y permitir su instalación a un nivel de ± 6.4 mm, el cual es más flexible en aquellas instalaciones viejas donde las tolerancias no son tan rígidas.

Economía de instalación y operación

Más flexibiliodad en la tolerancia de nivel de instalación, significa una instalación más simple que se traduce en costos más bajos de construcción. La mejora en el rendimiento del filtro significa agua más limpia, corridas más largas entre retrolavados, y costos de operación menores por litro de agua filtrada.

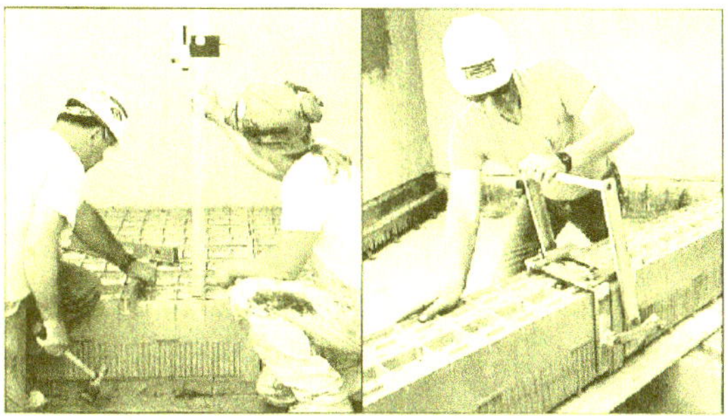

La instalación es más fácil con el falso fondo Leopold de Tecnología Tipo S porque se puede fijar a un nivel de ± 6.4 mm (a la izquierda). El ensamblado de las hileras es más fácil debido a que los bloques simplemente se unen para formar hileras resistentes a las fugas y con una distribución eficiente (a la derecha)

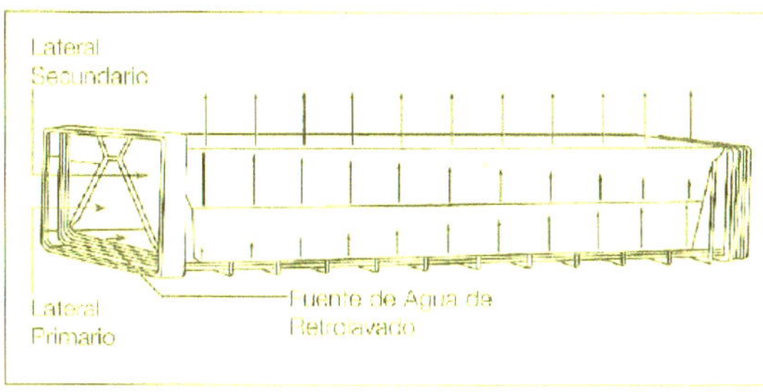

El diseño dual paralelo del cual Leopold Company es la pionera, asegura una distribucion de aire y agua uniforme en cada orificio de dispersión aun en longitudes de hasta 30 m en instalaciones de canal central. Debido a que más agua y aire fluyen a través de los orificios en las hileras más retiradas de la fuente de agua, las variantes de descargas existen a lo largo de la longitud en la cámara primaria de las hileras. El flujo no balanceado desde las hileras alimentadoras, crea un flujo opuesto formando una hilera compensante con presión uniforme a través de toda su longitud.

Hay una Tecnologia Tipo S™ en los falsos fondos Leopold® para cada diseño de filtro

El falso fondo Universal® Tipo S™ de Leopold; es ideal en las instalaciones que requieren hileras largas. El falso fondo Universal Tipo SL™ de Leopold, tiene un perfil 102 mm más bajo que lo hace ideal en filtros de poca profundidad en los cuales se requiere un medio filtrante con más profundidad. Ambos tienen Tecnología S desarrollada por Leopold para barrido de aire superior y alto rendimiento en el retrolavado. Con la tecnología Tipo S disponible para cada diseño de filtro, sólamente Leopold ofrece un falso fondo verdaderamente "Universal."

Guía de aplicaciones para el falso fondo Leopold de Tecnología Tipo S

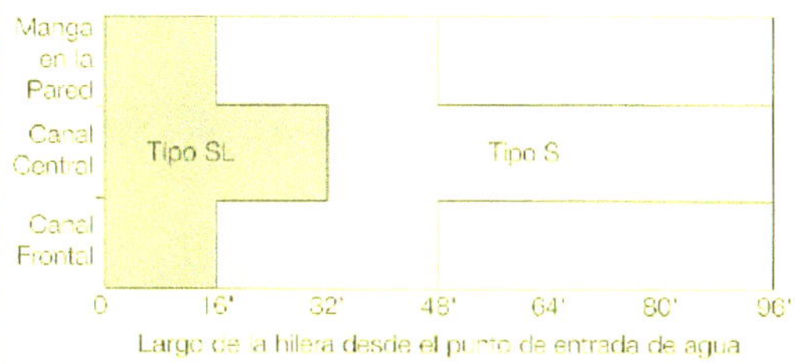

Aplicaciones de filtro para el faldo fondo Universal de Leopold de Tecnología Tipo S y SL

- Turbiedad
- Suavizamiento de Cal
- Remoción de Hierro y Manganeso
- Remoción de Sólidos en Tratamiento de Aguas Residuales
- Desnitrificación
- Cualquier proceso de Aguas Residuales y Potables

Más caracteristicas del falso fondo Universal de Leopold de Tecnologia Tipo S y SL

- 75 años de experiencia.
- Liviano para faclitar su instalación
- Construido de Polietileno de Alta Densidad para fortaleza y resistencia a la corrosión
- Superficie lisa para reducir el potencial de la incrustación.

La placa IMS® Cap elimina la necesidad de la grava de soporte

Los falsos fondos Tipo S y SL, pueden ser especificados con la placa IMS Cap (Placa Integral de Soporte al Medio) de la Leopold que viene instalada de fábrica.

Otra innovación tecnológica de Leopold, la placa IMS Cap fue desarrollada como reemplazo de la grava de soporte en los filtros equipados con los falsos fondos de cámaras duales y paralelas. Cuando se elimina la grava de soporte, la profundidad total del filtro es aumentada, permitiendo así una profundidad mayor del lecho filtrante. Además, esta placa se remueve fácilmente para su inspección o para el cambio del medio filtrante, por ejemplo carbón activado.

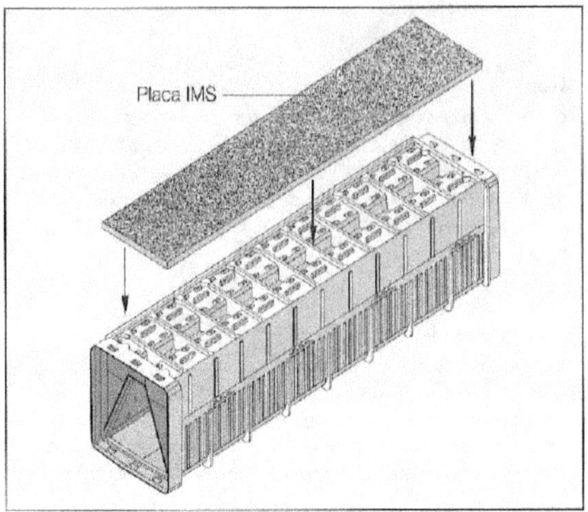

La Ventaja del sistema de filtro Leopold a trabajar para usted

Leopold ha agrupado una variedad de tecnologías, lo cual nos proporciona la habilidad para diseñar la ingeniería del sistema completo de filtración para virtualmente cualquier diseño o requisitos de operación. La tecnología Tipo S de falso fondo es solamente una de esas tecnologías. Cuando Leopold suministra el falso fondo Tipo S como parte de un paquete del filtro, podemos asegurar rendimiento y resultados de proceso.

Con tecnología de punta, más 75 años de conocimientos de proceso, experiencia y pericia, y con un apoyo sin paralelo, todo para asegurar el redimiento del filtro y los resultados del proceso. Esta es la ventaja del sistema de filtración Leopold.

Beneficios de la Placa IMS® Cap de Leopold

- Elimina la grava de soporte
- Liviana
- Cambio fácil a medio filtrante más profundo o carbón
- Distribución de flujo comprobada
- Removible para inspección
- Compatible con las substancias químicas de tratamiento de agua

Especificaciones técnicas del falso fondo Leopold de Tecnología S™

	Tipo S	Tipo SL
Material	Polietileno de Alta Densidad	Polietileno de Alta Densidad
Tamaño	Largo - 1.22 m (Nominal) Ancho - 0.28 m (Nominal) Alto - 0.30 m (Nominal)	Largo - 1.22 m (Nominal) Ancho - 0.28 m (Nominal) Alto - 0.20 m (Nominal)
Peso	11.4 kg (Aproximadamente)	8.6 kg (Aproximadamente)

NSF Certified to ANSI/NSF 61

LEOPOLD
WATER & WASTEWATER PRODUCTS

The F.B. Leopold Company Inc.
227 South Division Street
Zelienople, PA 16063
Telephone: (724) 452-6300
Fax: (724) 452-1377

www.FBLeopold.com

Para asegurar la calidad, especifique a Leopold como su fuente única en:

- Equipo de Filtración
- Productos de Fibra de Vidrio
- Controles de Filtros
- Instrumentación
- Clarificación
- Flotación por Aire Disuelto (DAF)
- Fabricación de Membrana
- Medios Filtrantes
- Reabilitación de Filtros

 5000/200 UNN-100 Printed in U.S.A.

4. Canales de distribución y recogida

Normalmente los filtros de gravedad que se usaban para agua potable o residual llevan un canal de distribución y a la vez de recogida construidos en hormigón. Con este sistema **no** se reparte bien el agua en el lavado habiendo caminos preferenciales.

El agua de lavado se debe recoger en canales que transversales al canal central del filtro, construidos en material plástico y colocados cada 2m semejantes a los que suministra Leopold o Fiber Profill (como se ve en el catalogo de la siguiente hoja) descargan en el canal central.

El canal de alimentación de hormigón es suficiente para el reparto del agua de alimentación pero debe tener la altura del nivel de operación del filtro.

5. Carrera del filtro de gravedad

El filtro de gravedad para tratar el agua de mar con dosificación de reactivos (cloruro férrico + ayuda coagulante) se diseña para una carrera de 4-5 mca (diferencia entre filtro sucio y filtro limpio) algo menos que los filtros de presión que tienen una carrera de 7 mca.

En el caso de que no llevase dosificación de reactivos la carrera del filtro estará entre 2-3 mca, como uno de agua potable.

Normalmente se mide entre el nivel máximo de trabajo del filtro y el nivel del vertedero que debe llevar el colector de descarga.

Esto da origen a que el nivel de alimentación sea diferente al nivel de descarga de las canaletas de lavado.

LEOPOLD
WATER & WASTEWATER PRODUCTS

Product Data Sheet
FRP-200

Leopold® Fiberglass Wash-Water Troughs

- Maintenance-free construction
- Durability for long service life
- Reinforced for strength and stiffness
- Resin-rich interior surface for even flow
- Available in a wide range of capacities
- Easy, economical installation with no costly forming work

Leopold fiberglass wash-water troughs are employed in water and wastewater filters to provide uniform removal of wash water during backwashing. They are available in a wide selection of carrying capacities to meet any design requirement (see the back of this sheet).

Molded of densely laminated fiberglass-reinforced plastic (FRP), Leopold wash-water troughs are corrosion-resistant and constructed for maintenance-free durability and long service life. All mounting brackets, hardware, and stabilizers are stainless steel.

Leopold FRP wash-water troughs are designed and manufactured for rigidity and dimensional accuracy. Proportioned for excellent beam strength, Leopold FRP wash-water troughs have triangular-shaped, longitudinal stiffeners integrally molded into the exterior sidewall for longitudinal rigidity. Fiberglass thickness is at least 1½ times the nominal thickness at locations of supports such as saddles, as well as at end flanges and blind ends. One-inch horizontal stiffener bars on 2-foot centers enhance the structural rigidity.

The inner surfaces of Leopold troughs are smooth, and resin-rich-coated to minimize flow resistance. The top edges of each trough section are level and parallel to the specified tolerances to help uniformly match a still water surface at the desired overflow elevation.

Leopold troughs are available with fixed, adjustable flanged ends, or with integrally mounted water stops. Adjustable V-notch or straight-edge weir plates are also available. The weir plates are made of maintenance-free fiberglass-reinforced plastic, match-die molded to ensure excellent dimensional accuracy.

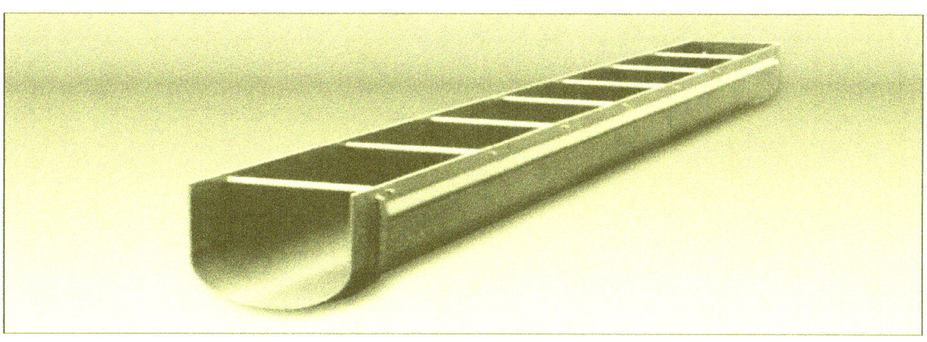

NSF

The F.B. Leopold Company, Inc.
227 South Division Street
Zelienople, Pennsylvania 16063
Telephone (724) 452-6300
Fax (724) 452-1377

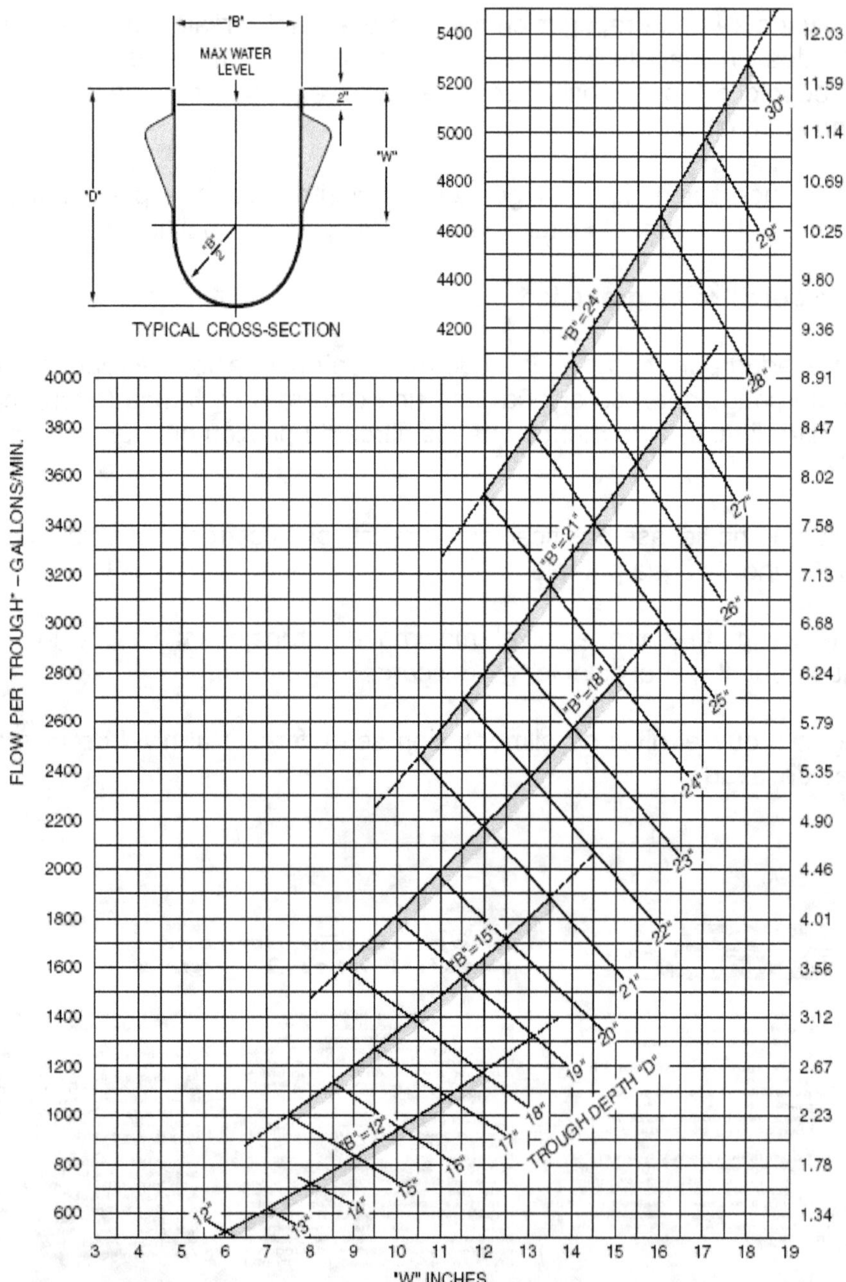

* Free Discharge

The F.B. Leopold Company, Inc.
227 South Division Street
Zelienople, Pennsylvania 16063
Telephone (724) 452-6300
Fax (724) 452-1377

2500/299
Printed in U.S.A.

6. Tiempo de retención

El filtro de gravedad con una carera de 4-5 mca suele tener un tiempo de retención del agua entre 15 a 20 minutos (para velocidades de 8 m/h) por lo cual en este aspecto es mejor que el filtro de presión que solo tiene 9 minutos.

Este tiempo de retención lo debemos aprovechar para que el agua flocule antes de llegar al lecho filtrante, por lo que este tipo de filtros pueden trabajar sin cámaras de floculación solo de mezcla o mezcladores estáticos para la mezcla de reactivos.

7. Sistemas de alimentación y recogida de agua de lavado

Para los filtros de agua de mar debemos tener en cuenta que esta es corrosiva y si en agua potable puede resultar más barato utilizar compuertas en la alimentación y en la salida de lavado, en agua de mar puede resultar más barato utilizar válvula de mariposa.

Así mismo las tuberías de alimentación y recogida de lavado puede utilizarse PVC en vez de hormigón ya que puede resultar más económico.

8. Diferencias entre filtro de gravedad y filtro presión

El filtro a presión se construye en taller y el filtro de gravedad en campo.

El filtro a presión se hace en acero + ebonita y el de gravedad en hormigón, sale más caro hacerlo en acero +ebonita que en hormigón.

En cuanto a superficie, la máxima en el filtro a presión es de 50 m2, en el de gravedad se pueden tener superficies mayores (50-70 m2).

El tiempo retención es mayor en el filtro de gravedad que en el filtro de presión lo que favorece la floculación

La carrera del filtro (tiempo entre lavados) es mayor en el filtro a presión que en el filtro de gravedad.

En cuanto a la calidad en el agua de filtrado, debido a que el filtro a presión puede filtrar más en profundidad la calidad del filtro a presión puede ser mejor que la del filtro de gravedad.

9. Tipos de filtración en doble etapa

- En la filtración de doble etapa se pueden utilizar filtros a presión en la 1º y 2º etapa, la ventaja que solo se necesita un bombeo.

- En aquellos casos que no se pueda utilizar un solo bombeo y haya que poner (2) bombeos se puede usar filtro a presión y filtro de gravedad. En estos casos se utiliza floculación en línea.

- Cuando se utiliza cámaras de floculación es mejor utilizar filtro de gravedad bombeo y filtro de presión con floculación en línea.

En aguas con grandes cambios de Tª (14-28)ºC la tercera opción es la mejor desde punto de vista energético ya que la bomba del 2º paso absorbe las variaciones de presión del sistema (6 bar) por la Tª y en algunos casos puede llegar a 12 bar.

10. By pass en la filtración

Es necesario prever un by-pass manual a la salida de la etapa de filtración con áridos de forma que se pueda recircular el 50% del caudal de filtración antes de pasarlo a filtros de precapa o cartuchos.

11. Equipos a utilizar en filtración

- **Bombas de lavado**

  El depósito de agua de lavado (salmuera) normalmente está enterrado por lo que el tipo de bombas que se pueden colocar son:

  - Bombas horizontales en carga pero se requiere hacer una cámara seca.
  - Bombas horizontales en aspiración + sistema de cebado y bombas sumergibles.

  El material de las bombas debe ser de súperdúplex.

- **Soplantes**

  - MPR
  - AERZEN
  - PEDRO GIL
  - Fabricantes internacionales

- **Válvulas de Mariposa**

  Se suministran con la mariposa en hierro fundido + recubrimiento o en súperdúplex.

  Los suministradores homologados son KSB (AMVI) que las hace con recubrimiento de HALAR. BRAY que las hace con recubrimiento de NYLON 11 (parece que son más baratas) y BELGICAST que las hace con mariposa de superduplex

  Se emplean válvulas automáticas de doble efecto aunque en algunos casos se ha puesto en la de drenaje muelle cierra para que no se vacíe el filtro.

  La válvula de entrada o de salida según sea el tipo de filtro debe llevar posicionador.

  Las válvulas de drenaje y entrada lavado se piden con limitador mecánico de apertura.

  Para el mando se utilizan cajas de electro válvulas (una por filtro) normalmente cada electro válvula lleva restrictotes de aire para que la apertura y el cierre sea suave.

- **Medidores de caudal**

  Se utilizan caudalimetros electromagnético de las casas E+H, KROHNE, SIEMENS (DANFOSS) y ABB o similar

- **Transmisores de presión diferencial**

  Se utilizan para medir la perdida de carga entre colectores de los filtros a presión.

- **Transmisores de nivel**

  Se utilizan para mantener el nivel constante en el filtro de gravedad del tipo Hidrostático o de ultrasonidos ambos se colocan en la cubierta (si se usan los de flotador deben ser en material plástico).

6.1.3 Filtro de lavado continuo

Son filtros que están lavando constantemente a medida que están filtrando, suelen trabajar (2) grupos de filtros en serie.

Filtran de abajo arriba y el lavado de la arena se hace también de abajo arriba, el agua entra por gravedad por la parte superior y es conducida por un tubo hasta el fondo del filtro, donde sube a través de la arena a la superficie, donde por vertedero sale al 2º filtro.

La arena de la parte inferior es subida por una bomba air-lift hasta una cámara de lavado donde se encuentra con agua a contracorriente que lava la arena en su caída a la parte superior del filtro.

El filtro de la 1º etapa trabaja con 2 m de altura de arena y 3 ft de perdida de carga con una velocidad de 12 m/hm^2 y el 2º paso a tiene una altura de arena de 1mt. Usa granulometría de 0,6mm y trabaja a velocidad de 8,5 m/hm^2.

Parece un buen filtro para sondeos verticales en una sola etapa y para sondeos horizontales en dos etapas.

- **Ventajas**

Solo usa una válvula para la alimentación del conjunto de filtros formado por 4 o 8 unidades, un medidor electromagnético y un transmisor de nivel.

No usa agua de lavado, solo aire de 4-6 Nm^3/h. Lava con la propia agua filtrada de la que pierde del orden de 10%.

No usa falso fondo ni boquillas filtrantes, solo canales de recogida y el piping es muy reducido.

- **Inconvenientes**

No se puede usar con garantía cuando hay floculación en línea o en cámaras de floculación ya que al no realizar una prefiltración con los floculos estos se escapan y atascan el filtro.

DynaSand® filter – operation

The DynaSand filter is based on the counterflow principle. The water to be treated is admitted through the inlet distributor (1) in the lower section of the unit and is cleaned as it flows upwards through the sand bed, prior to discharge through the filtrate outlet (2) at the top. The sand containing the entrapped solids is conveyed from the tapered bottom section of the unit (3), by means of an airlift pump (4), to the sand washer (5) at the top. Cleaning of the sand commences in the pump itself, in which impurities are separated from the sand grains by the turbulent mixing action. The contaminated sand spills from the pump outlet into the washer labyrinth (6), in which it is washed by a small countercurrent flow of clean water. The separated solids are discharged through the wash water outlet (7), while the grains of clean sand (which are heavier) are returned to the sand bed (8). As a result, the bed is in slow, constant downward motion through the unit. Compressed air for the sand pump is provided via the control panel (9).

Thus, water purification and sand washing both take place continuously, enabling the filter to remain in service without interruption.

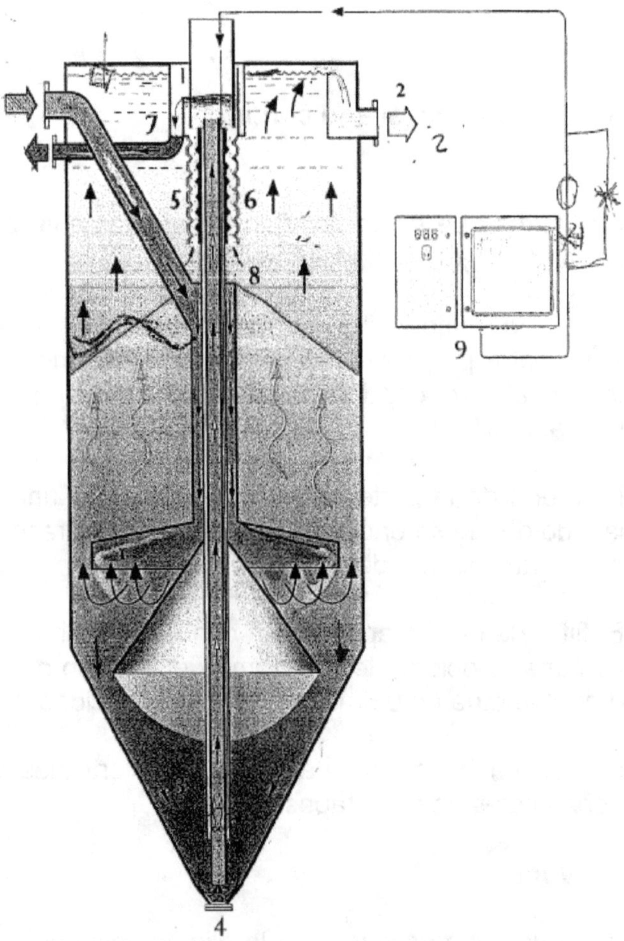

DynaSand operates continuously and requires a minimum of attention.

3.2 Backwashing

The filter media is continuously backwashed. Continuous backwashing eliminates taking the filters offline to clean the media at given intervals (backwash cycle) when the filter begins to blind. Continuous backwashing of the sand is accomplished by an internal airlift pipe and sand washer section. The airlift pump brings sand and trapped particulate matter up to the washer section from the bottom of the filter tank (lower cone). Rising sand enters the sand washer for cleaning. There is a hydraulic gradient between the filtrate weir in the filter cell and the reject weir in the washer section. This gradient forces a portion of the clean filtered water that has risen through the filter sand bed to enter the inner chamber of the sand washer (instead of flowing over the filtrate weir). This is the continuous backwash stream. This water flows up through the sand washer and over the reject weir, leaving the filter unit. Due to the size and density of the sand that has been brought up to the washer section by the airlift, it falls down through the inner chamber of the sand washer while the clean water is flowing up. Filtered particles are lighter than the sand and flow away with the reject water stream. This is the backwashing action. The washed sand falls back on top of the filter bed to begin another cycle down to the bottom of the filter unit where the process is repeated continuously. The airlift controls the volume of sand lifted and recirculation rate of the sand bed. The reject weir setting controls the volume and thus velocity of the wash water. A detailed drawing of the sand washer is provided below.

SAND WASHER DETAIL

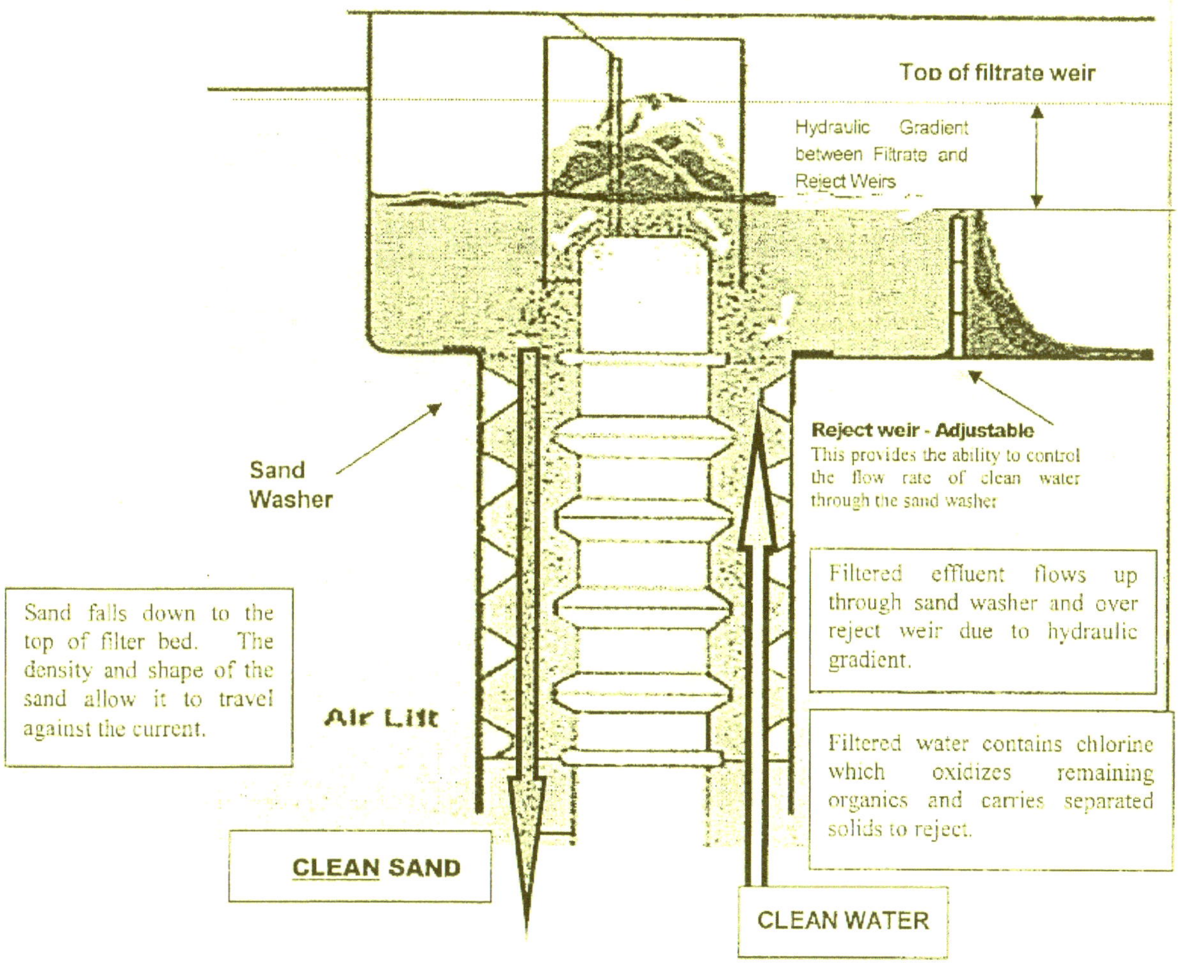
Top of filtrate weir
Hydraulic Gradient between Filtrate and Reject Weirs
Reject weir - Adjustable
This provides the ability to control the flow rate of clean water through the sand washer
Filtered effluent flows up through sand washer and over reject weir due to hydraulic gradient.
Filtered water contains chlorine which oxidizes remaining organics and carries separated solids to reject.
Sand Washer
Sand falls down to the top of filter bed. The density and shape of the sand allow it to travel against the current.
Air Lift
CLEAN SAND
CLEAN WATER

3.0 General Process Description

3.1 Filtration

Please refer to the "DualSand™ Process Schematic" below.

The DualSand™ filtration process consists of two (2) upflow continuous backwashing sand filters in series. The first stage is comprised of a deep bed sand filter (2 meters deep) of coarse-grained silica sand. This filter is designed to handle high solids loading and provides most of the solids removal. Coagulant and disinfectant are typically added ahead of the first stage filter. A static mixer in the piping or mechanical mixer in a mixing chamber after chemical injection is typically provided for complete mixing of the chemicals before filtration.

The second stage filter is a relatively shallower sand bed (1 meter deep) of relatively finer grained sand. Aside from these two elements, the second stage filter is identical to the first.

Raw water or wastewater effluent to the DualSand process can flow by gravity or can be pumped. The system can also be designed to operate at a constant flow rate with intermittent (on/off) pumping, or flow-paced with variable influent flow rates.

Flow through the DualSand system enters the top of the first stage filter (feed pipe) and flows down to the bottom of the filter (center tube) to a distribution header. Flow passes up through the sand bed (filtration) and then over a filtrate weir, where the process is repeated in the second stage filter.

DualSand™ Process Schematic

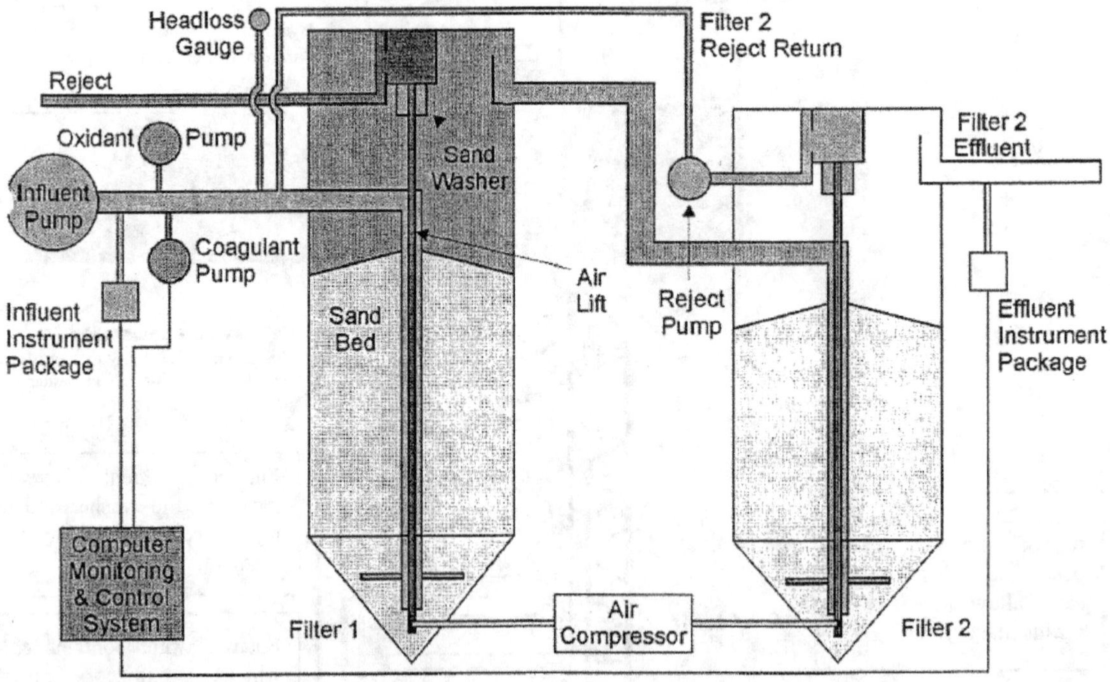

11.10 Filtros de precapa

Como alternativa a la 2º etapa de filtración se utiliza la filtración de precapa que es un filtro de cartuchos especiales a los cuales se le coloca un recubrimiento de diatomeas que hace de filtración por debajo de las 20 micras.

Filtra de abajo arriba y desde el exterior al interior y se considera una filtración de afino.

La duración de la precapa va en función de los sólidos en suspensión del agua de alimentación, normalmente dura de 18 a 48 horas.

La duración de la precapa se controla por la presión diferencial y calidad del agua filtrada.

A veces y para mejorar la calidad se inyecta en el circuito diatomeas mediante bombas dosificadores (body feed).

Se trabaja a una velocidad de 4 m/h y tiene la particularidad que debe estar en servicio o en recirculación para que se mantenga la precapa sobre los cartuchos en caso contrario dicha precapa se cae.

1. Tipo de filtro

Se utilizan filtros verticales de diámetros 1500, 1800 y 2000 mm de parte recta. El filtro vertical lleva bridas para el desmontaje del conjunto de cartuchos.

Se construye en AºCº recubierto de ebonita 3-4 mm espesor por estar en contacto con agua de mar. Necesita puente grúa para el mantenimiento de los cartuchos filtrantes.
Cada filtro lleva (2) mirillas para que se pueda ver la formación de la precapa.
Para el cierre de la tapa del filtro se emplean (2) tipos de sujeción

- Bridas con tornillos para el apriete de las bridas normales
- Bridas con amarres especiales Clamp que requieren menos tamaño de brida

Figura 6.14. Filtración precapa

2. Tipo de cartucho

Se compone de un alma de plástico y tela filtrante soldada.Tiene una longitud de 1500 mm y 60mm de diámetro con una superficie filtrante de 0,28 m^2/cartucho.

También se han construido con almas en 904L y bobinado de polietileno como elemento filtrante.

Los cartuchos van sujetos a la placa por una tuerca que atornilla el alma. En la parte inferior los cartuchos van sujetos entre si y al virola mediante tiras de plástico dando una gran rigidez al sistema.

3. Precapa

Está formada por tierras de diatomeas (90% de SiO_2) con una granulometría de 30-40 micras, hay de varios tipos pudiendo llegar a 77 micras.

La dosis para formar la precapa varía entre 400 a 800 gr/m, teniendo en cuenta que un filtro de 1800 tiene una superficie de 105 m^2 consume por día entre 40 a 80 kg/filtro.

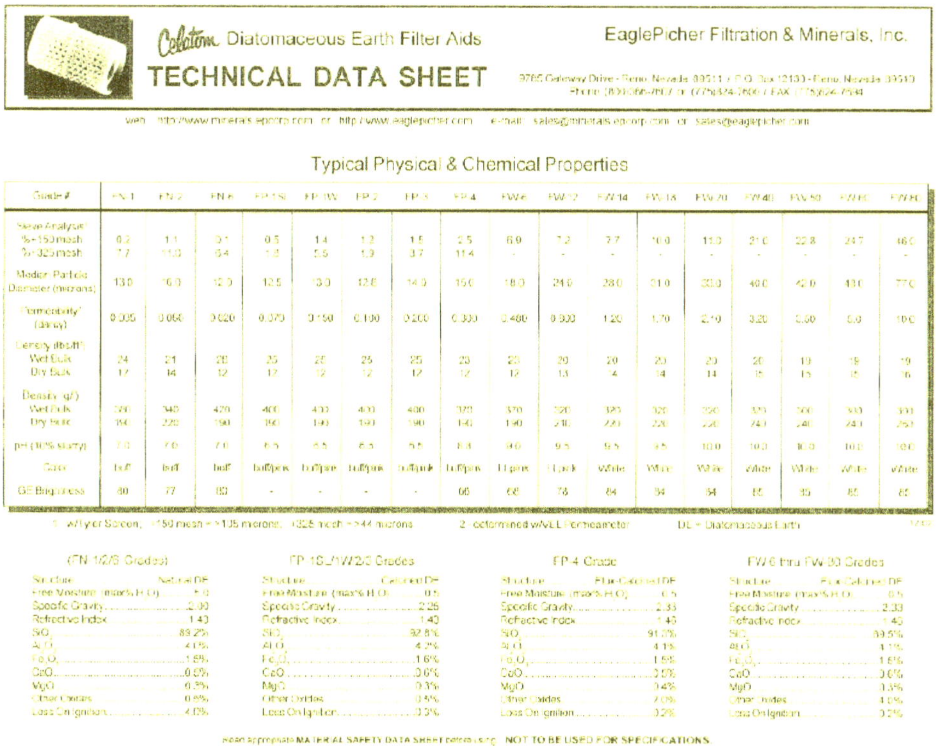
Celatom Diatomaceous Earth Filter Aids — EaglePicher Filtration & Minerals, Inc.

TECHNICAL DATA SHEET

9785 Gateway Drive - Reno, Nevada 89511 / P.O. Box 12130 - Reno, Nevada 89510

Phone (800)366-7607 or (775)824-7600 / FAX (775)824-7584

web http://www.minerals.epcorp.com or http://www.eaglepicher.com e-mail sales@minerals.epcorp.com or sales@eaglepicher.com

Typical Physical & Chemical Properties

Grade #	FN-1	FN-2	FN-6	FP-1SL	FP-1W	FP-2	FP-3	FP-4	FW-6	FW-12	FW-14	FW-18	FW-20	FW-40	FW-50	FW-60	FW-80
Sieve Analysis[1] % +150 mesh	0.2	1.1	0.1	0.5	1.4	1.2	1.5	2.5	6.9	7.2	7.7	10.0	11.0	21.0	22.8	24.7	46.0
% +325 mesh	7.7	11.0	6.4	1.4	5.5	1.9	3.7	11.4	-	-	-	-	-	-	-	-	-
Median Particle Diameter (microns)	13.0	16.0	12.0	12.5	13.0	12.6	14.0	15.0	18.0	24.0	28.0	31.0	33.0	40.0	42.0	48.0	77.0
Permeability[2] (darcy)	0.035	0.068	0.020	0.070	0.150	0.100	0.200	0.300	0.480	0.930	1.20	1.70	2.10	3.20	3.50	5.0	10.0
Density (lbs/ft³) Wet Bulk	24	21	28	25	25	25	25	23	23	20	20	20	20	20	19	19	19
Dry Bulk	17	14	12	12	12	12	12	12	12	13	14	14	14	15	15	15	16
Density (g/l) Wet Bulk	[illegible]	340	420	400	400	400	400	370	370	320	320	320	320	320	300	300	300
Dry Bulk	[illegible]	220	190	190	190	190	190	190	190	210	220	220	220	240	240	240	250
pH (10% slurry)	7.0	7.0	7.0	6.5	6.5	6.5	6.5	8.0	9.0	9.5	9.5	9.5	10.0	10.0	10.0	10.0	10.0
Color	buff	buff	buff	buff/pink	buff/pink	buff/pink	buff/pink	buff/pink	Lt pink	Lt pink	White	White	White	White	White	White	White
GE Brightness	80	77	83	-	-	-	-	66	68	78	84	84	84	85	85	85	85

1 - w/Tyler Screen, +150 mesh = >105 microns, +325 mesh = >44 microns 2 - determined w/VLL Permeameter DE = Diatomaceous Earth

	(FN-1/2/6 Grades)	FP-1SL/1W/2/3 Grades	FP-4 Grade	FW-6 thru FW-80 Grades
Structure	Natural DE	Calcined DE	Flux-Calcined DE	Flux-Calcined DE
Free Moisture (max% H_2O)	6.0	0.5	0.5	0.5
Specific Gravity	2.00	2.25	2.33	2.33
Refractive Index	1.43	1.43	1.46	1.45
SiO_2	89.2%	92.8%	91.7%	89.5%
Al_2O_3	4.1%	4.2%	4.1%	4.1%
Fe_2O_3	1.5%	1.6%	1.5%	1.5%
CaO	0.5%	0.6%	0.5%	0.6%
MgO	0.3%	0.3%	0.4%	0.3%
Other Oxides	0.5%	0.5%	2.0%	4.0%
Loss On Ignition	4.0%	0.3%	0.2%	0.2%

Read appropriate MATERIAL SAFETY DATA SHEET before using. NOT TO BE USED FOR SPECIFICATIONS.

4. Válvulas (cada filtro lleva las siguientes válvulas)

- **Servicio**. DN250 (entrada y salida) la válvula de entrada lleva posicionador, y una válvula de by-pass de DN25 para hacer la presurización del filtro.
- **Recirculación.** DN 200 (Entrada y salida).
- **Drenaje inferior.** DN150.
- **Venteo superior**. DN200.
- **Venteo inferior**. DN80.
- **Entrada de aire.** DN50.

5. Instrumentación (cada filtro lleva la siguiente instrumentación)

- Medidor electromagnético entrada DN250.
- Transmisor de presión diferencial.

6. Sistema de recirculación (está formado por los siguientes equipos)

- **Tanque de Compensación**. Compensa la pérdida de agua durante la formación de la precapa, volumen 15-20 m3.
- **Bombas de recirculación**. Se coloca (1+1) caudal 75% del caudal de servicio 300 m3/h presión 25 mca.
- **Válvulas automáticas**. DN200 cantidad (4) y (1) de DN100 para el llenado del tanque de compensación.

7. Dosificación de diatomeas

Depende de la cantidad a dosificar se colocan (1) o (2) depósitos con carga manual o carga automática, normalmente se dosifica con bombas peristálticas a una concentración del 3% como máximo.

En el caso de dosificación automática se usa dosificadores directamente del Big-bag, los vende SODIMATE o FLEXICOM.

8. Sistema de limpieza

Para el lavado de los cartuchos de los filtros de precapa y los de los filtros de cartuchos, (hipoclorito o detergente) se coloca un depósito de 6 m^3 con una bomba de 100 m^3 para el llenado y recirculación de la solución limpieza.

Normalmente se hace en sentido contrario al flujo de filtración y caudales más bajos para no dañar el cartucho de precapa.

11.11 Filtros de cartuchos

También se llaman filtros de seguridad, ya que se deben diseñar como una seguridad de las membranas, no como un elemento más de filtración, aunque filtra y por lo tanto se ensucia y hay que cambiarlos o limpiarlos.

Este filtro trabaja como filtración mecánica pero dependiendo de la naturaleza del cartucho también se puede producir por absorción electrostática.

Normalmente se trabaja a velocidades de 14-20 m/h equivalentes a 10-15 l/min/10" de filtro para cartuchos bobinados o compactos.

Figura 6.15. filtros de cartuchos

Los grados de filtración que se utilizan son de 5-10 micras grado nominal aunque se empieza a utilizar el grado absoluto de filtración de 20 micras en algún tipo de filtros.

Este valor puede dar problemas y se utiliza el de 40 micras (PALL-ULTIPLEAT HIGH FLOW).

La diferencia entre grado nominal y el grado absoluto es que el primero retiene el un % (>95) de partículas superiores al grado nominal y el grado absoluto define el tamaño máximo de partícula que pasa por el filtro. Un filtro de 20 micras en valor absoluto es más caro que uno de 5 micras en grado nominal.

La perdida de carga de un filtro de cartuchos varía entre 0,3 mca a un máximo de 10 o 15 mca que es el valor máximo.

Tipo de filtro

Los filtros de cartuchos pueden ser horizontales o verticales dependiendo del suministrador.

Hay muchos suministradores de filtros de cartuchos en España están TFB, PALL y FLUYTEC en UK está AMAZON y en USA PALL y PARKER

Se construyen en los siguientes materiales:

- **PRFV hasta 1200 mm de diámetro.**
- **AºCº + ebonita en todos los tamaños.**
- **Aºinox en todos los tamaños.**

En los verticales hay (2) modelos:

a. Los colgantes, cuyos elementos filtrantes cuelgan de la placa perforada. Necesita puente grúa de mantenimiento y desmontar tuberías
b. Los apoyados, cuyos elementos filtrantes se apoyan en la placa perforada, necesitan plataforma de mantenimiento (AMAZON) y mecanizado agujeros de la placa, pero tienen la ventaja que no es necesario desmontar tuberías para el mantenimiento ni necesitan puente grúa.

En los horizontales no se necesita ni desmontar tuberías ni plataforma de mantenimiento, pero requieren más espacio.

Figura 6.16. Filtros horizontales multipleat

El filtro horizontal cuando usa cartuchos tipo Pleat es más económico de instalación pero más caro de mantenimiento por el precio del cartucho.

Para el cierre de la tapa del filtro se emplean (2) tipos de sujeción

- Bridas con tornillos o con "clamps" para el apriete, normalmente para filtros de PRFV ó acero + ebonita.
- Tornillos basculantes realizándose el cierre virola con virola y junta tórica (sistema empleado para los de Aº-inox).

1. **Tipo de elemento filtrante**

Se emplean de diferentes tipos:

- **Longitud**: 40"(1000 mm) y 60 " (1500mm).
- **Tipo de cartucho**: Bobinado de hilo, compacto material expandido y el plegado (pleat).
- **Materiales**: Polipropileno, fibra de vidrio, y celulosa.
- **Tipo de conexión**: DOE si es conexión abierta por ambos lados, CODE 8 con junta tórica por un lado y tapón de centrado por el otro.

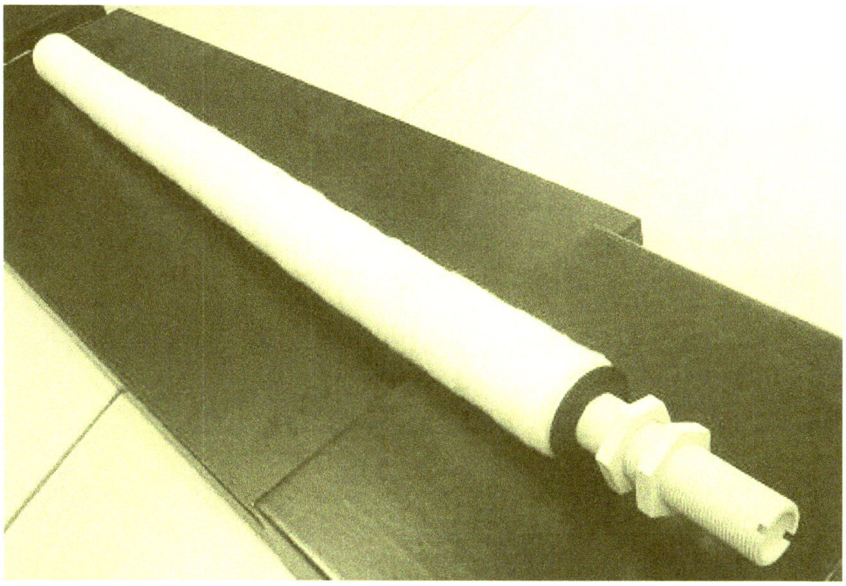

Figura 6.17

Los cartuchos sufren ensuciamiento biológico y /o mineral y se lavan con detergente y desinfectante, por eso es bueno colocar un cartucho que se le pueda lavar a contracorriente.
El cartucho va amarrado a la placa porta cartuchos y al parte inferior a la virola del filtro mediante un alma de plástico que se introduce por el cartucho y sirve para rigidizarlo, en caso contrario se rompería por fatiga debido a las vibraciones que produce el agua.

Mención especial hacemos al cartucho filtrante plisado de alto caudal de PALL-ULTIPLEAT HIGH FLOW L (montaje horizontal). Este cartucho en forma libro con longitudes de 60" (1500 mm) puede trabajar a velocidades de 25-30 l/min/10" de filtro , con la consiguiente reducción del numero filtros empleados.

2. Instalación

Los filtros de cartucho necesitan los siguientes equipos

- Válvulas manuales entrada y salida a servicio y (3) válvulas de entrada, salida lavado y drenaje.
- Instrumentación; Se requiere un medidor de caudal (electromagnético o rotámetro) por filtro ya que estos filtros trabajan a caudal variable y un transmisor de presión diferencial entre colectores de forma que el filtro que menos caudal filtra es el que está más sucio.

3. Sistema de limpieza

Los filtros de cartuchos necesitan ser limpiados periódicamente por ensuciamiento biológico o mineral, para ello se emplea el sistema de limpieza de la precapa o el sistema de limpieza de las membranas.

Los productos de limpieza normales son hipoclorito y/o detergente.

11.12 Control calidad agua pre-tratada y control caudal-presión

6.1.4 Control de calidad

A lo largo del pretratamiento hay que hacer una serie de **controles de calidad** del agua a través de diferentes instrumentos que se listan a continuación:

1. **A la salida del mezclador estático del bombeo de agua de mar**

- Control de pH

2. **A la salida de los filtros de áridos en la 2º etapa**

- Control de cloro
- Control de turbidez
- Control de SDI

3. **A la salida de los filtros de precapa**

- Control de cloro
- Control de turbidez
- Control de SDI
- Contador de partículas

4. **A la salida filtros de cartuchos**

- Medida conductividad
- Medida pH
- Medida potencial REDOX
- Contador de Partículas, que es común para el filtro de precapa y filtros de cartuchos.
- Medida SDI, que normalmente son manuales aunque se venden automáticos y semiautomáticos
- Control de presión

Si los valores analíticos del agua de entrada a la osmosis inversa (pH, redox, conductividad, SDI, temperatura) no son validos, las válvulas de aspiración a las turbobombas permanecerán cerradas. Una válvula (LA) colocada antes de las válvulas de aislamiento se instalará con el fin de descargar el agua hasta lograr los parámetros requeridos.

6.1.5 Control de caudal y presión

Para el control de caudal y calidad de un sistema (filtros de áridos) hace falta colocar by-pass manual para las comprobaciones iniciales antes de poner el siguiente equipo en operación, el tamaño del by-pass debe ser al menos para el 50% del caudal.

En los filtros de precapa este by-pass para el 50 % del caudal debe ser automático.

Después de los filtros de cartuchos lleva un sistema de drenaje automático con posicionador de forma que, este en funcionamiento antes de arrancar las turbo-bombas y que se abra cuando para una turbo-bomba, se dimensiona para el caudal de al menos (2) bastidores. No obstante es recomendable tener un drenaje manual para el 50% del caudal.

11.13 Microfiltración ó Ultrafiltración

Como una alternativa del pretratamiento con filtros de áridos y filtros de cartuchos está la microfiltración o la ultra filtración con membranas. Teniendo en cuenta lo anterior este sistema da una conversión entre el 94 al 96% es decir pierde entre un 4% a un 6% del agua que filtra. La calidad de filtrado es buena y aceptable para la Osmosis inversa, pero inferior aun buen pozo o drenes en horizontal.

Consiste en una filtración mediante fibras huecas, hay dos sistemas de filtración:

1. **En aspiración** cuyos principales suministradores son MEMCOR y ZENON.

2. **En presión** cuyo principal suministrador son NORIT , HYDRANAUTICS. Y DOW (MEMCOR también tiene sistema a presión, pero fundamentalmente vende en aspiración, PALL y KOCH también suministran equipos.

En aspiración

Los suministradores de estos sistemas de filtración los suministran en conjunto de módulos que los llaman *"rack"* (MEMCOR) o *"cassete"* (ZENON).

Se hacen unas celdas de hormigón que contienen estos *rack* o *cassetes* en nº aproximado de 20 a 10 unidades dependiendo del caudal a filtrar.

Velocidades de funcionamiento son entre 40-80 $l/h.m^2$ (15-30 gfd).

Requieren una filtración mecánica de orden de 50 a 100 micras en el agua de alimentación.

Las celdas deben estar protegidas con un recubrimiento para los lavados químicos (pH = 2).

El caudal de cada celda viene determinado por la bomba de aspiración 1200 m3/h y NPSH < 2 mca, la descarga puede ser de 30 mca.

Necesitan sistema de vacío para el cebado de las bombas, bombas de lavado de agua filtrada y soplantes para el lavado con aire.

Necesita depósito de lavado de agua filtrada y depósito de productos químicos, depósito lavado químico y depósito de neutralización, así como reactivos de neutralización (hidróxido sódico y bisulfito sódico). Necesita agua permeada para los lavados químicos y bomba de vaciado de las cubas para envío al depósito de neutralización.

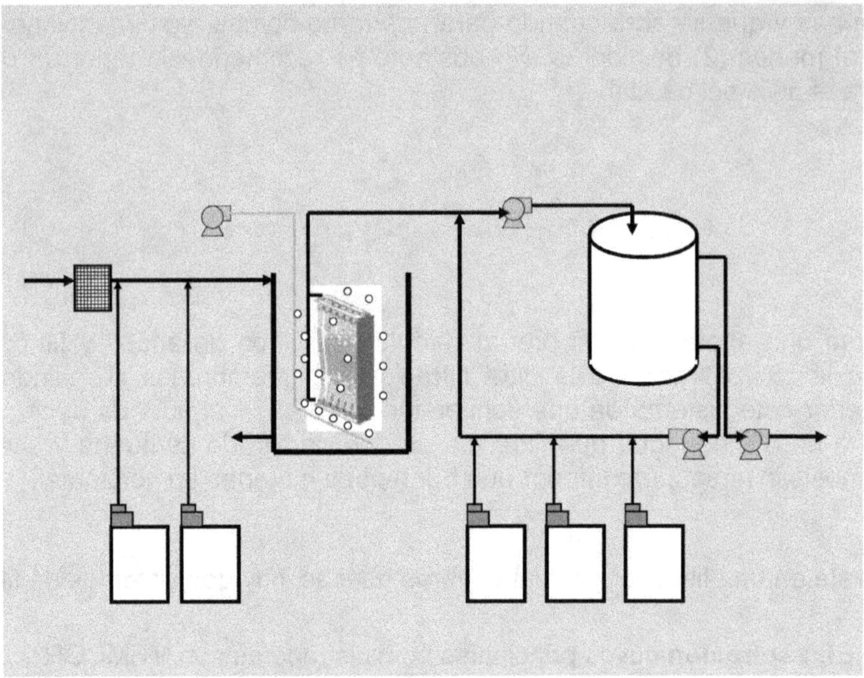

Figura 6-18. Sistema MF/UF sumergido

En presión

NORIT ofrece una variante con tubos de presión , que permite trabajar en línea (presurizada) sin tanque de almacenamiento de agua intermedia ultrafiltrada y un sistema de filtración de seguridad previo a la osmosis inversa. La inversión del equipo de ultrafiltración es ligeramente inferior

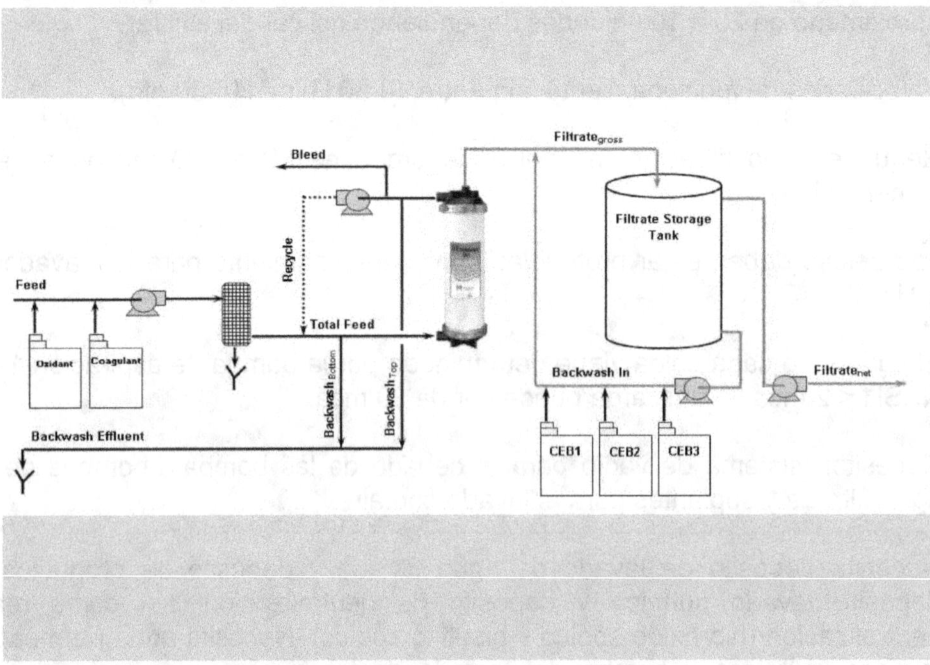

Figura6 19. Sistema MF/UF presurizado

MEMCOR

Memcor ofrece dos tipos de configuraciones. Una configuración sumergida y una configuración presurizada.

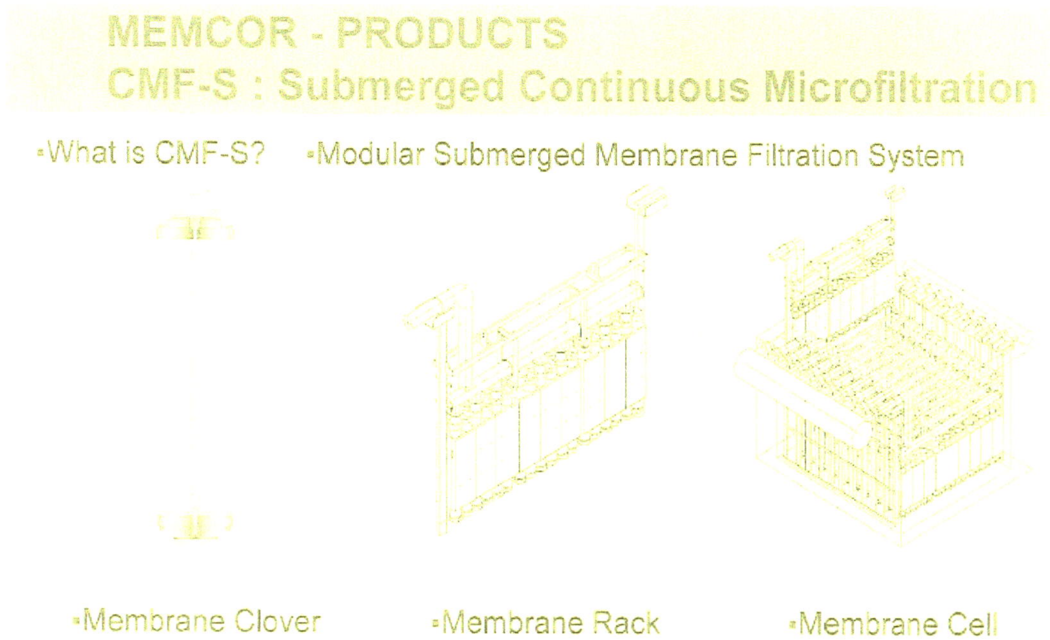

Sub-module racks

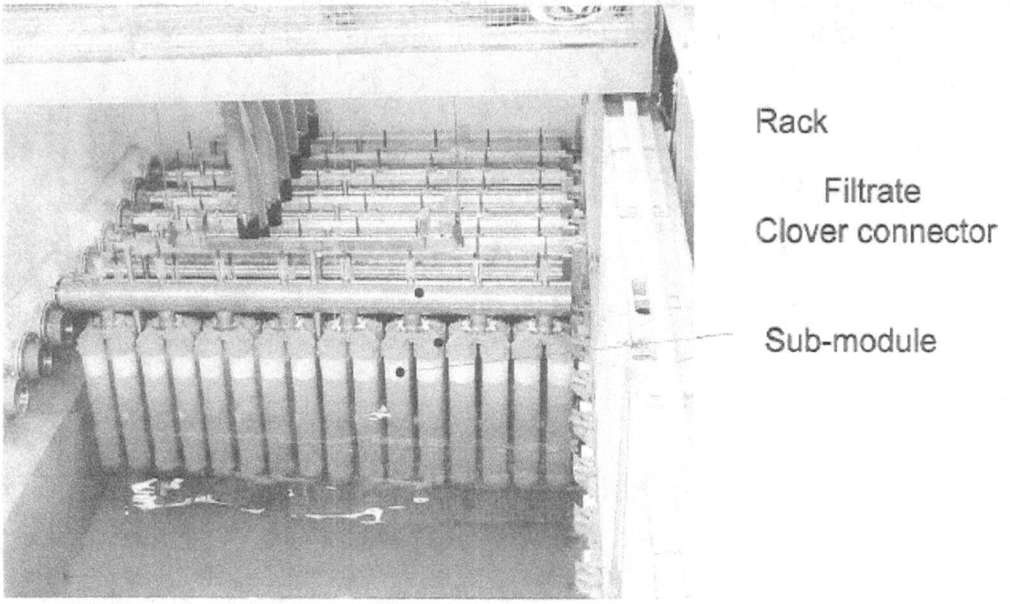

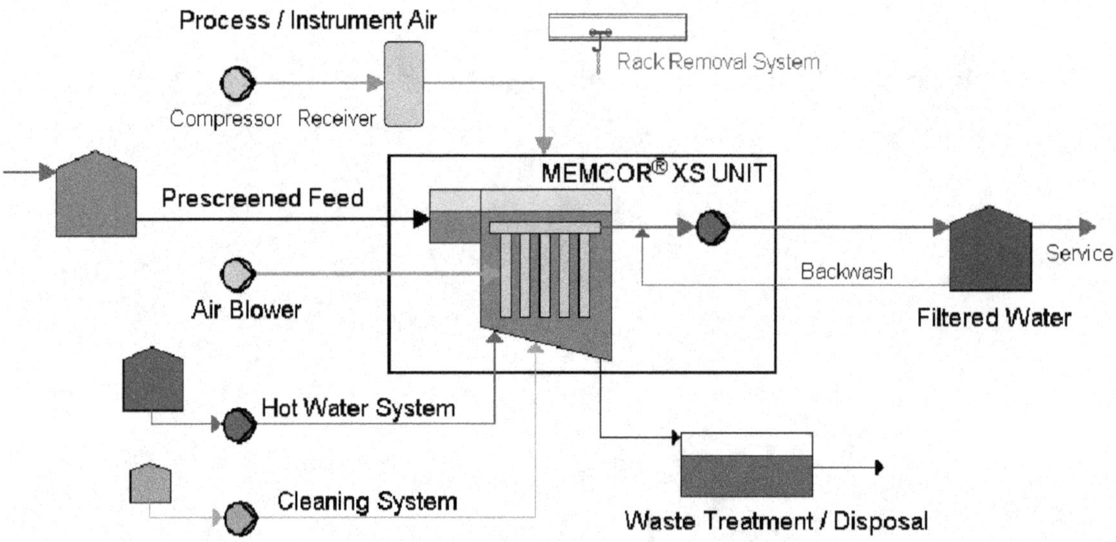

Figura 6.20.P&ID

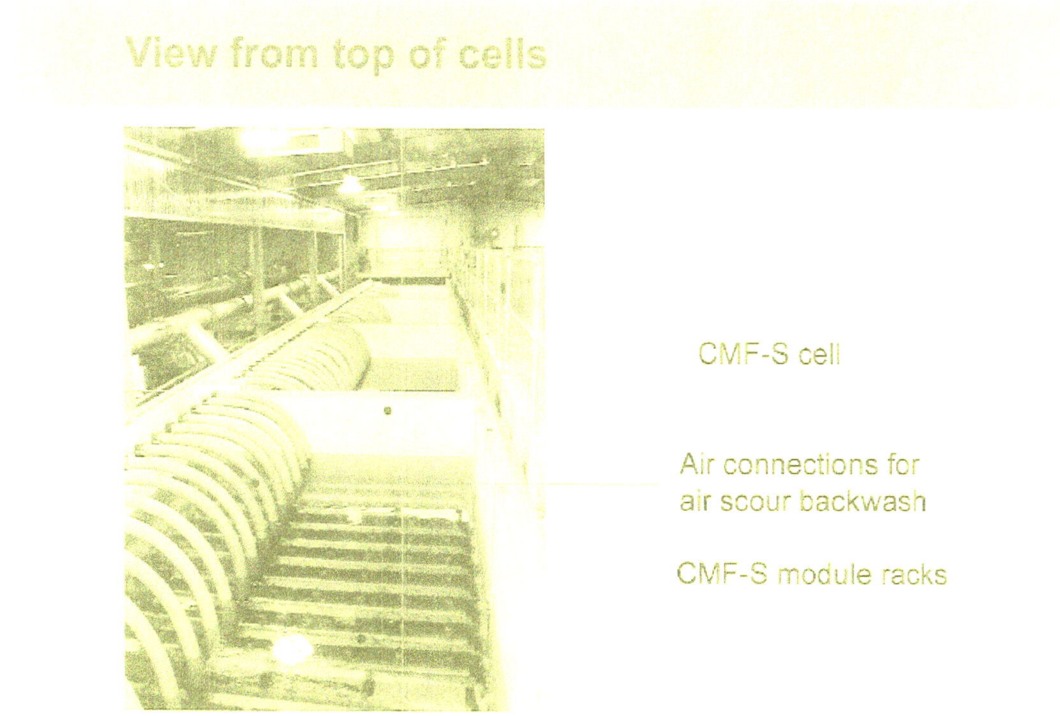

Las características del sistema presurizado son las siguientes:

- Configuración: Fibra hueca
- Superficie de membrana : 78 m2 /105 m3
- Filtración: fuera a dentro
- Diámetro: OD 1,2 mm/ ID :0,6 mm
- Material: PVDF
- Modo de filtración: cross-flow /dead end

Tamaño de poro 0,1 micras

ZENON

Zenon ofrece sistemas de UF sumergido y presurizado. Hay dos tipos de modulos sumergidos

- Zeeweed 500 : Superficie de membrana nominal de 31 a 40 m2
- Zeeweed 1000:Superficie de membrana nominal de 41-50 m2

Las características fundamentales del sistema ofrecido por Zenon son:

- Equipo sumergido
- Membranas de fibra hueca
- Filtrado de fuera a dentro que evita el atascamiento de las membranas
- Ultrafiltración

- Fabricación en PVDF
- Tamaño nominal de poro: 0,02 micras y 0,04 micra

El agua es filtrada aplicando un ligero vacío al final de cada fibra.

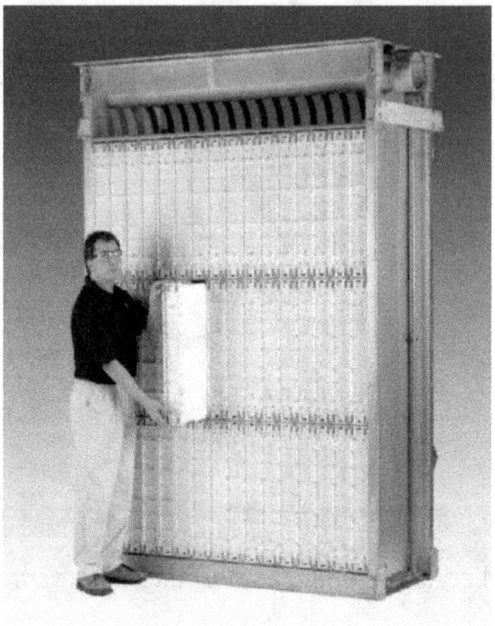

Figura 6.21 Zeewed 500 Zeeweed 100

Entre las ventajas de los sistemas de membranas Zenon sumergidas están:

-Filtración de fuera a dentro
-Menor necesidad de pretamizado
-Resistencia al cloro
-Estabilidad y modularidad
.Sencillez de operación

A continuación se anexan las especificaciones de los dos módulos

GE Power & Water

Water & Process Technologies

ZeeWeed* 500D Modules

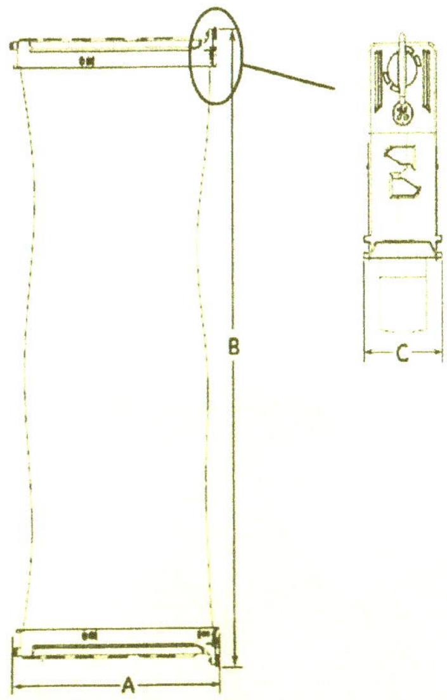

Module Dimensions			
Module Size	Depth (A) mm (in)	Height (B) mm (in)	Width (C) mm (in)
370 , 340	844 (33.2)	2,198 (86.5)	49 (1.9)
440			52 (2.05)
300s		1,835 (72.25)	49 (1.9)
350s			52 (2.05)

Module Weight & Membrane Properties									
Application	Module Size	Nominal Surface Area m² (ft²)	Max. Shipping Weight* kg (lb)	Lifting Weight** kg (lb)	Membrane Material	Nominal Pore Size	Surface Properties	Fiber Diameter mm (in)	Flow Path
MBR	370	34.4 (370)	28 (61)	28-75 (61-164)	PVDF	0.04 micron	Non-ionic & Hydro-philic	OD: 1.9 (0.07) ID: 0.8 (0.03)	Outside-In
	300s	27.9 (300)	24 (53)	24-58 (53-128)					
All non-MBR	440	40.9 (440)	32 (70)	30-74 (66-163)					
	350s	32.5 (350)	26 (57)	26-72 (57-159)					
	340	31.6 m² (340 ft²)	26 kg (61 lb)	26-60 (57-132)					

* Packaged

** Varies with solids accumulation

Operating & Cleaning Specifications							
Application	Module Size	TMP Range kPa (psig)	Max. Operating Temp. °C (°F)	Operating pH Range	Max. Cleaning Temp. °C (°F)	Cleaning pH Range	Max. Cl_2 Conc'n
MBR	370, 340, 300s	-55 to 55 (-8 to 8)	40 (104)	5.0 - 9.5	40 (104)	2.0 - 10.5 (<30°C) 2.0 -10.0 (30-40°C)	1,000 ppm
All non-MBR	440, 350s, 340	-90 to 90 (-13 to 13)					

GE Power & Water

Water & Process Technologies

ZeeWeed* 1000 Modules

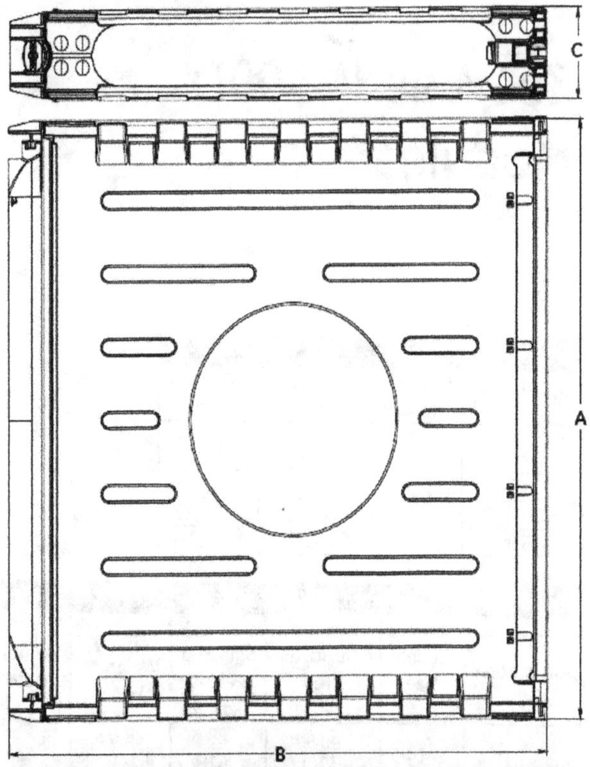

Module Dimensions

Product	Height (A) mm (in)	Width (B) mm (in)	Depth (C) mm (in)
550, 450	685 (27.0)	691 (27.2)	107 (4.2)
Blank	684 (26.9)	728 (28.7)	

Module Properties

Product	Nominal Membrane Surface Area m² (ft²)	Max. Shipping Weight* kg (lb)	Lifting Weight** kg (lb)	Material	Nominal Pore Size (µm)	Surface Properties	Fiber Diameter (mm)	Flow Path
550	51.1 (550)	20 (45)	23 - 35 (50 - 80)	PVDF	0.02	Non-Ionic & Hydrophilic	OD: 0.95 ID: 0.47	Outside-In
450	41.8 (450)							
Blank		4.8 (10.7)	3.0 - 39.0 (6.7 - 86)					

* Crated, no water
** Varies with solids accumulation

Operating & Cleaning Specifications

Product	TMP Range kPa (psig)	Max. Operating Temp. ºC (ºF)	Operating pH Range	Max. Cleaning Temp. ºC (ºF)	Cleaning pH Range	Sodium Hypochlorite
550, 450	-90 to 90 (-13 to 13)	40 (104)	5.0-10.0	40 (104)	2.0 - 12.0 @ ≤30ºC (86ºF) 2.0 - 11.5 @ 31-40ºC (87.8 - 104ºF)	1,000 ppm (as Cl_2) pH ≤10.5 @ 40ºC(104ºF) 500 ppm (as Cl_2) pH ≤ 11.5 @ 40ºC (104ºF)
Blank						

NOTE: Chlorine Exposure Limit (as Cl_2, all sources) is 500,000 ppm-hours. Hydrogen Peroxide Exposure Limit is 500,000 ppm-hours.

Zenon dispone de un sistema de ultrafiltración presurizado, Zeeweed 1500 con las siguientes características:

- Superficie de membrana : 51,1 m2
- Filtración de fuera a dentro
- Diámetro: OD 0,9 mm/ ID :0,47 mm
- Material: PVDF
- Máxima presión transmembrana: 40 psi

GE Water & Process Technologies

Fact Sheet

ZeeWeed* 1500 Module

Hollow-Fiber Ultrafiltration Technology

Module Dimensions	
Height	1920 mm (75")
Diameter	180 mm (7")
Module Weight	
Max. Shipping Weight	27 kg (60 lb)
Lifting Weight	27 - 34 kg (60 - 75 lb)
Membrane Properties	
Nominal Membrane Surface Area	51.1 m² (550 ft²)
Material	PVDF
Nominal Pore Size	0.02 micron
Surface Properties	Non-Ionic & Hydrophilic
Fiber Diameter	0.9 mm OD / 0.47 mm ID
Flow Path	Outside-In
Operating Specifications	
Max. Module Inlet Pressure	380 kPa (55psi)
TMP Range	0 to 275 kPa (0 to 40 psi)
Max. Operating Temperature	40°C (104°F)
Operating pH Range	5.0 - 10.0
Cleaning Specifications	
Max. Cleaning Temperature	40°C (104°F)
Sodium Hypochlorite	1,000 ppm (as Cl_2), pH <10.5 Maximum 1,000,000 ppm·hrs
Caustic	pH <12 Maximum 2,000 hrs
Acid	pH >2

NORIT

Norit ofrece dos posibles configuraciones. Una configuración horizontal (XIGA) con la misma filosofía de montaje que los sistemas de membranas de osmosis inversa y una configuración vertical (SEAFLEX).

Las dos configuraciones trabajan de “dentro a fuera” y el materia del fabricación es PES. La filosofía de funcionamiento “dentro-fuera” permitir trabajar con flujos especificios superiores al modo de operación fuera-dentro”. Por otro lado, el PES requiere una presión transmembrana 0.2-0,4 bares inferior al PVDF. Estas dos circunstancias convierten Norit en el equipo con más referencias dentro del sector

La configuración horizontal XIGA ocupa menos espacio que la configuración vertical y permite trabajar en flujo en línea (eliminando tanque intermedio) sin modificaciones adicionales. El sistema SEAFLEX permite el funcionamiento presurizado, pero cambiando el material de los tubos a presión con el consiguiente sobre costo. Se puede considerar, por tanto que para sistemas en línea con una presión en salida de ultrafiltrado de 2-4 bares, el sistema XIGA es más robusto y apropiado

El sistema SIGA trabaja en modo “Dead-end”. El sistema SEAFLEX en modo “cross-flow” y con un modo de procedimientos de limpieza más flexible. Por está razón para aguas cargadas o con fluctaciones importantes en la calidad del agua es recomendable optar por el sistema SEAFLEX

Como norma general para grandes instalaciones de desalación y una turbidez menor de 30 NTU, se recomienda la instalación del sistema XIGA. Para una turbidez mayor de 30 NTU y menor de 100, se recomienda la configuración SEAFLEX. Para valores mayores, sería necesaria la instalación de un pretratamiento previo. En tablas adjuntas, presentamos los flujos específicos y recuperaciones recomendadas en función de la turbidez para las dos configuraciones

XIGA 0.8 mm	**Sea water**	
Design 1) Turbidity	Nett flux	Rec.
NTU	lmh	%
0,2	105,2	98,1%
0,5	94,4	97,5%
1	87,9	96,6%
2	82,2	96,1%
5	76,1	94,6%
10	69,3	92,7%
15	67,6	91,4%
20	62,5	90,5%
30	53,3	89,0%
50	50,0	85,9%
70	-	-
100	-	-

AQF 0.8 mm	**Sea water**	
Design 1) Turbidity	Nett flux	Rec.
NTU	lmh	%
0,2	106,3	98,0%
0,5	96,0	97,4%
1	90,1	96,5%
2	84,6	95,7%
5	83,0	94,6%
10	77,5	93,5%
15	76,6	92,6%
20	71,2	91,9%
30	61,8	90,7%
50	60,3	88,7%
70	55	87,3%
100	50	86,3%

XIGA

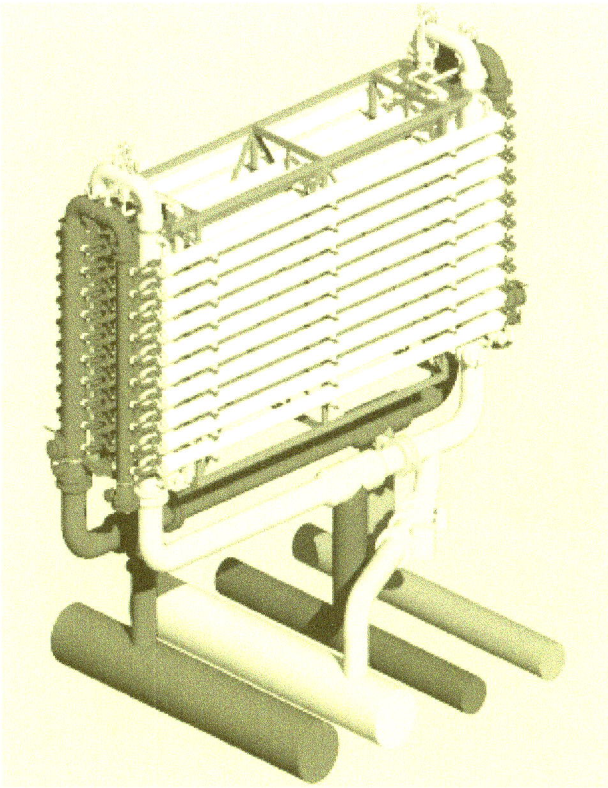

Figura 6.22 : “Skid” XIGA

Cada modulo XIGA se ejecuta con una presión de diseño de 4 bares. Las tuberías se fabrican en PEHD y las vasijas de presión de PRFV

Figura 6.23. Modulos XIGA

SEAFLEX

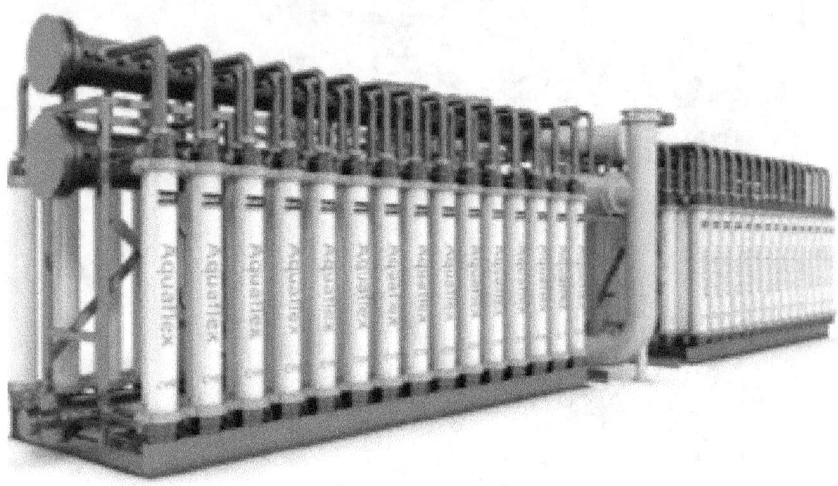

Figura 6.24 Modulo SEAFLEX

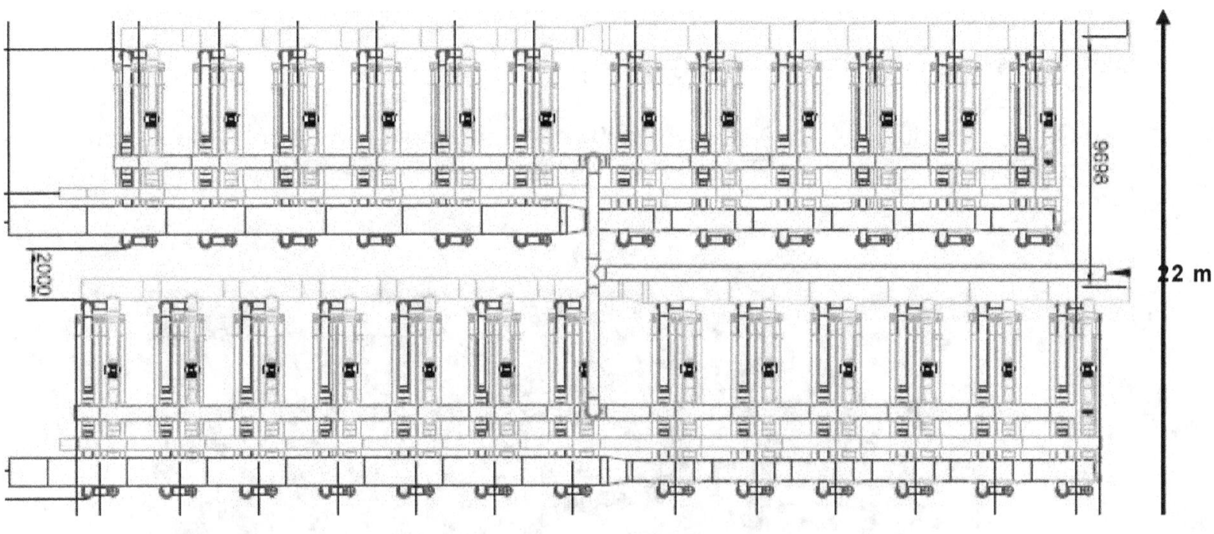

Figura 6.25. instalación Norit presurizada

HYDRANAUTICS

Hydranautics dispone de un sistema de ultrafiltración presurizado, HYDRACAP MAX con las siguientes características:

- Configuración: Fibra hueca
- Superficie de membrana : 78 m2 /105 m3
- Filtración: fuera a dentro
- Diámetro: OD 1,2 mm/ ID :0,6 mm
- Material: PVDF

- Modo de filtración: cross-flow /dead end
   - Tamaño de poro 0,1 micras

Adjuntamos especificación de membrana MF/UF de Hydranautics

HYDRANAUTICS
www.membranes.com
A Nitto Denko Company

NITTO DENKO

Capillary Microfiltration Module — HYDRAcap® MAX 60

Performance[†]	Filtrate Flow:	14.6 – 40.6 gpm (3.3 – 9.3 m^3/h)
	Filtrate Turbidity:	≤ 0.10 NTU
	Bacteria removal:	≥ 4 log
Type	Configuration:	Capillary Microfiltration Module
	Membrane Polymer:	PVDF
	Nominal Membrane Area:	840 ft^2 (78 m^2)
	Fiber Dimensions:	ID 0.024" (0.6 mm), OD 0.047" (1.2 mm)
	Pore size (nominal) :	0.1 micron
Application Data[‡]	Typical Filtrate Flux Range:	25 – 70 gfd (43 – 119 l/m^2/h)
	Maximum Applied Feed Pressure:	73 psig (5.0 bar)
	Maximum Transmembrane Pressure	30 psig (2.0 bar)
	Instantaneous Chlorine Tolerance:	5000 ppm[*]
	Maximum Chlorine Exposure:	750,000 ppm-hrs
	Maximum Instantaneous Feed Turbidity:	300 NTU
	Maximum Operating Temperature:	104 °F (40 °C)
	pH Operating Range:	4.0 – 10.0
	Cleaning pH Range:	1.0 – 11.5
	Operating Mode:	Outside to Inside Filtration Dead End or Cross flow mode
Typical Process Conditions	Air Scour Rate:	2.9 – 7.3 cfm (4.9 – 12.3 m^3/h)
	Air Scour Duration:	20 – 120 seconds
	Air Scour Frequency:	20 – 60 minutes
	Maintenance Clean Frequency:	0 – 2 times per day
	Maintenance Clean Duration:	10 – 60 minutes
	Disinfection Chemicals:	NaOCl, ClO_2 or NH_2Cl
	Cleaning Chemicals:	NaOCl, HCl, H_2SO_4 or Citric Acid

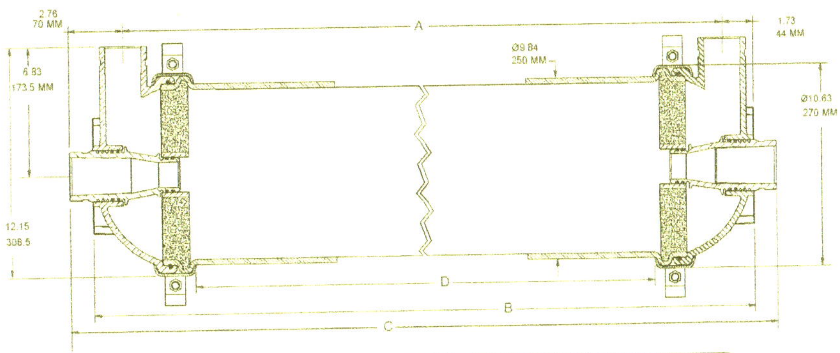

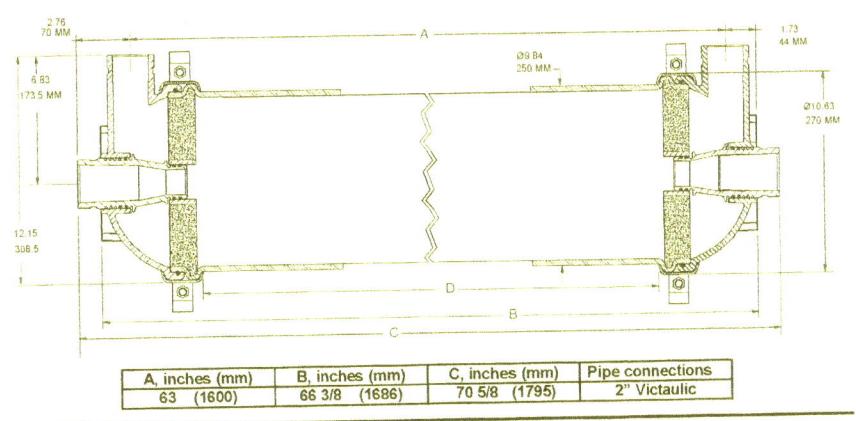

A, inches (mm)	B, inches (mm)	C, inches (mm)	Pipe connections
63 (1600)	66 3/8 (1686)	70 5/8 (1795)	2" Victaulic

[*] For 15 minutes or less.
[†] Typical module performance for most feedwaters.
[‡] The limitations shown here are for general use. The values may be more conservative for specific projects to ensure the best performance and longest life of the membrane.

Notice:
Hydranautics believes the information and data contained herein to be accurate and useful. The information and data are offered in good faith, but without guarantee, as conditions and methods of use of our products are beyond our control. Hydranautics assumes no liability for results obtained or damages incurred through the application of the presented information and data. It is the user's responsibility to determine the appropriateness of Hydranautics' products for the user's specific end uses. 5/26/11

El sistema HYDRANAUTICS presenta la ventaja de no requerir bomba de contralavado. La limpieza se realiza con aire y la limpieza química de las membranas se limita a la limpieza de mantenimiento químico (1/2 veces por semana) y no al contralavado químico.

En cuanto al modo de operación , los ciclos de funcionamiento aproximados son:

-Filtración:	20-60 minutos
Limpieza aire	60/12 segundos cada 20-60 minutos
Mantenimiento químico cloro	20-30 minutos cada 2 dias
Mantenimiento químico sosa	20-30 minutos cada 1/2 semanas
Mantenimiento químico ácido	20-30 minutos cada 1/2 semanasLi
Limpieza de recuperación	1-3 horas cada 3 meses

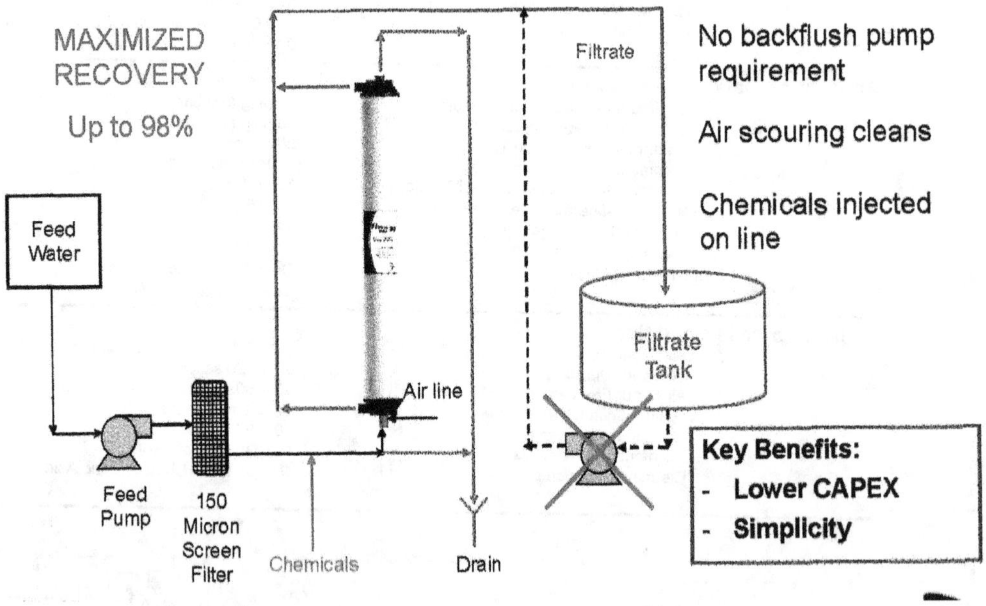

Figura 6.26 : Sistema de limpieza Hydracap

Adjuntamos ejemplo de instalación hydranautics en desaladora de 100000 m3/dia

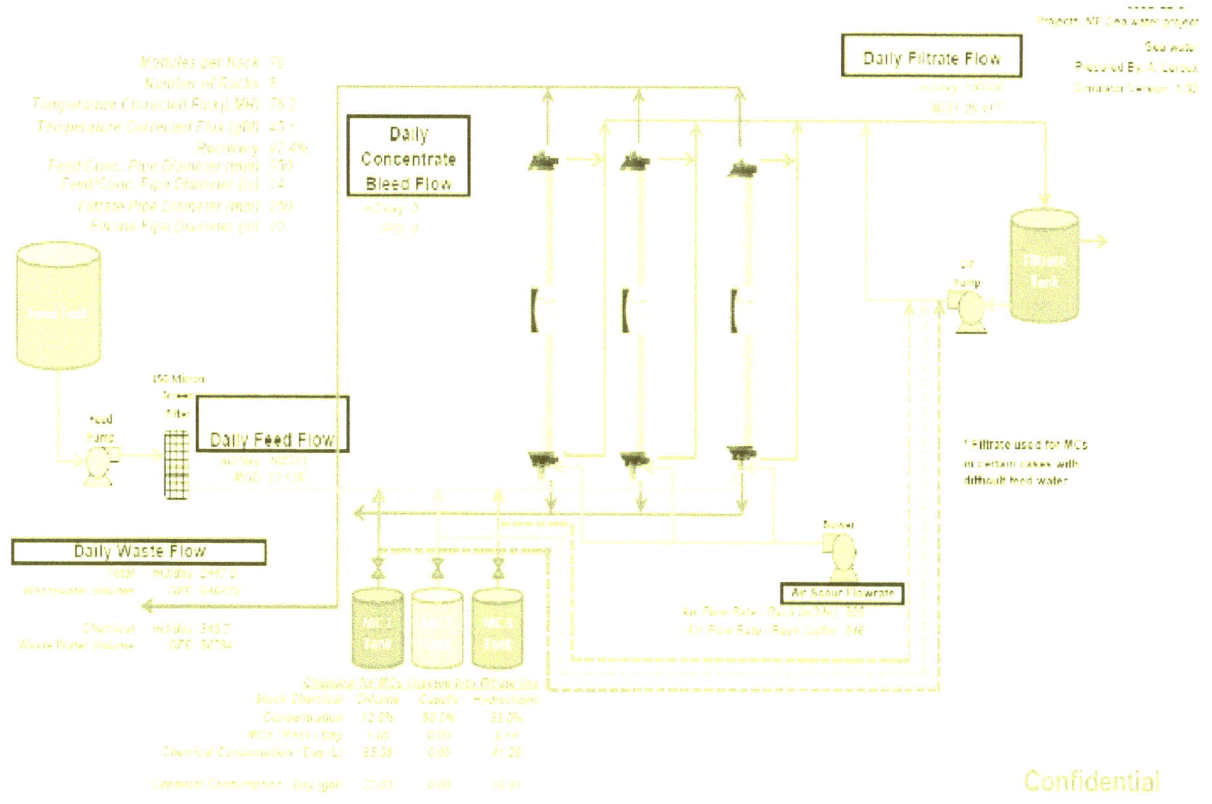

Figura 6.27 : P&ID desaladora 100MLD

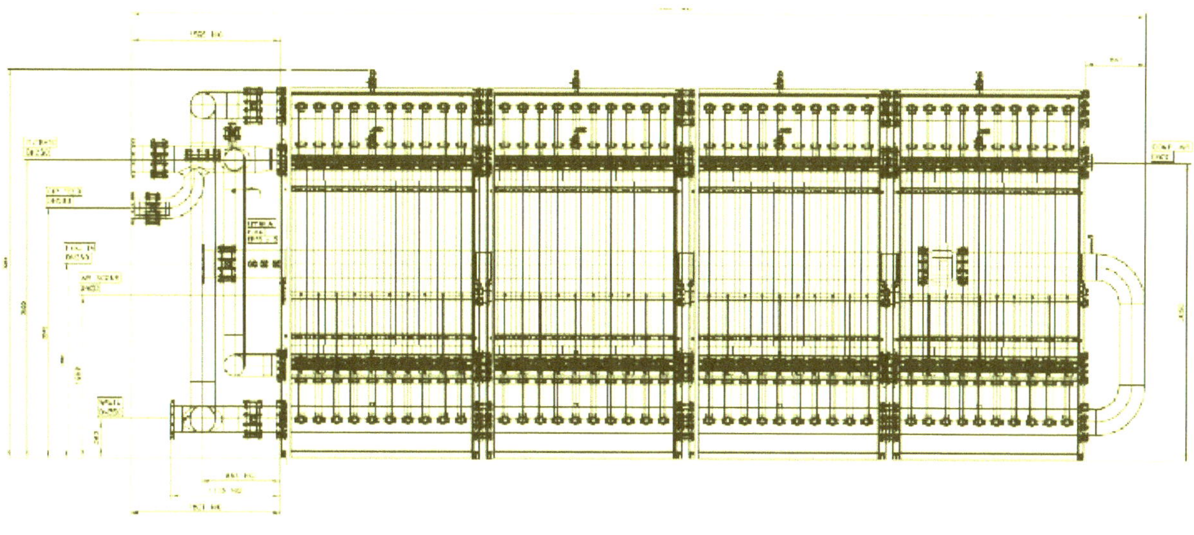

Figura 6.28: Planta

DOW

DOW dispone de un sistema de ultrafiltración presurizado, con las siguientes características:

- Configuración: Fibra hueca
- Superficie de membrana 33/77 m2

- Filtración: fuera a dentro
- Diámetro: OD 1,3 mm/ ID :0,7 mm
- Corte 0,03 micras
- Material: PVDF
- Modo de filtración: cross-flow /dead end

Ofrece tres tipos de módulos :SFP 2680,2860 y 2880 aunque en el campo de las grandes instalaciones de desalación nos centraremos en los modelos más grandes SFP2860/2880

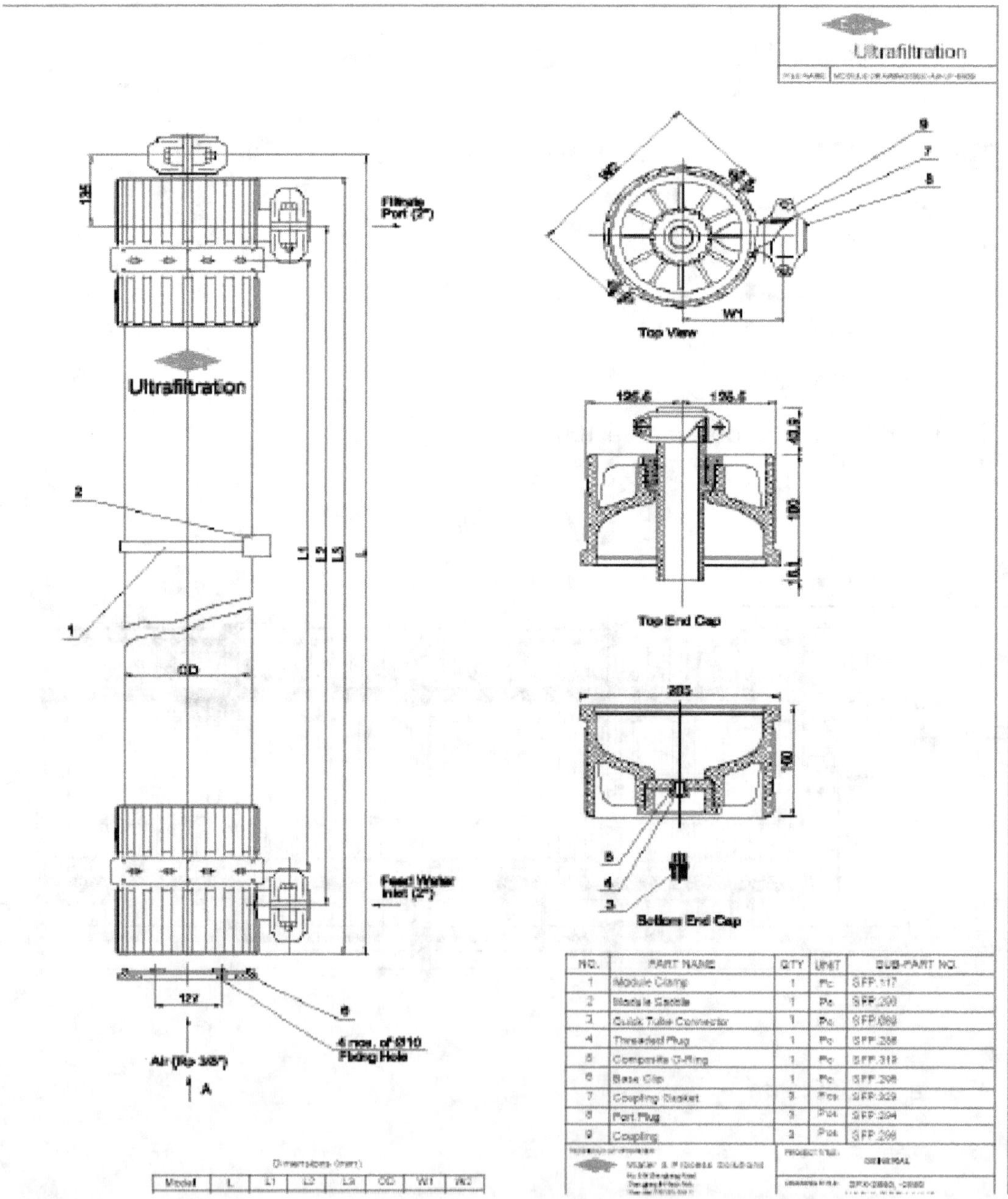

Figura 6.29. Modulo UF DOW

Figura 6.30. Instalación UF DOW 2860

Los requerimientos del agua bruta por parte de DOW son de una turbidez de < 50 NTU, una TOC menor de 40 ppm y menos de 100 ppm de sólidos en suspensión.

Los criterios básicos de diseño son:

-Presión máxima de diseño a 20 º C:	6,55 Bares
-Presión transmembrana:	2,1 bares
-Flujo específico:	40-120 l/m2/h
-Rango de pH	2-11

Cada 20-60 minutos es preciso realizar un contralavado que dura aproximadamente 40-12 segundos. El contralavado consta de una primera fase de lavado con aire durante 20-60 segundos y un caudal por modulo de 5-12 Nm3/h y dos fase de lavado con agua de dentro a fuera a 100-150 l/m2/h

7. MATERIALES EMPLEADOS EN OSMOSIS INVERSA

Los materiales empleados en la Osmosis Inversa son los siguientes:

1. **Plásticos**: PRFV (poliéster reforzado con fibra de vidrio), PE (polietileno), PP (polipropileno) y el PVC (policloruro de vinilo).
2. **Metálicos**: AºInox. y AºCº +ebonita.

7.1 Plásticos

PVC

Se utiliza en tuberías de reactivos en el interior. Cuando se coloca en el exterior a la intemperie ó va pintado ó se coloca PP.

Se usa para todas las tuberías de drenaje y tuberías de baja presión < de 3,5 bar y tuberías < de 100 mm.

PP

Se utiliza para reactivos en el exterior, ácido diluido y en la tubería de agua tratada en los bastidores.

PE

Hay varias clases de alta densidad y baja densidad, se emplea para emisarios, conducciones de agua a presión enterradas, y para conducciones de agua en el interior, tiene el inconveniente que no hay mucha variedad de accesorios.

También se utiliza para la fabricación de depósitos de reactivos siendo más económicos que de PRFV

PRFV

Se emplea fundamentalmente para tubería a presión y depósitos de reactivos . Se está empezando a utilizar en los filtros de arena

El PRFV se fabrica de con fibra de vidrio y resinas normalmente de poliéster pero también se utiliza de epoxy (entonces sus siglas son ERFV).

En la fabricación normalmente se utilizan dos tipos de resina, la isoftálica y la vinilester, la primera da resistencia mecánica y la segunda da resistencia química.

Los depósitos que van a contener productos químicos se fabrican con resina vinilester.

En las tuberías fabricadas con resina de poliéster debemos tener en cuenta que hay dos tipos tubería, la **tubería enterrada** con uniones con junta de goma que suele llevar fibra de vidrio, arena y resina poliéster y la **tubería aérea o industrial** donde solo lleva fibra de vidrio y resina de poliéster.

La **tubería enterrada** además de la presión de trabajo que se fabrican para presiones de PN 6, PN 10 y PN 16, es necesario definir la rigidez circunferencial especifica cuyos valores fabricados son 1250 N/m^2, 2500 N/m^2, 5000 N/m^2 y 10000 N/m^2 por su contenido en arena es difícil hacer uniones químicas y normalmente se utilizan uniones con juntas de goma.
La **tubería industrial** se fabrica para presiones de PN 4, PN 6, PN 10, PN 16 y PN 25. La máxima presión que hemos usado ha sido PN 10 y en alguna ocasión PN 16 pero con mucha precaución.

La tubería está compuesta por (3) capas bien definidas que son

1. **Barrera química**. Hace de barrera anticorrosivo de 0,25 a 0,5 mm espesor en resina vinilester más 1mm de fibra de vidrio
2. **Barrera estructural.** Hace de barrera soporte y es la que aguanta la presión, está formada por fibra de vidrio y resina isoftalica en proporción de 65/35.
3. **Barrera exterior**. Es la barrera que protege la tubería contra agentes externos, terreno, rayos ultravioletas etc.

La tubería de PRFV aérea necesita gran cantidad de soportes y tiene poca resistencia a flexión y tracción y es sensible a los cambios de temperatura. Una planta desaladora de tipo medio con filtros a presión puede necesitar del orden de 20.000 kg de soportes solo para el PRFV.

Las areas de instalación de la tubería de PRFV son:

- Tubería de conducción de toma de agua de mar hasta bombeo
- Tubería de impulsión de bombeo hasta estación desalinizadora
- Conducciones y conexiones correspondientes a pretratamiento
    - Flotación
    - Filtración
    - Filtros de cartuchos
- Entrada bombas de alta presión
- Sistema de desplazamiento y limpieza química
- Fase de post-tratamiento

Figura 7.1. Detalle tubería de PRFV

Adjuntamos especificación típica del tubería y accesorios de PRFV para desaladora de agua de mar.

TUBERIA PRFV (PN6) (PN10) (PN16)

TUBERIA

DIAMETRO NOMINAL	TODAS LAS TUBERIAS
FORMA DE FABRICACION	FILAMENT WINDING (1)
NORMA DE FABRICACION	UNE 53.323; AWWA 45; AWWA M45; NSB PS 15/69; DIN 16.965; DIN 16.868; ASTM D-2996 Y ASTM D-3517
AGLOMERANTE	RESINA DE POLIESTER
ARMADURA	FIBRA DE VIDRIO S/UNE-53.269
TIPO DE RESINA	VINILYSTER ANTICORROSIVA INTERIOR E ISOFTALICA EN LA DE REFUERZO MECANICO Y ACABADO EXTERIOR
DENSIDAD	A DEFINIR POR EL FABRICANTE (1.85-1.95 gr/dm³)
COEFICIENTE DE DILATACION TERMICA	A DEFINIR POR EL FABRICANTE
MODULO ELASTICO LONGITUDINAL	A DEFINIR POR EL FABRICANTE
MODULO ELASTICO CIRCUNFERENCIAL	A DEFINIR POR EL FABRICANTE
COEFICIENTE DE POISSON	A DEFINIR POR EL FABRICANTE
TENSION DE ROTURA (Traccion longitudinal)	650 kg/cm
TENSION DE ROTURA (Traccion circunferencial)	2500 kg/cm
PRESION NOMINAL	PN6 ; PN10 y PN16
BRIDAS	FIJAS CON CUELLO SEGUN DIN 2501 PN10 (Excepto lo indicado)
COEFICIENTE DE SEGURIDAD	FACTOR DE SEGURIDAD 6, (Factor de seguridad 10 para las uniones quimicas)
COEFICIENTE DE RUGOSIDAD	0.01 (Rugosidad de Manning)
RESISTENCIA A LA CORROSION	pH DE 2 a 12
TEMPERATURA DE TRABAJO	MAXIMA 35°C.
SISTEMA DE ENLACE	LAMINACION A TOPE CONVENCIONAL
JUNTAS	EPDM CON ALMA DE ACERO
ACCESORIOS	HAND LAY-UP SYSTEM
PERNOS	AISI 304
TUERCAS	AISI 304

SOPÒRTES

-EN TUBERIAS DE PRFV PONER UNA BANDA DE GOMA ENVOLVIENDO LA TUBERIA S/FABRICANTE
-EN TUBERIAS DE PRFV LAS VALVULAS METALICAS Y LA ISNTRUMENTACION SE SOPORTARAN INDEPENDIENTEMENTE DE LA TUBERIA

(1) HAND LAY-UP PARA TUBERIAS MENORES DE DN150

TUBERIA <<ALHACOR>> HLU

PROPIEDAD MECANICA (Kg/cm²)	METODO DE ENSAYO (ASTM)	ESPESOR (mm)			
		≤5	6.5	8	≥9
Tension rotura a traccion	D638-02a	633	844	949	1.055
Tension rotura a flexion	0790-03	1.125	1.336	1.406	1.597
Modulo elasticidad a flexion	0790-03	49.216	56.247	63.277	70.308
Tension rotura a compresion	D695-02a	1.226	1.406	1.476	1.546
Coeficiente POISSON	0.33				

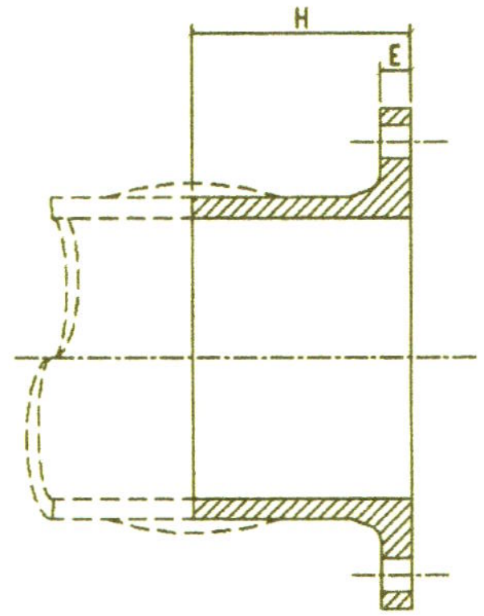

ESPESOR DE PARED (Tuberias aereas)
SF 6/55°/SN 2500 N/m²

	PN 10				PN 16			
	Hand Lay-up	Injerto	Filament	Brida DIN	Hand Lay-up	Filament	Injerto	Brida DIN
15/25	5	5	-	13	-	-	-	-
32	5	5	-	14.5	5	-	6.5	19
40	5	5	-	16	5	-	6.5	20.5
50	5	5	-	17.5	5	-	6.5	24
80	5	6.5	-	20.5	6.5	-	6.5	30
100	5	6.5	-	23.5	6.5	-	6.5	32
125	6.5	8	-	25	6.5	-	6.5	37
150	6.5	9.5	-	25.5	8	-	8	40
200	8	11	5.23	32	-	5	9.5	47
250	8	12	5.80	36.5	-	5	12.5	52
300	9.5	14.5	6.60	44	-	5.8	14	52
350	11	17	6.95	48	-	6.7	16	60
400	13	19	7.96	51	-	7.7	19	64
450	13	21.5	8.30	54	-	8.6	20.5	70
500	14.5	24	9.33	57	-	9.6	24	74
600	17.5	28.5	9.88	62	-	11.5	28	79
700	22	33.5	11.59	67	-	13.4	32	86
800	23.5	38	12.95	72	-	15.4	37	91

(*) Espesor de calculo

Longitud del manguito

ø	H
25	150
32	150
40	150
50	150
80	150
100	150
125	150
150	200
200	200
250	250
300	250
350	300
400	300
450	300
500	300
600	300
700	300
800	300

Propiedades Mecanicas	Test Method (ASTM)	Unidades	
Modulo elastico traccion circunferencial	D2250	kg/cm²	>246.000
Modulo elastico traccion longitudinal	D2105-01	kg/cm²	>126.500
Modulo elastico flexion circunferencial	D2412-02	kg/cm²	>211.000
Modulo elastico flexion longitudinal	D2925-01	kg/cm²	>112.500
Poisson coeficient (hoop/axial)(*)			0.39
Poisson coeficient (axial/hoop)(*)			0.70
Propiedades fisicas	**Test Method (ASTM)**	**Unidades**	
Coeficiente de dilatacion lineal	ASTM D696-03	mm/mm°K	22x10⁻⁶
Contenido en fibra de vidrio	ASTM D2584-02	%	>65
Peso especifico		Kg/dm³	1.90

(*) El primer indice indica la direccion de la contraccion y el segundo la direccion del esfuerzo

A CONFIRMAR POR EL FABRICANTE DE LA TUBERIA

7.2 Metálicos

A°C°+EBONITA

Solo se emplea para los filtros a presión tanto de arena como precapa y cartuchos.

En A°C° se usa el S275JR o 516 gr70 y para la ebonita se emplea 3mm de espesor calidad FDA.

TUBERIA A°INOX

Se emplea esta tubería en los servicio de alta presión > 16 bar de alimentación a membranas y en los sistemas de recuperación, pero al trabajar con el A°Inox debemos tener en cuenta los fenómenos de corrosión.

Los diferentes tipos de corrosión que nos encontramos en los A° Inoxidables son los siguientes:

1. **Crevice.** Es la que se produce en fluidos con alto contenido de cloruros y en ausencia de oxigeno y en zonas donde no haya circulación del fluido, zonas debajo de juntas Vitaulic o juntas en bridas planas.

2. **Pitting.** Es la corrosión que se produce por picaduras debida a los cloruros y a la temperatura del fluido. No se nos ha dado este tipo de corrosión en aceros inoxidables.

3. **Erosión.** Se produce por alta velocidad en las tuberías especialmente en los cambios de dirección.

4. **Galvanica.** Se produce cuando se unen materiales diferentes en un fluido eléctricamente conductor, como el agua de mar, no se presenta entre aceros inoxidables, pero si aparece entre uniones de acero inoxidable y aleaciones de cobre (cupro niquel). No se nos ha dado este tipo de corrosión.

5. **Intergranular.** Se produce por mala ejecución de la soldadura, excesivo calor, se producen precipitaciones de carburos, alto contenido de ferrita (duplex o superduplex). Si se ha producido ha veces corrosión por soldaduras mal hechas.

Resumiendo las corrosiones más importantes que aparecen en los aceros inoxidables son las de crevice corrosión y pitting corrosión.

Para clasificar la resistencia a la corrosión antes indicada de los diferentes aceros inoxidables se han desarrollado una serie de coeficientes que indicamos a continuación:

- **PREn (Pitting resistance equivalent number)**
- **CPT (Critical pitting temperature)**

- **CCT (Critical crevice temperature)**

Las formulas para el cálculo de estos coeficientes son las siguientes:

- **PREn= Cr+3,3Mo+16N.** Existen otras variantes a esta formula, pero esta es la más utilizada por los fabricantes de acero inoxidable. Otras formulas existentes son PREn= Cr+3,3Mo+30N y PREn=Cr+3,3Mo+2*Cu+2*W+16*N.

- **CPT= 3,1835*(PREn-23,2)**

- **CCT= 1,92*(PREn-25,6)**

  Se considera que un acero inoxidable es resistente al agua de mar cuando tiene un PREn > 40 pero hay tener en cuenta la Tª y salinidad, en el Medio Oriente posiblemente se necesite PREn de 44 o más.

  En las plantas de agua salobre hay que tener mucho cuidado con los cloruros pensar que el AISI 316 no es recomendable para niveles de cloruros superiores a 4000 ppm. En el rechazo se alcanzan estos niveles con mucha facilidad por lo que se utiliza el Duplex.

  Los tipos de aceros inoxidables más comunes según su composición y fabricación son los siguientes:

- **Tubería y accesorios**
  - Austeniticos. Mayor contenido de Níquel.
    - 1.4404-AISI-316L
    - 1.4434-AISI-317LN
    - 1.4539-AISI-904L
  - Ferríticos-Duplex
    - 1.4462-S-31803
  - Ferríticos-Super-duplex. Son de PREn > de 40.
    - 1.4410-S-32750-SAF-2507
    - 1.4501-S-32760- Zeron 100
  - Super-Austeniticos
    - 1.4547-S-31254-254-SMO
    - N-08367-AL-6XN

- **Fundiciones**
  - Austeniticos
    - 1.4404-AISI-316L
    - 1.4434-AISI-317LN
    - 1.4539-AISI-904L
  - Ferríticos-Duplex
    - A-890-3A
    - 1.4468-S-31803
    - 1.4517
    - 1.4593
    - A-351-CD4Mcu
  - Ferríticos-Super-duplex
    - A-890-5A
    - IR-885
    - Ferralium 255-3SC PREn>40
    - 1.4501-S-32760- Zeron 100
    - 1.4469
  - Super-Austeniticos
    - 1.4547-S-31254-254-SMO

El empleo de tubería sin soldadura alcanza hasta lãs 4" de diâmetro, pasandose a tubería soldada cuando El diâmetro supera los 6". La norma de diseño será La ASME/ANSI B-36.10

Los accesorios de lãs tuberías serán los siguientes:

- Bridas forjadas. Diseño según norma ASME/ANIS B16.5 y material,según norma A-182 de tipo clase 600
- Codos (soldados para diâmetro mayor de 3" , norma A-403). Se construyen en dos mitades y se sueldan
- Tes(soldados para diâmetros mayores de 3", norma A-403).
- Tornilleria y esparragos en AISI 316-L
- Injertos segun norma ASME/ANSI B-16.9

7.3 Aceros inoxidables utilizados

El material más utilizado historicamente ha sido el 904L para tuberías y accesorios.

Se ha consolidado el uso de **Superduplex**, actualmente el **Zerón 100** es el más económico.

Teniendo en cuenta que se usa el superduplex se puede usar tubería de menos espesor Sch 20 en vez de Sch 40 (que es el espesor que se utiliza para el 904L) excepto en tubos que tiene conexión Victaulic que debe ser Sch 40.
La velocidad máxima en la tuberías de alta presión no puede superar los 3 m/s

En **bombas de alta presión** siempre se ha usado el **superduplex** en el caso de SULZER que oferta el Ferraliun 255 se le debe exigir un PREn>40 o en caso contrario el A-890 Gr 5ª.

En **válvulas alta presión** se debe usar el **superduplex**.

En **bombeos intermedios** se debe usar el **superduplex** en el caso de utilizar el duplex (1.4517) se debería prever alguna protección catódica.

En **bombas de agua de mar** se debe usar el **superduplex** en el caso de utilizar el duplex (1.4517) se debería prever alguna protección catódica.

En **bombas de lavado de ultrafiltracion** se debe usar **superduplex** ya que utilizan salmuera para lavar si se usase un material duplex usar alguna protección catódica.

En **bombas de lavado de filtros** se debe usar **superduplex** ya que utilizan salmuera para lavar si se usase un material duplex usar alguna protección catódica.

En **bombas de vertidos**: Utilizar bombas en hºfª +pintura +ánodos de sacrificio

8. MEMBRANAS DE OSMOSIS INVERSA

8.1 Tipos de membranas utilizadas en osmosis

Las membranas utilizadas en O.I. son de poliamida aromática con entrecruzamientos. Se fabrica en forma plana y luego se enrolla para formar la membrana.

Cada membrana en espiral esta compuesta de varias membranas filtrantes enrolladas en torno a tubo de plástico que es por donde sale el producto.

Cada membrana filtrante está compuesta por una capa de poliamida sobre una polisulfona porosa y un tejido soporte en poliéster.

Cada membrana esta doblada y en su interior lleva una membrana que conduce el permeado llamada *"carrier"* al tubo de permeado.

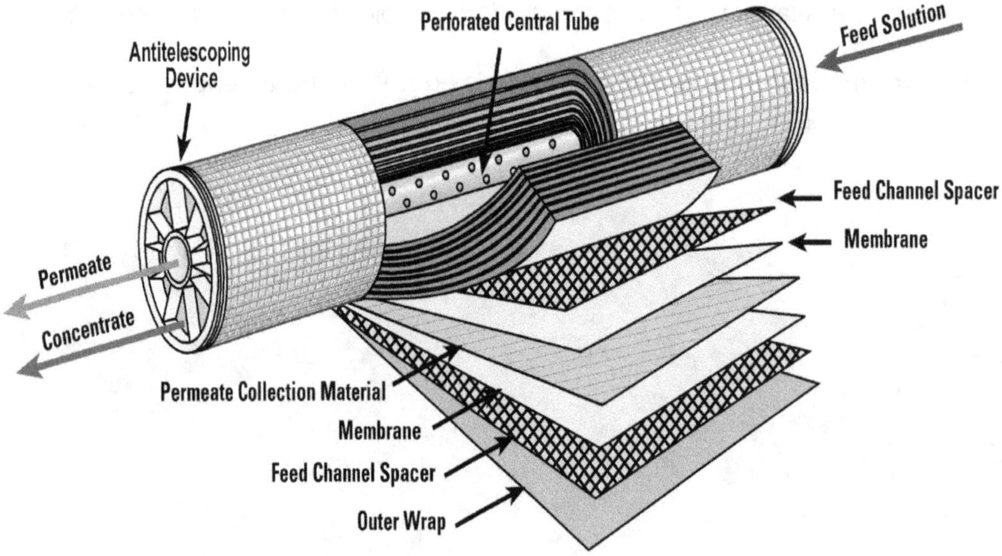

Figura 8.1- Sección de membrana de enrollamiento en espiral

Entre membranas lleva otra membrana que se llama espaciador que impide que se peguen las membranas filtrantes y es por donde pasa el agua de mar (concentrado) como muestra en las siguientes figuras.

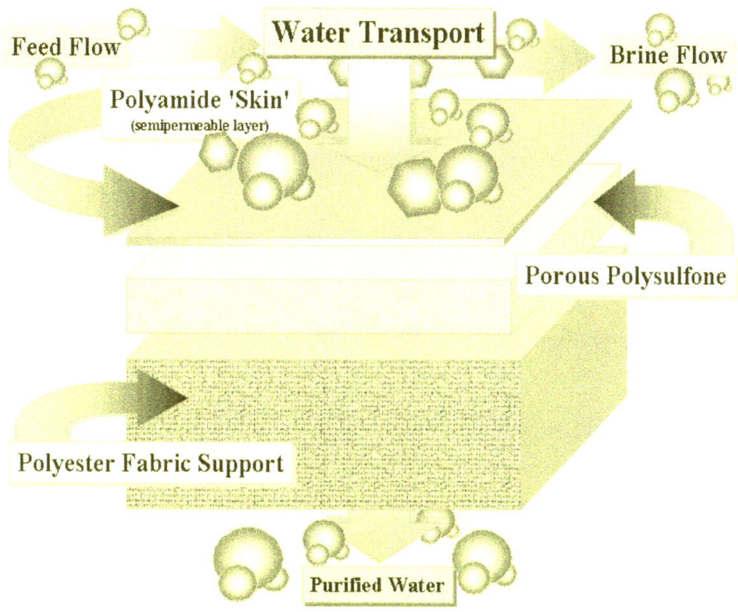

Figura 8.2- Sección membrana poliamida osmosis inversa

La membrana lleva una envolvente de poliéster y una tapa de PVC pegada a ella por cada lado comprimiendo la membrana.

La tapa lleva una junta labial que sella la membrana al tubo de presión como se muestra en las siguientes figuras.

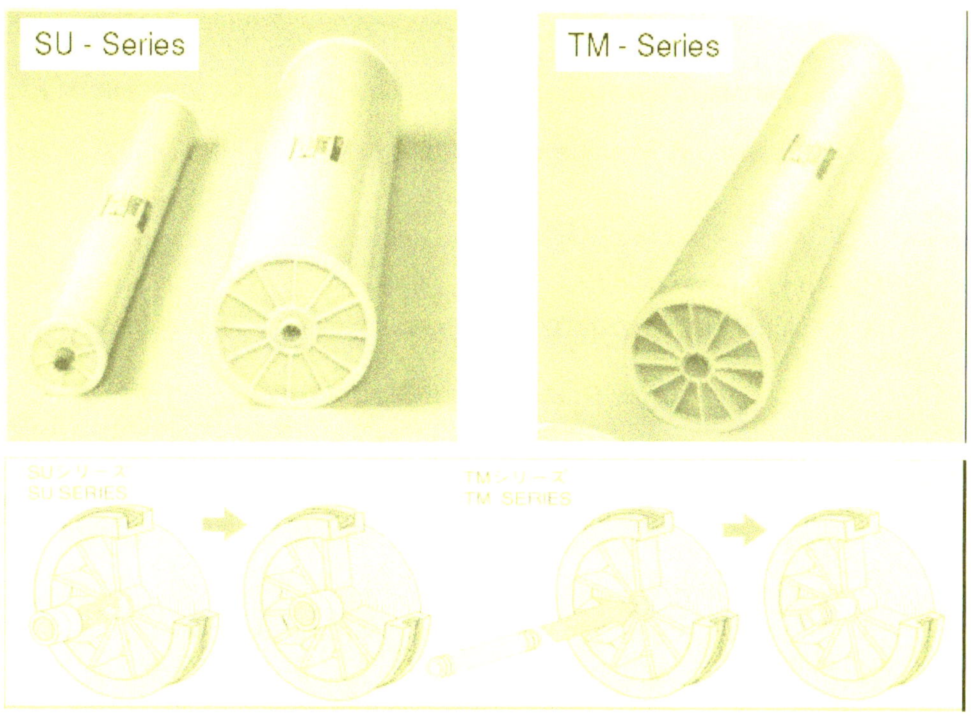

Figura 8.3. Detalle conexión membranas

Los módulos de ósmosis inversa se fabrican en un diámetro de 7,95" y una longitud de 40" como elementos principales, también se fabrican en 4" de diámetro y alguna casa fabrica en 60".

8.2 Conceptos básicos de O.I.

Presión Osmótica

Es la diferencia de presión que hay entre una solución concentrada y una solución diluida.

$$\Pi = 0{,}00076 * TDS \text{ (bar)}$$

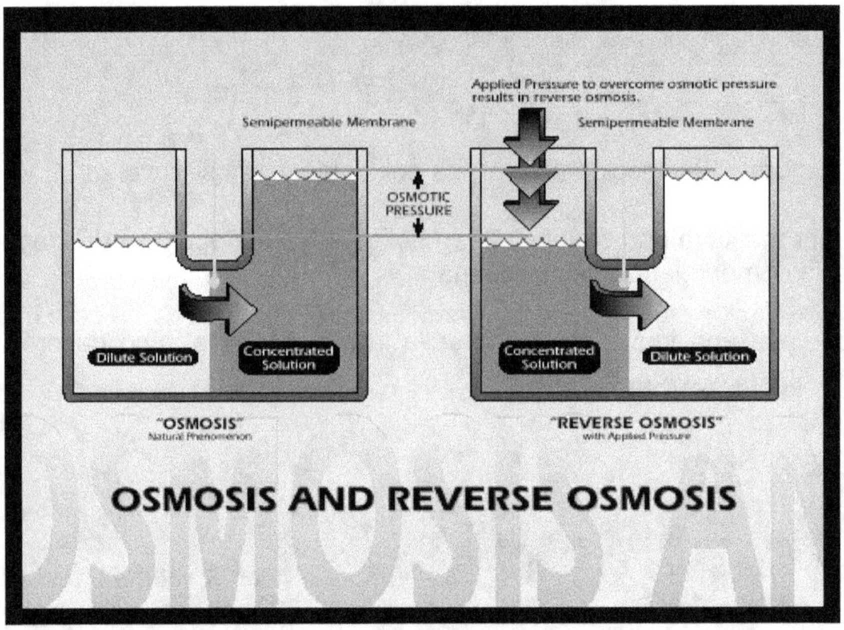

Figura 8.4. Presión osmótica

-Presión Neta de trabajo

La presión neta ejercida a la membrana menos la presión osmótica y menos la contrapresión.

$$P_{EFF} = P_I - \tfrac{1}{2}\,\Delta P - P_B - P_\pi$$

Donde P_i es la presión de alimentación ntes de las membranas, P_B es la contrapresión y P_π

-Paso de sales (Ps)

Es la relación entre la salinidad del producto y la salinidad promedio de la alimentación

PS=Sp/Sa salinidad del producto y salinidad alimentación

-Factor de conversión (Fc)

Es la relación entre el caudal de perneado dividido entre el caudal de alimentación

Fc= Qp/Qa*100 se expresa siempre en %

-Rechazo de sales (Rs)

Es el inverso del paso de sales (1-Ps) y un dato muy importante en la especificación de la membrana.

RS= 100*(1-Ps) normalmente se representa en

-Factor de Concentración (Cf)

El incremento de sales que se produce en el rechazo

Cf= 100/(100-Fc) expresado en número

Salinidad del Concentrado

Es el cálculo de la salinidad en fundón del factor de concentración

Sc=Sa*Cf

-Factor de Polarización

La polarización de la concentración es un incremento de la salinidad adyacente a la superficie de la membrana de la que se extrae constantemente agua y en el que las sales rechazadas se van acumulando en concentraciones altas debido al paso del agua por la membrana. Aumenta con el factor de conversión y disminuye con el aumento de velocidad del agua por la membrana.

Pfi=EXP(0,7*Yi) según Filmtec

-Coeficiente de permeabilidad

El flujo que da la membrana por unidad de superficie y unidad de presión se mide en l/hm2/bar.

-Flujo medio

La cantidad de agua que atraviesa la membrana para una presión determinada se mide en l/m2.h o en gfd galon/ft.day.

-Factor de ensuciamiento

Es un coeficiente menor que varía de 1 a 0,5 y que representa el deterioro que sufre la membrana en su funcionamiento.

-Factor de temperatura

La temperatura afecta al paso de sales y al caudal de agua por la membrana aproximadamente 3% por ºC.

-Superficie de una membrana

Superficie filtrante que tiene una membrana en ft^2.

-Caudal de producto

Caudal de perneado que da una membrana medido en gpd o en m3/día.

-Edad de una membrana

Años que lleva la membrana funcionando.

-Reposición anual

% que hay que reponer anual mente por deterioro de las membranas.

-Garantía

La garantía que da el fabricante de membranas normalmente de 5 años con un (%) de reposición anual salvo el 1º año.

8.3 Tipos de membranas fabricadas

1. **Membranas de baja salinidad y baja presión < 3000 ppm**

   Se caracterizan por tener mucha superficie > 400 ft2, baja presión de operación 7-10 bar y alto caudal de permeado 30 a 50 m3/día y un bajo rechazo de sales 99,2% al 99,6%.

2. **Membranas de media salinidad >3000 y < 15000 ppm**

   Se caracterizan por mucha superficie 400 ft2, media presión de operación 15-25 bar y alto caudal de perneado 20 a 40 m3/día y un alto rechazo de sales 99,5% al 99,7%.

3. **Membranas de alta salinidad > 15000 ppm**

   Se caracterizan por superficie 300-440 ft2, alta presión de operación 50-70 bar y medio caudal de perneado 15 a 30 m3/día y un alto rechazo de sales 99,7 al 99,8%.

4. **Membranas de alta presión y salinidad**

Se caracterizan por superficie 300-440 ft2, alta presión de operación 70-80 bar y medio caudal de perneado 15 a 30 m3/DIA y un alto rechazo de sales 99,7 al 99,8%.

Son membranas semejantes a las anteriores pero que pueden trabajar a más presión y se emplean en los 2º paso.

5. **Membranas de nanofiltración**

Se caracterizan por mucha superficie 400 ft2, baja presión de operación 7-10 bar y medio caudal de perneado 25 a 30 m3/día y un bajo rechazo de sales 80% al Ca y Mg.

6. **Otros tipos de membranas**

Hay otras membranas con mayor ó menor rechazo al Boro o membranas de bajo ensuciamiento.

8.4 Características de las membranas

Especificación de una membrana

Las características principales de las membranas son los siguientes:

- **Presión operación**
- **Salinidad alimentación**
- **Diámetro de la membrana**
- **Superficie**
- **Rechazo de sales**
- **Caudal de producto**

Todas las membranas se prueban en fábrica, se mide el caudal y el rechazo de sales. pruebas de las membranas se hacen en condiciones estándar (presión, salinidad, conversión, Tª y PH.
En relación a la superficie de las membranas, la tendencia es utilizar membranas con mayor superficie (440 ft2) con el fin de reducir el número de membranas y los equipos asociados

Limites en el funcionamiento de las membranas

Las membranas tienen límites en su funcionamiento y lógicamente dependen de la calidad del agua para establecer estos límites. Los para metros son los siguientes:

- **Flujo medio:** Flujo entre todas las membranas del tubo.
- **Flujo máximo:** Normalmente se da en la 1º membrana.
- **Conversión máxima:** Normalmente se da en la 1º membrana.

- **Caudal mínimo:** Normalmente se da en las últimas membranas.
- **Máximo caudal:** Caudal de alimentación a la membrana.
- **Relación entre caudal concentrado y caudal producto de la última membrana:** Debe ser mayor de un valor que varía entre 3-10.

Membranas para agua de mar

Para las membranas de agua de mar los límites de diseño son los siguientes:

	Agua pozo/MF&UF	**Toma abierta**	**Concentrado (2 etapa)**	**Permeado (2 paso)**
Flujo medio l/h.m2	15-20	12-15	7-10	35-40
Flujo máximo 1º etapa	35	25	15	45
Conversión max %	15	13	12	30
Caudal mínimo concentrado m3/h	3,4	3,6	3,6	3

Los limites de los índices de saturación son los siguientes

LSI&SDSI sin inhibidor de incrustaciones ***LSI <-0,2***

LSI&SDSI con SHMP ***LSI< 0,5***

LSI&SDSI con inhibidor orgánico de incrustaciones ***LSI< 1,8***

Parámetros que afectan al rendimiento de una membrana

Los parámetros que afectan a su rendimiento son los siguientes:

- **Salinidad:** Aumenta la presión operación y empeora la calidad del producto.
- **Temperatura:** Reduce la presión operación y empeora calidad producto.
- **Conversión:** Aumenta la presión operación y empeora calidad del producto.
- **Edad de las membranas o el Fouling factor:** Aumenta la presión de operación y empeora calidad producto. Para conocer como empeora la membrana con la edad existen (2) parámetros que hay que tener en cuenta y que manejan algunos fabricantes:

    - <u>Descenso del flujo:</u> Se mide en % y varía entre un 2% y 10%, normalmente se toma 7% año aguas tomas abiertas
    - <u>Paso de sales:</u> Se mide en % por año y varía entre 3-17% en membranas de poliamida, normalmente se toma 10% año tomas abiertas

Tipos de membranas según fabricante y equivalencias.

Propiedades Membranas Hydranautics

Tipo membrana	Caudal	Rechazo sales	Rechazo boro
SWC4Bmax	7200	99,8%/99,7%	95%
SWC4max	7200	99,8%/99,7%	93·%
SWC4B	6500	99,8%/99,7%	95%
SWC5max	9900	99,8%/99,7%	92%
SWC5-LD	9000	99,8%/99,7%	92%
SWC6	12000	99,8%/99,7%	91%
2º paso			
ESPA2-MAX	12000	99,6%	99,3%
ESPAB-MAX	9000	99,3%	96%

NITTO DENKO

HYDRANAUTICS
www.membranes.com
A Nitto Denko Company

SWC®

The first choice in Seawater Desalination

Hydranautics is the world leader in seawater desalination, producing over 500 million gallons per day (2 million m^3/d) of purified water. With more installed capacity than any other competitor, the SWC membrane provides unparalleled and consistent operating performance. SWC elements are available from Hydranautics in both 4-inch and 8-inch diameters by 40-inch long spiral wound configuration for all desalination applications. The high productivity SWC elements offer the highest levels of salt rejection with a consistently pure end product. The patented membrane formulations have been designed to accommodate varying levels of seawater salinities worldwide with reliable field-proven performance. The SWC5 can be used in combination with the ESPAB as second pass to achieve stringent boron requirements. This combination of membrane element types is one example of our Integrated Membrane Solutions® (IMS) which combines a range of RO, NF, UF and MF membrane technologies to achieve the most comprehensive, effective, low-cost results in the industry.

Applications:

- Boiler makeup water in power industry
- Conventional and hybrid desalination plants
- Boron reduction for agricultural application

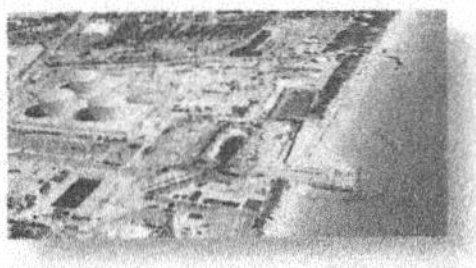

SWC Product Offerings:

SWC4+
Ideal for warm water applications with the highest salt rejection in a high surface area membrane and the highest boron rejection available

SWC4 MAX
A high surface area membrane that gives excellent performance with high salt and boron rejection for warm water applications

SWC4B MAX
SWC4B MAX has the highest boron rejection to reduce sea water plant second pass needs, significantly reducing capital and operating costs

SWC5
Offers the perfect combination of high flow, superior salt and boron rejection with low operating pressures

SWC5 MAX
Offers the highest permeate flow with high rejection for sea water desalination. SWC6 MAX is used where high energy costs are a concern, providing significant energy savings while meeting product quality needs

SWC6 MAX
Offers the highest permeate flow with high rejection for sea water desalination. SWC6 is for use where high energy costs are a concern, providing significant energy savings while meeting product quality needs

SWC5-LD
The high productivity low fouling SWC5-LD offers the highest levels of salt rejection with a consistently pure end product. The SWC5-LD offers the perfect combination of high flow, superior salt and boron rejection with low operating pressures.

SWC4-1640
High productivity membrane for greater boron rejection, reduced footprint and increased productivity

SWC5-1640
High productivity membrane for reduced footprint, high flow, superior boron rejection and increased productivity

Performance for Seawater Membranes

Element Type	Min. Salt Rej., %	Norm. Salt Rej., %	Permeate Flow GPD	Permeate Flow (m^3/d)	Boron Rej.,%
SWC4+	99.7	99.8	6,500	24.6	93.0
SWC4 Max	99.7	99.8	7,200	27.3	93.0
SWC4B	99.7	99.8	6,500	24.6	95.0
SWC4B Max	99.7	99.8	7,200	27.3	95.0
SWC5	99.7	99.8	9,000	34.1	92.0
SWC5 -LD	99.7	99.8	9,000	34.1	92.0
SWC5 Max	99.7	99.8	9,900	37.5	92.0
SWC6	99.7	99.8	12,000	45.5	91.0
SWC6 Max	99.7	99.8	13,200	50.0	91.0
SWC4 1640	99.8	99.6	26,000	92.7	93.0
SWC5 1640	99.8	99.6	34,000	128.9	92.0
SWC5-LD 4040	99.5	99.7	1,750	6.62	

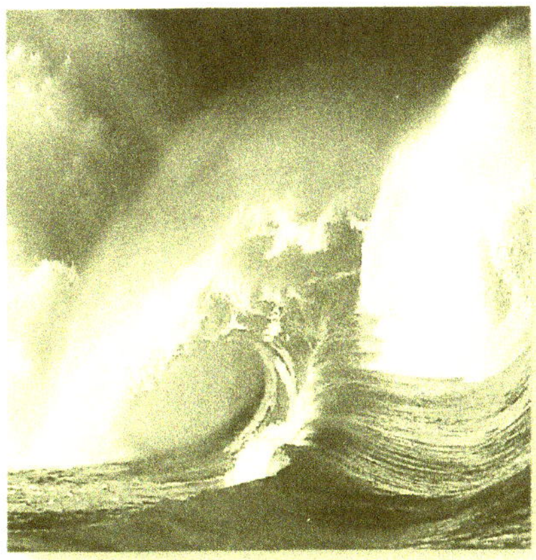

Membrane of choice for seawater application

Selected SWC Project References

Fujairah, UAE

45 MGD (170,000 m^3/d) of potable water from the Persian Gulf

Cartagena, Spain

17 MGD (65,000 m^3/d) of potable water from the Mediterranean Sea

Carboneras, Spain

32 MGD (120,000 m^3/d) of potable water from the Mediterranean Sea

Performance Advantages of Hybrid Element Design

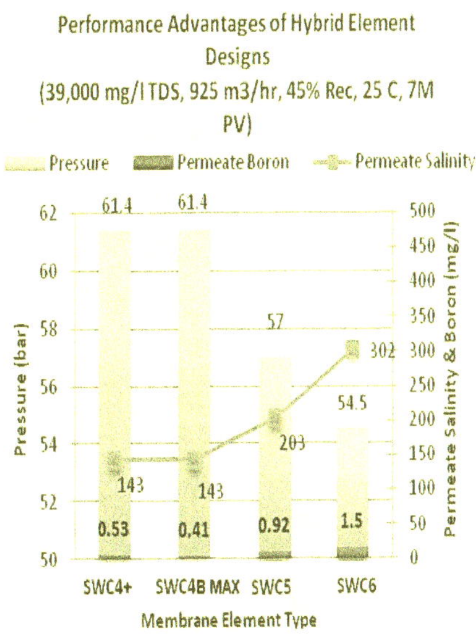

Propiedades Membranas Dow-Filmtec

Tipo membrana	Caudal	Rechazo sales	Rechazo boro
SW30HRLE-400	7500	99,75%	92%
SW30XLE-400i	9000	99,7%	91,5%
SW30ULE-400 i	11000	99,7%	89%
SW30HRLE-440i	8200	99,8%	92%
SW30XLE-440	9900	99,75%	91,5%
SW30XHR-440 i	6600	99,82%	92%
SW30ULE-440	12000	99,7%	89%
2º paso			
LE-440i	12650	99,3%	68%
HRLE-440i	12650	99,5%	70%

	Performance Attributes						Construction Features				Reliability Features				
	Feed Pressure (psi)	Flow Rate (gpd)	Stabilized Salt Rejection (%)	Stabilized Boron Rejection (%)	Maximum Pressure (psi)	Highest Cleanability	iLEC™ Interlocking Endcaps	34 mil Feed Spacer	28 mil Feed Spacer	Active Area (ft²)	1200 psi Feed Pressure	Durable FT30 Membrane	pH 1-12 Cleaning Range	Automated Construction	Guaranteed Active Area
SW30XLE-400*i* NEW	800	9,000	99.70	88	1,200		■		■	400	■	■	■	■	■
SW30HR LE-400*i* NEW	800	7,500	99.75	91	1,200		■		■	400	■	■	■	■	■
SW30HR LE-400	800	7,500	99.75	91	1,200				■	400	■	■	■	■	■
SW30HR-380	800	6,000	99.70	90	1,000				■	380		■	■	■	■
SW30HR-320	800	6,000	99.75	91	1,200	■		■		320	■	■	■	■	■

Are you working with high fouling feedwater?

- **Yes** → FILMTEC SW30HR-320
- **No** → **What is your primary driver?**
  - **Low Energy**
    - Lowest Energy Use → FILMTEC SW30XLE-400i
    - Low Energy Use + High Rejection → FILMTEC SW30HR LE-400i
  - **Highest Rejection**
    - One Pass System → FILMTEC SW30HR-380
    - Two Pass System → FILMTEC SW30XLE-400i

Drop-in membrane replacement for existing 4,000-6,000 gpd elements

Competitive Replacement Guide

Use: FILMTEC SW30XLE-400i	No equivalent
Use: FILMTEC SW30HR LE-400i	To replace: TMA820-400, SU820BCM
Use: FILMTEC SW30HR-380	To replace: SWC3+, SWC4+, TMA820-370
Use: FILMTEC SW30HR-320	To replace: SWC3, SWC4, SU820, SU820L, SU820FA

Adjuntamos tabla de equivalencias entre las membranas de Hydranautics y Dow-Filmtec.

NOTE: It is always recommended to check expected performance with IMSDesign prior to the replacement.

SW30 HRLE 400i	7,500	99.75%	99.60%	400	32000ppm NaCl	800	25	8%	8	
SWC4+	6,500	99.80%	99.70%	400	32000ppm NaCl	800	25	10%	6.5 - 7	Best rejection
SWC4B	6,500	99.80%	99.70%	400	32000ppm NaCl	800	25	10%	6.5 - 7	Best boron rejection
SWC5	9,000	99.80%	99.70%	400	32000ppm NaCl	800	25	10%	6.5 - 7	Best balance energy/rejection
SWC5-LD	9,000	99.80%	99.70%	400	32000ppm NaCl	800	25	10%	6.5 - 8	Best fouling resistance
SW30 XLE 400i	9,000	99.70%	99.55%	400	32000ppm NaCl	800	25	8%	8	
SWC5	9,000	99.80%	99.70%	400	32000ppm NaCl	800	25	10%	6.5 - 7	
SWC5-LD	9,000	99.80%	99.70%	400	32000ppm NaCl	800	25	10%	6.5 - 8	Best fouling resistance
SW30 ULE 400i	11,000	99.70%	99.60%	400	32000ppm NaCl	800	25	8%	8	
SWC6	12,000	99.80%	99.70%	400	32000ppm NaCl	800	25	10%	6.5 - 7	
SW30 XHR 400i	6,000	99.80%	99.60%	400	32000ppm NaCl	800	25	8%	8	
SWC4+	6,500	99.80%	99.70%	400	32000ppm NaCl	800	25	10%	6.5 - 7	
SWC4B	6,500	99.80%	99.70%	400	32000ppm NaCl	800	25	10%	6.5 - 7	Best boron rejection
SW30 HRLE 440i	8,200	99.80%	99.65%	440	32000ppm NaCl	800	25	8%	8	
SWC4 MAX	7,200	99.80%	99.70%	440	32000ppm NaCl	800	25	10%	6.5 - 7	Best rejection
SWC4B MAX	7,200	99.80%	99.70%	440	32000ppm NaCl	800	25	10%	6.5 - 7	Best boron rejection
SWC5 MAX	9,900	99.80%	99.70%	440	32000ppm NaCl	800	25	10%	6.5 - 7	Best balance energy/rejection
SW30 XLE 440i	9,900	99.70%	99.60%	440	32000ppm NaCl	800	25	8%	8	
SWC5 MAX	9,900	99.80%	99.70%	440	32000ppm NaCl	800	25	10%	6.5 - 7	
SW30 ULE 440i	12,000	99.70%	99.60%	440	32000ppm NaCl	800	25	8%	8	
SWC6 MAX	13,200	99.80%	99.70%	440	32000ppm NaCl	800	25	10%	6.5 - 7	
SW30 XHR 440i	6,600	99.82%	99.70%	440	32000ppm NaCl	800	25	8%	8	
SWC4 MAX	7,200	99.80%	99.70%	440	32000ppm NaCl	800	25	10%	6.5 - 7	
SWC4B MAX	7,200	99.80%	99.70%	440	32000ppm NaCl	800	25	10%	6.5 - 7	Best boron rejection

Figura 8.5. Comparativo membranas Dow&Hydranautics

Propiedades Membranas Toray

	Low/Medium Salinity Feed	High Salinity Feed	High Boron Rejection
TM820L	X		
TM820	X	X	
TM820H		X	
TM800A			X

Sea Water Membranes

Sea water membranes

Module-Type	Permeate Flow [m³/d]	Rejection [%]	Type	Test Conditions at 25°C
TM820-400 TM820-370 TM810 (4")	25 23 4.5	99.75	Standard Element	32'000 ppm NaCl 5.5 MPa
TM820L-400 TM820L-370 TM810L	38 34 6	99.7	Low Pressure, High Flow	32'000 ppm NaCl 5.5 MPa
TM820H-400 TM820H-370	23 21	99.75	High Pressure, High TDS & Temp.	32'000 ppm NaCl 5.5 MPa
TM820A-400 [2)] TM820A-370 [2)]	23 21	99.75	High Boron Rej. High Pressure, High TDS & Temp.	32'000 ppm NaCl 5.5 MPa

1) Boron Rejection (typical): 94% at 5 mg/l feed Boron, pH 8; Test condition with 5 mg/l Boron at pH 8.0

Sea water Membranes

	TM700R	TM700(L)	TMG	TMH
Brackish Water < 3'000 ppm	X			
< 2'000 ppm	X	X	X	
< 1'000 ppm	X	X	X	X
2nd Pass SWRO		X	X	
2nd Pass BWRO			X	X

Brackish Water Membranes

La edad de la membrana varía con el % de reposición. En esta tabla se fija la el equivalente entre la edad real y el % de reposición.

	Edad de la Planta (años)									
	1	**2**	**3**	**4**	**5**	**6**	**7**	**8**	**9**	**10**
5%	0,95	1,85	2,70	3,50	4,25	4,95	5,60	6,20	6,75	7,25
6%	0,94	1,82	2,64	3,40	4,10	4,74	5,32	5,84	6,30	6,70
7%	0,93	1,79	2,58	3,30	3,95	4,53	5,04	5,48	5,85	6,15
8%	0,92	1,76	2,52	3,20	3,80	4,32	4,76	5,12	5,40	5,60
9%	0,91	1,73	2,46	3,10	3,65	4,11	4,48	4,76	4,95	5,05
10%	0,90	1,70	2,40	3,00	3,50	3,90	4,20	4,40	4,50	4,50
11%	0,89	1,67	2,34	2,90	3,35	3,69	3,92	4,04	4,05	3,95
12%	0,88	1,64	2,28	2,80	3,20	3,48	3,64	3,68	3,60	3,40
13%	0,87	1,61	2,22	2,70	3,05	3,27	3,36	3,32	3,15	2,85
14%	0,86	1,58	2,16	2,60	2,90	3,06	3,08	2,96	2,70	2,30
15%	0,85	1,55	2,10	2,50	2,75	2,85	2,80	2,60	2,25	1,75

Cálculo del nº de membranas y presión operación

Cada fabricante tiene un programa informático para el cálculo del nº de membranas, presión de operación, flujos, calidad del producto etc.
Los programas de cálculo son los siguientes:

- **FILMTEC ROSA**
- **HYDRANAUTICS..................IMSDesing**
- **TORAY CAROL**

Todos estos programas están disponibles de forma gratuita

Montaje de las membranas

Las membranas se montan en tubos de presión especialmente diseñados para este objeto.

Los tubos de presión pueden contener desde 1 a 8 membranas pero los más utilizados son los de 6-7 membranas tanto para agua de mar como para agua salobre. Últimamente se está utilizando el tubo de 8 membranas para agua de mar.

Las membranas se unen entre si mediante interconectares que van colocados en interior del tubo de producto.

La unión de las membranas con el tubo de presión se hace mediante interconectares especiales llamados de cabeza.

FILMTEC ha sacado un interconector entre membrana tipo bayoneta que se conecta por la parte exterior, en este sistema trabajan conjuntamente todas las membranas del tubo, aunque creo que sufrirán más los interconectares de cabeza. Este sistema es el que se muestra en las siguientes hojas.

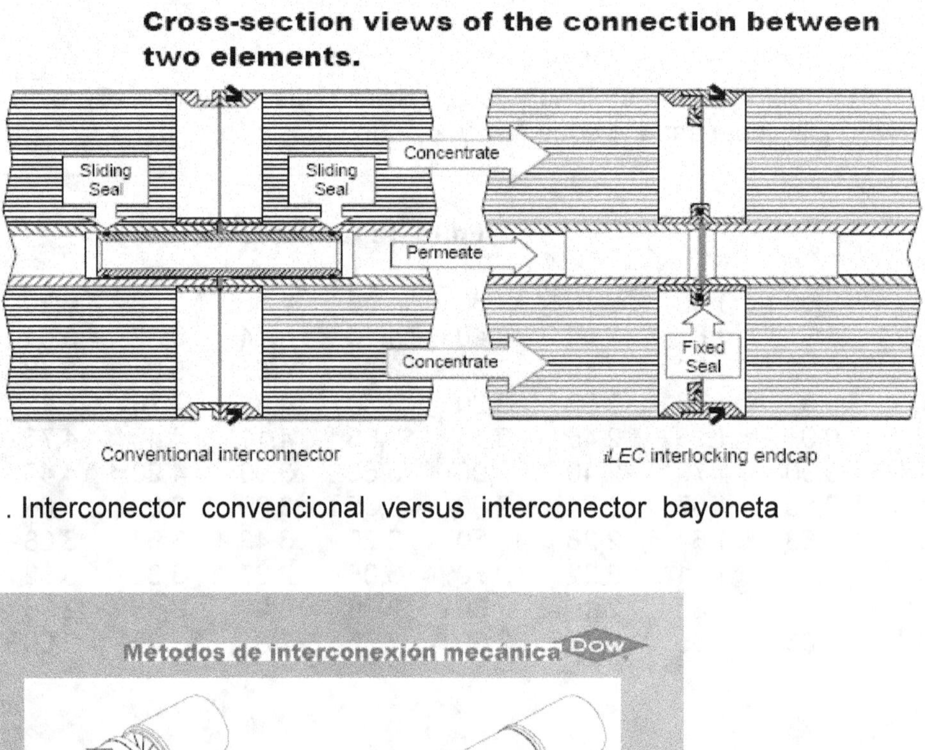

Figura 8.6 . Interconector convencional versus interconector bayoneta

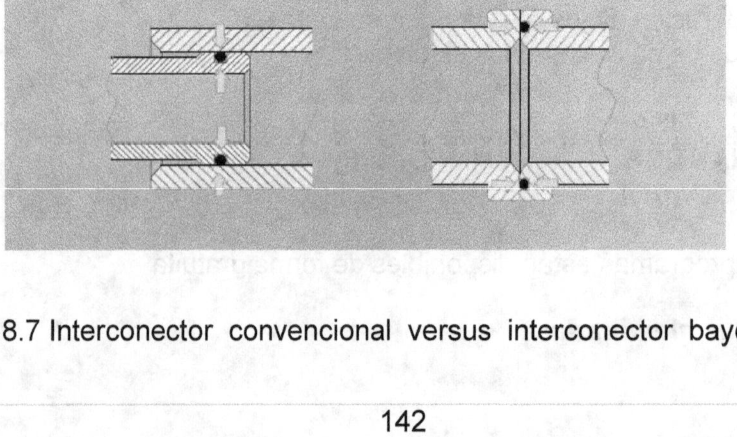

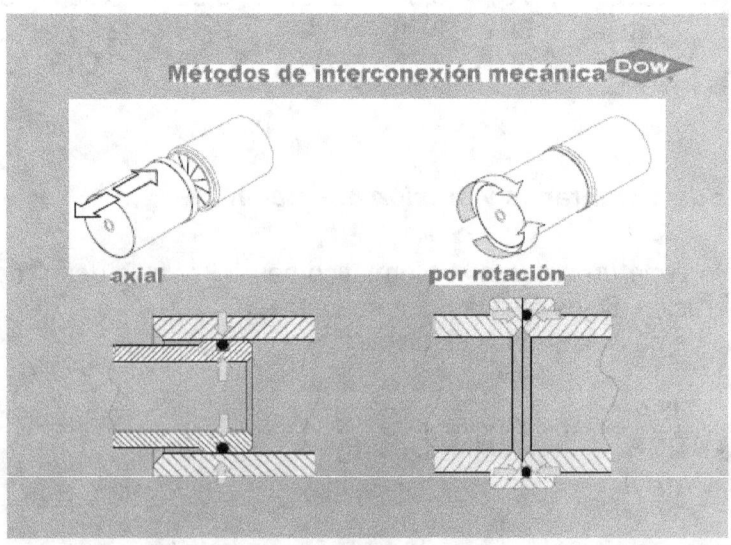

Figura.8.7 Interconector convencional versus interconector bayoneta

Las ventajas de estos sistema de interconexión son las siguientes:

- No hay reducción en el diámetro del tubo de permeado y por tanto hay menor resistencia del flujo del permeado. Hay un menor consumo energético
- Sistema de conexión mas seguro. Indicador táctil, visual y sonoro que permite minimizar el resigo de fugas por interconexión defectuosa
- Facilidad de carga y descarga. Reducción de costos de instalación y explotación
- Eliminación de interconectores

En un sistema más caro que los interconectores convencionales

8.5 Diferentes disposiciones de membranas

Las membranas pueden funcionar en las siguientes formas

1. **Una etapa:** En un solo tubo hay (2) posibilidades con (1) o con (2) salidas de producto, este último caso se hace cuando hay un 2º paso para mejorar la calidad del producto por boro o cloruros.

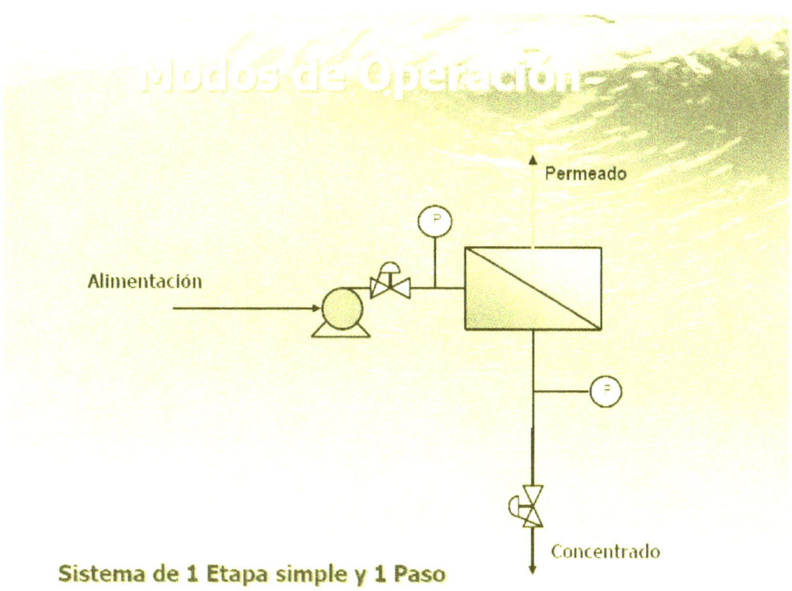

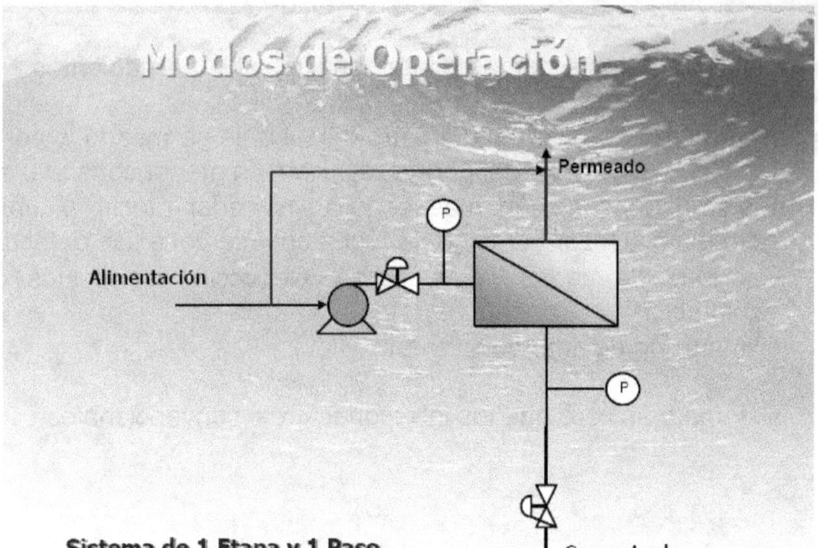

Sistema de 1 Etapa y 1 Paso
con mezcla de permeado

2. **Dos etapas en un tubo:** Se hace para reducir el caudal de las primeras etapas, como en el caso anterior puede tener (1) o (2) salidas de producto.

3. **Dos etapas en un tubo con interconector ciego:** Se emplea este caso cuando se quiere que las (2) etapas trabajen a diferente contrapresión.

4. **Dos o más etapas con tubos diferentes:** En este caso se dan (2) formas, con bomba booster o sin bomba booster. En el 1º caso se utiliza en aguas de media y alta salinidad, en el 2º caso se utiliza en aguas de baja salinidad. La recuperación global del sistema es del 55-60%. La presión de la bomba booster será variable dependiendo de la recuperación seleccionada para la segunda etapa y el tipo de membrana y puede variar entre 10 bares para una recuperación global del 55% hasta 20-30 bares

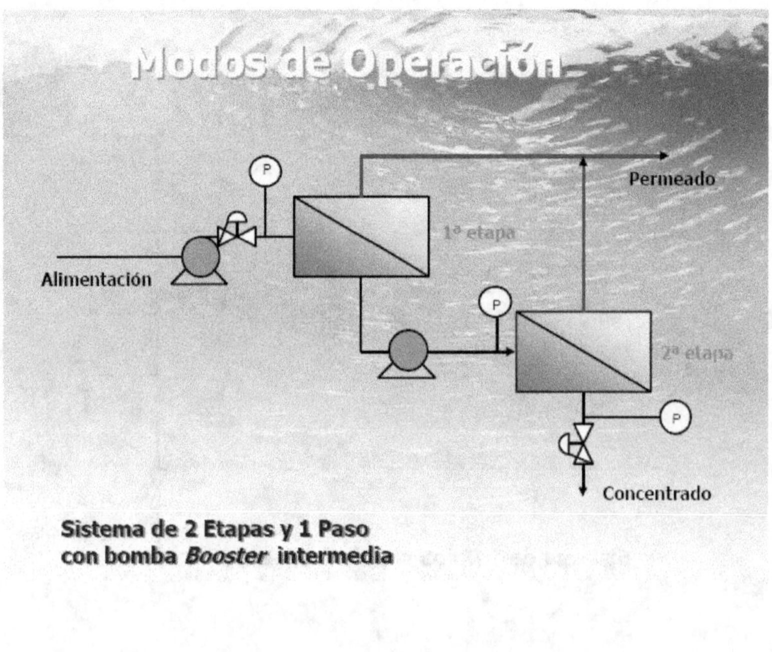

Sistema de 2 Etapas y 1 Paso
con bomba *Booster* intermedia

5. **Dos o más pasos con tubos diferentes:** Se utiliza en mejorar la calidad del producto (reducir salinidad, bajar el nivel de cloruros o bajar el nivel de boro). El segundo paso trabaja con recuperaciones superiores al 80%. Es habitual trabajar con segundo paso parcial que permita lograr los limites de calidad del agua de permeado deseado. De este modo se reducen los costos de inversión y de explotación de la planta. Parte del concentrado del segundo paso se recircula a cabecera reduciendo la salinidad del agua de aporte y aumentando la recuperación global del sistema.
Las membranas que se instalan en el segundo paso son membranas de agua salobre lográndose una salinidad inferior a 20-30 ppm en salida de segundo paso. La salinidad en salida de primer paso es de 400-500 ppm y la salinidad de la mezcla puede estar por debajo de 200 ppm
La presión de la bomba "booster" entre pasos es bajo entre 8-12 kg/cm2

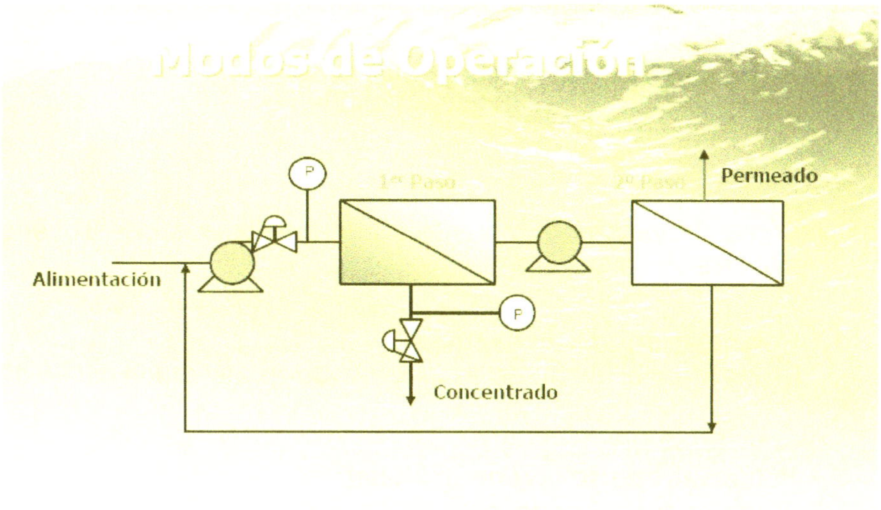

Sistema de Doble Paso con bomba intermedia

Si el 100% del permeado del primer paso es tratado en el segundo paso, considerando una recuperación del primer paso del 45% y del 90% en el segundo paso, se logra una recuperación global del 40 %. Con paso parcial del 20%(valor habitual para lograr valores de boro dentro de limites) se obtiene una recuperación global del 41-43%

8.6 Configuración hibrida

El flujo específico es mayor en las primeras membranas del tubo de presión y va disminuyendo hacía las últimas membranas del tubo debido a la disminución de la presión disponible y el aumento de la presión osmótica al aumentar la concentración del rechazo. Esto puede producir un ensuciamiento acelerado en las primeras membranas. Esta mala distribución puede reducirse aplicando una contrapresión en el permeado. Sin embargo, está opción desde el punto de vista operativo hay que minimizarla con el fin de evitar un consumo elevado de energía.

La alternativa es la optar por diseños híbridos, utilizando membranas de diferentes flujos específicos (membranas de alto rechazo en las primeras membranas y de gran caudal en las ultimas membranas) en el mismo tubo de presión.

Las configuraciones más habituales (es necesario comprobarlo mediante simulación) con 7 membranas por tubo son las siguientes:

- 2 membranas SWC4+Max +5 membranas SWC5+Max
- 3 membranas SWC4+Max +4 membranas SWC5+Max
- 2 membranas SWC4+Max +5 membranas SWC6
- 3 membranas SWC4+Max +4 membranas SWC6
- 2 membranas SW30HRLE 400i +5 membranas SW30ULE-400 i
- 3 membranas SW30HRLE 400i +4 membranas SW30ULE-400 i
- 2 membranas SW30HRLE 400i +5 membranas SW30XLE-400 i
- 3 membranas SW30HRLE 400i +4 membranas SW30XLE-400 i

8.7 Membranas de 16"

El emplear membranas de 16" frente a las membranas de 8" tiene las siguientes ventajas e inconvenientes.

1. **Potencial ahorro de espacio**
   En resumen el ahorro de espacio puede ser del orden del 10-15 %.

2. **Potencial ahorro inversión inicial**
   El ahorro puede ser del orden del 5-6 %.

3. **Mayor complejidad de carga y descarga de membranas**
   Se puede requerir equipamiento especial para la carga y descarga de las membranas

4. **Mal distribución del caudal**
   Puede producirse envejecimiento y ensuciamiento acelerado y es necesaria mayor investigación.

Figura 8.8 Montaje membranas 16”

9. TUBOS A PRESIÓN Y BASTIDORES PARA LA OSMOSIS INVERSA

9.1 Tubos de presión

1. Características

Se fabrican en los siguientes tamaños:

- **4" de diámetro de 1 hasta 6 membranas**
- **8" de diámetro de 1 hasta 8 membranas**
- **16" de diámetro**

Normalmente el tamaño que se usa para las plantas es el de 8" de diámetro, 6, 7 y 8 membranas aunque son los de 7 membranas los más usados, el de 8 membranas se empieza a usar.

Las presiones de diseño que se fabrican son de 300 psig, 450psig, 600psig, 1000 psig y 1200 y 1400 psig. La presión de diseño de los tubos a presión a que analizarla con cuidado en especial en la segunda etapa de instalaciones de desalacion de agua de mar.

La salida de permeado es siempre por el centro del tubo y por ambos extremos.

La alimentación y salida de concentrado o salmuera se fabrica por los extremos o laterales, esta última versión es la que se está imponiendo.

Los tubos de presión llevan 2 o 3 soportes a partir de 4 membranas se usan 3 soportes. Cada soporte lleva una abrazadera de inox con tornillo en los extremos para amarrarlo al bastidor.

2. Fabricantes

Los fabricantes más importantes son:

- **Codeline-Pentair**
- **Bekaert-Protec**
- **Bel composite**

3. Partes tubo de presión

Las principales partes de que se compone un tubo de presión son las siguientes:

- **Virola, apoyos y abrazaderas** con sus tornillos de amarre, si las entradas de agua de mar son laterales van en la virola.

- **Cabeza,** son los cierres que lleva la virola en los extremos, en ellos van montados las salidas de producto y las entrada de agua de mar si no van en la virola.
- **Interconectares de cabeza**, las piezas que unen las cabezas con las membranas.
- **Interconectares de membrana** las piezas que unen las membranas entre si, el nuevo modelo Filmtec no lleva interconector como se ha explicado anteriormente.

Se fabrican dos tipos de cierres en los tubos de presión. En las siguientes dos figuras se pueden ver dos conjuntos de cierre e interconectares de cabeza. En la primera figura en PVC y plano y en la segunda figura mas moderno que combina acero y PVC.

BEKAERT

Progressive Composites

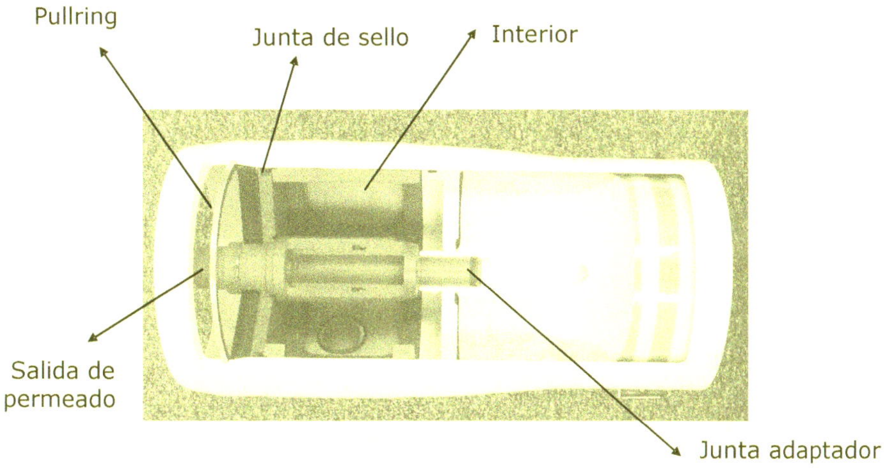

Figura 9.1. Conector tradicional

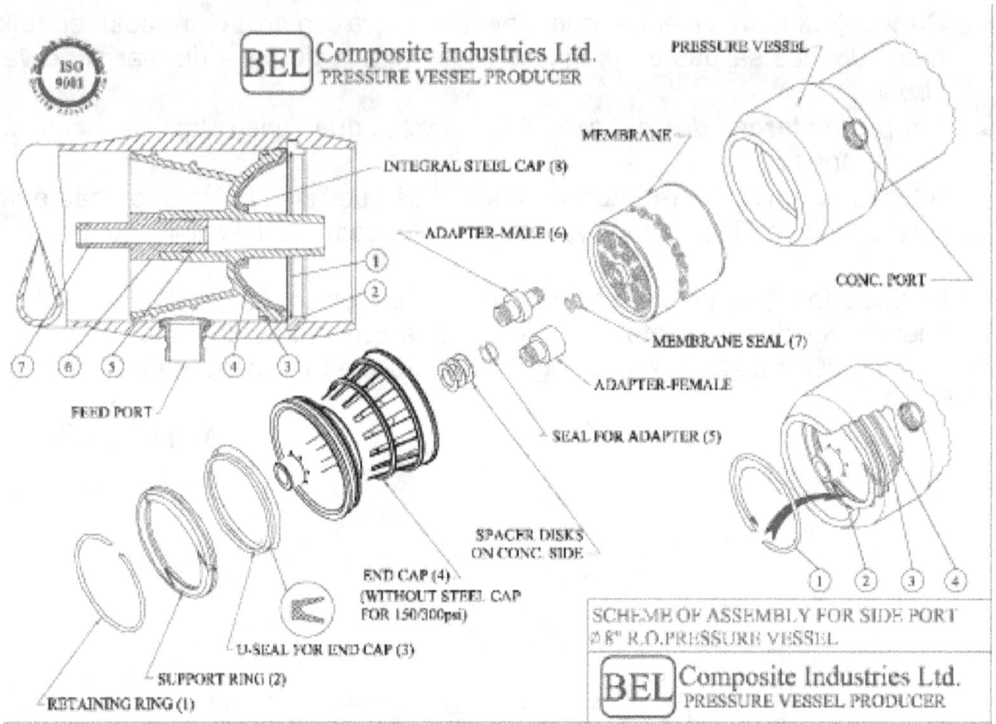

Figura 9.2 Conector Bell

4. <u>Materiales:</u>

Se fabrican en los siguientes materiales:

- **Virola,** en PRFV válido para pH entre 2 y 12.
- **Cabeza,** normalmente en plástico si es el modelo plano y si es el modelo con fondo en inox AL-6XN.
- **Conexiones,** agua de mar y salmuera en AL-6XN y las de producto en plástico normalmente PVC.
- **Interconectares de membrana**, plástico que sea válido para pH entre 12 y 2.

9.2 Tipo de tubos y configuración de bastidores

En desalación actualmente se utilizan tubos de 8" con 7 u 8 membranas con salida lateral y colocando varios tubos en serie. (conexión "multiport") . La alimentación y salida del concentrado por los extremos, como se ha indicado, está siendo desplazada por la conexión "multiport" . En la figuras adjunta podemos ver la comparativa entre los dos sistemas,

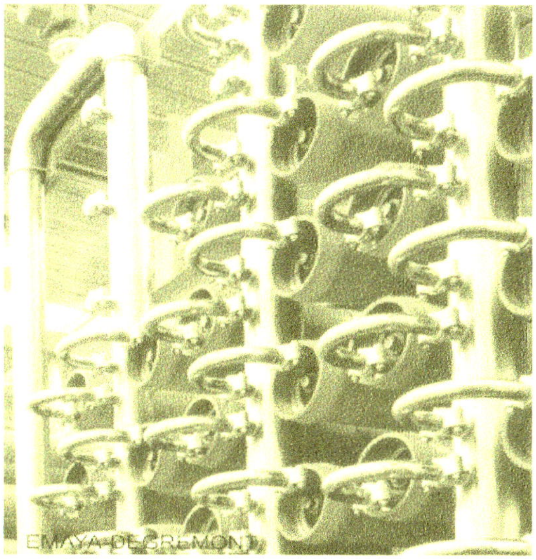

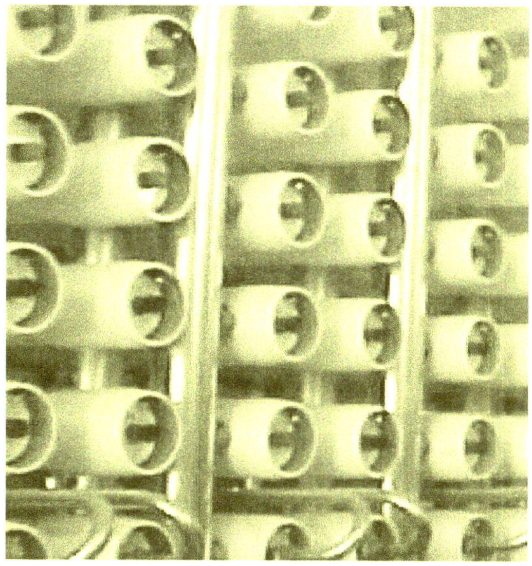

Figura 9.3 Tipos de conexiones

En la figura adjunta podemos ver el esquema de un rack con conexiones laterales (7 membranas en línea)

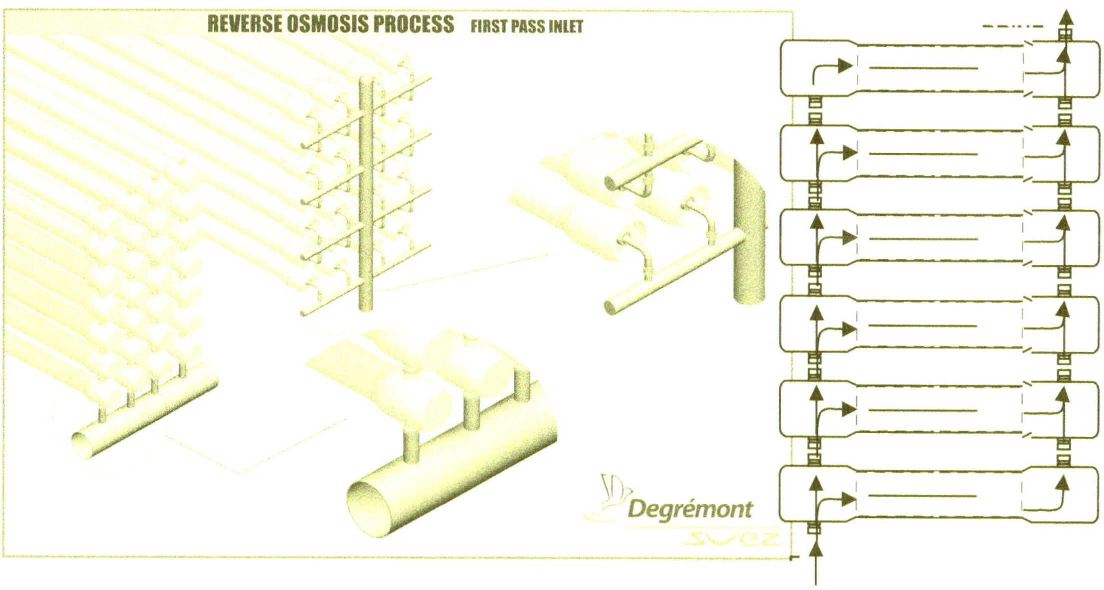

Figura 9.4 Conexión lateral

Figura 9.5 . Rack con configuración multipuerto (7 membranas en línea)

Las ventajas de la conexión "multiport" son las siguientes:

- Reduce el número de tuberías de alta presión y por tanto los riesgos de corrosión
- Reduce las interconexiones de alta presión y por tanto los riesgos de fuga
- Bastidores más compactos
- Facilidad del mantenimiento de las membranas

Las desventajas de la conexión "multiport" son las siguientes:

- Tubos de presión más caros.
- Tolerancias de montaje menores

Cuando se colocan tubos en serie la conexión debe tener consideración la posibilidad de la mala equi distribución del caudal de aporte entre el primer y el último tubo de presión de una fila. En ese sentido, el número máximo de tubos a conectar en cada fila en función del tamaño del puerto de conexión será

- **3 tubos en serie para conexión de 2"**
- **4 tubos en serie conexión de 2 ½"**
- **7 tubos de en serie para conexión de 3"**

El montaje en serie tiene la ventaja de que es más económico, pero el inconveniente de un mayor coste de los tubos de presión y la menor tolerancia admitida en el montaje en serie

En los siguientes planos se pueden ver la línea de alta presión (alimentación y rechazo) de bastidores con diferentes configuraciones de montaje:

- Alimentación vertical lateral con tres tubos en línea.
- Alimentación vertical lateral con dos en línea.
- Alimentación vertical central con dos tubos en línea.
- Alimentación horizontal con siete tubos en línea.

Alimentación vertical lateral (3) tubos en serie

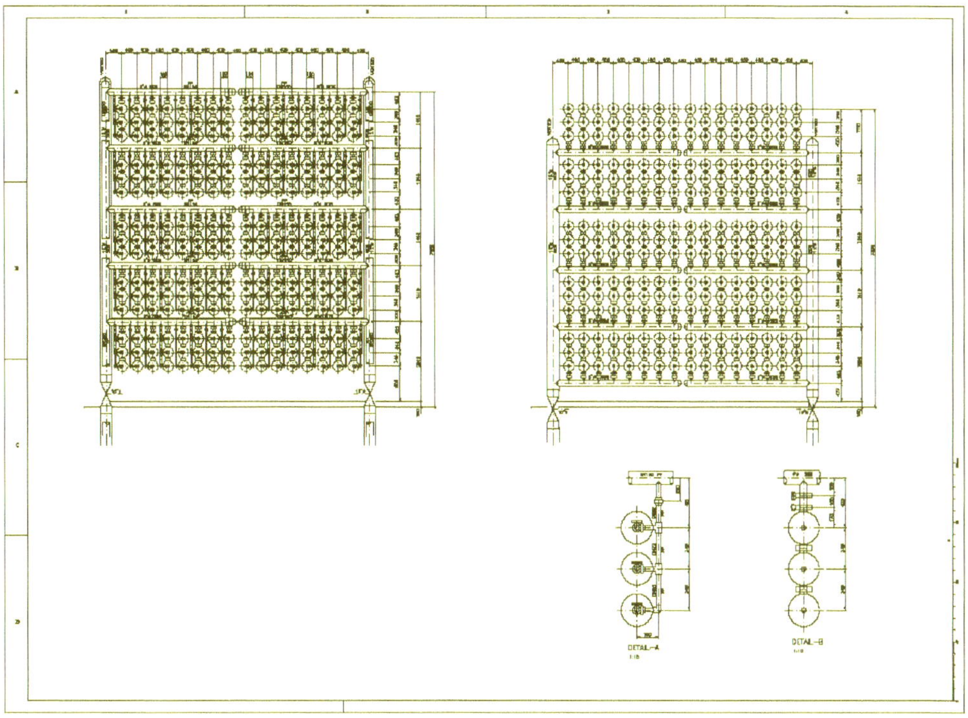

Alimentación vertical lateral (2) tubos en serie

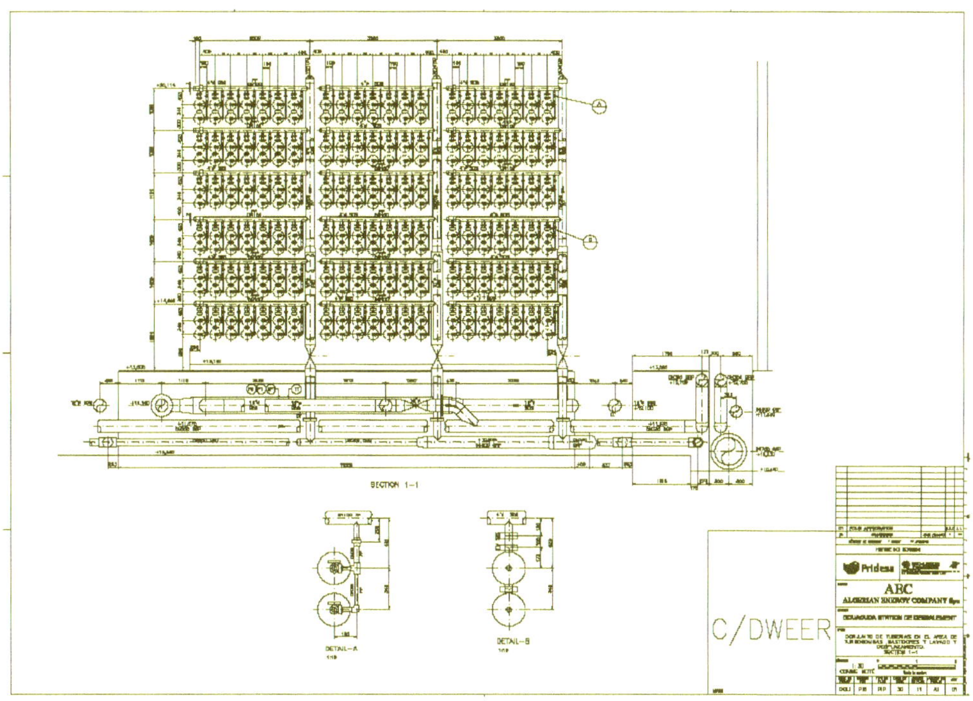

Alimentación vertical lateral con cuatro(4) y tres (3) tubos en serie

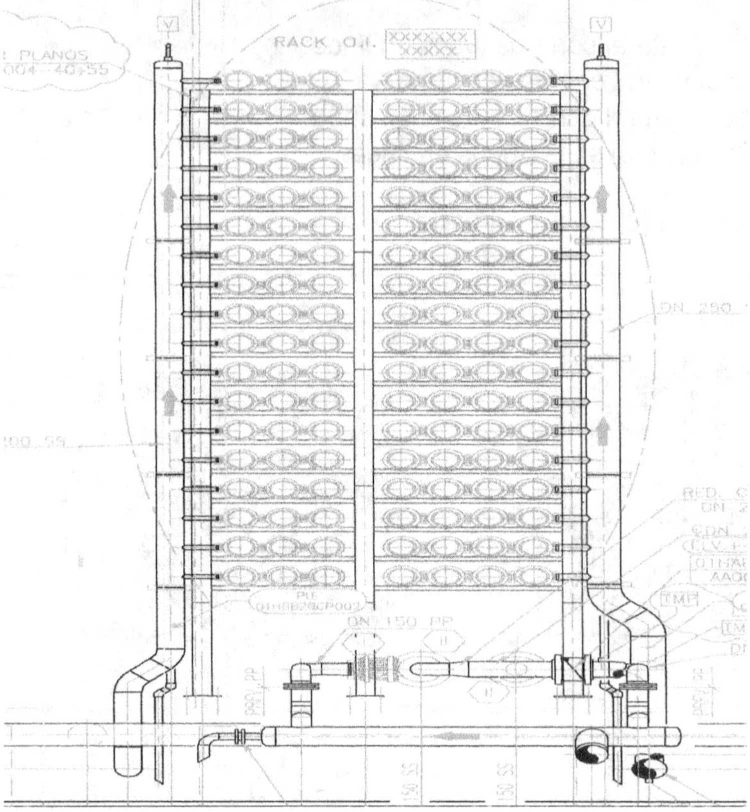

Alimentación vertical central con tres tubos en serie

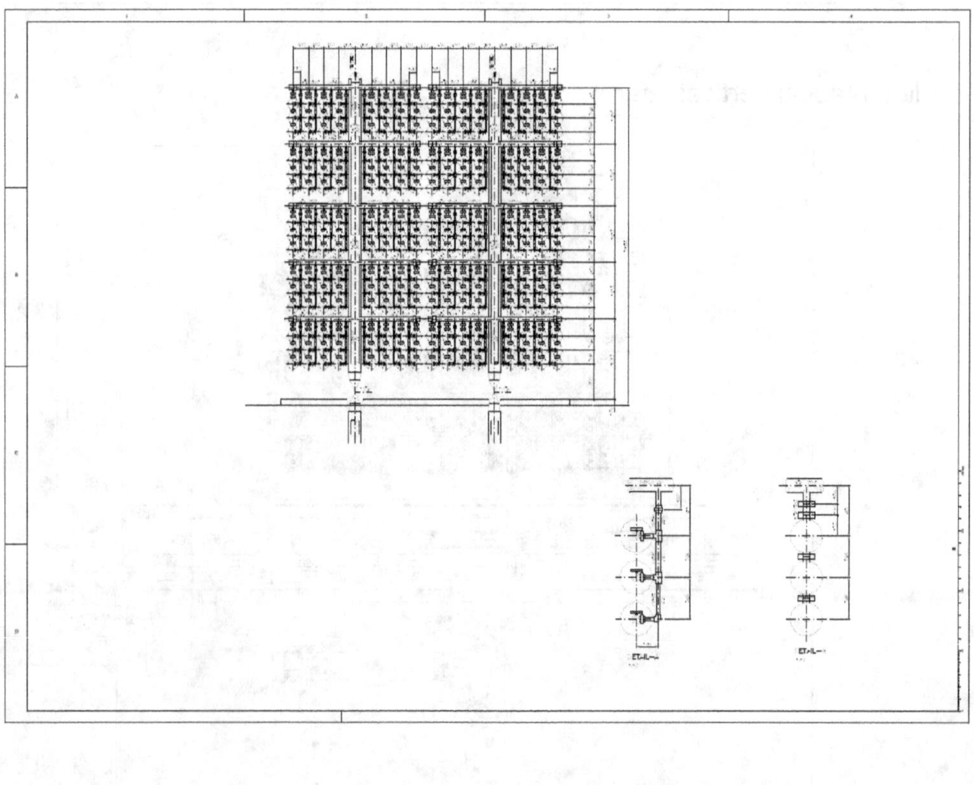

Alimentación horizontal con siete(7) tubos en serie

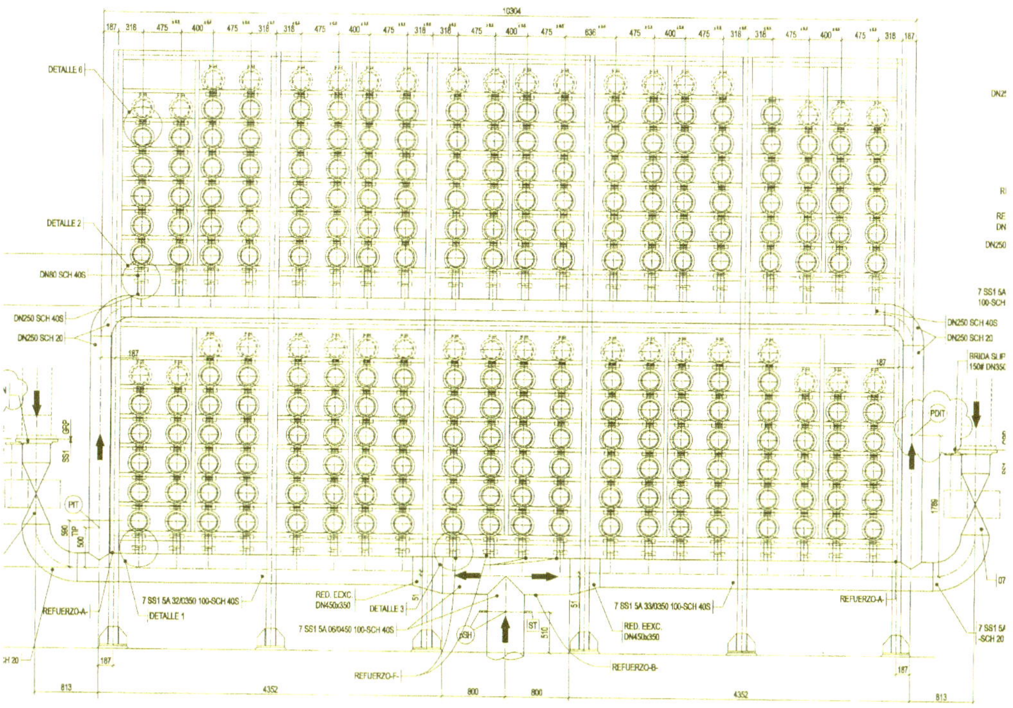

9.3 Tubos de (7) u (8) membranas

Hasta el momento en pocas plantas se están poniendo tubos de 8 membranas. Tampa, Lárnaca y Ashkelon son tres de los pocos ejemplos de grandes instalaciones de desalación donde de momento se han instalado 8 membranas por tubo

El emplear tubos de (8) membranas en vez de (7) tiene las siguientes ventajas e inconvenientes.

1. **Menor inversión**

El ahorro puede ser del orden del 6-7 %.

2. **Mayor conversión**

Para el mismo factor de polarización se puede trabajar a mayor conversión, del orden del (2) puntos más, dependiendo de la salinidad del agua de alimentación. Dependiendo del tipo de pretratamiento puede ser que energéticamente sea menos favorable.

3 **Lavado peor última membrana**

En el tubo de (8) membranas la última membrana se lava peor ya que toda la suciedad que sale de la 1º membrana tiene que pasar por las otras (7).

4 **Consumo energético**

Normalmente con turbina y con los recuperadores isobáricos el consumo energético con tubos de (8) membranas es ligeramente mayor con el aumento de la conversión en la osmosis inversa, la única ventaja es menor inversión en tubos y en Aºinox y menor pretratamiento.

9.4 Montaje de los tubos

Los tubos de presión se agrupan en bastidores que se dividen en sub-bastidores. El bastidor es una estructura metálica o de plástico que soporta los tubos de presión.

El sub-bastidor es el conjunto de tubos que se lavan a la vez y deben estar independizados entre si mediante válvulas manuales en la alimentación y en el concentrado.

Los tubos se deben colocar en serie colocados en vertical para facilitar la salida del aire.

Las conexiones a los colectores deben llevar doble junta Victaulic para absorber las desviaciones en medidas.

Hay varias formas de conectar los tubos de presión, no obstante las más económicas son **colector vertical y tuberías horizontales** para el conexionado con los tubos, estos en (3) en serie.

A continuación se da una estimación del tamaño del bastidor en función del número de tubos.

Nº tubos	Caudal m3/h	gpm	velocidad ft/s	velocidad ft/s	tamaño basti.	velocidad ft/s
125	937,5	4125	11,7	11,7	8x5x3+1x8	10,5
120	900	3960	11,2	11,2	8x5x3	10,1
110	825	3630	10,3	10,3	8x5x3	9,3
100	750	3300	13,5	9,4	8x5x3	8,4
90	675	2970	12,1	11,2	8x4x3	9,5
80	600	2640	10,8	10,0	6x5x3	6,7
70	525	2310	9,4	8,7	6x4x3	7,4
80	560	2464	10,1	9,0	6x5x3	6,3

9.5 Tamaño de bastidores

El bastidor se define por la producción de agua tratada al día normalmente se clasifican en:

- **7500 m3/día** (foto de este bastidor en la página siguiente)
- **10000 m3/día**
- **15000 m3/día**
- **20000 m3/dia**
- **25000 m3/día**
- 30000 m3/dia

El nº de tubos dependerá de la conversión, nº de membranas por tubo y el flujo especifico a que se trabaje.

Los bastidores se dividen en sub-bastidores para poderlos lavar, el tamaño de estos puede variar entre 80-120 tubos, hay que tener en cuenta que cuanto más grande hagamos el sub-bastidor más costará el sistema de lavado. En cambio tardaremos menos en lavar el bastidor por tener menos sub-bastidores y emplearemos menos válvulas de aislamiento en aislar los sub-bastidores

Se puede afirmar que cuando hay varios bastidores > 5 puede ser rentable ir a sub-bastidores lo mayor posible dentro de los límites antes fijados.

Como una idea aproximada se puede establecer el nº de tubos de cada bastidor y nº de sub-bastidores.

Tipo bastidor	**nº tubos /7m**	**nº tubos /8m**
7500 m3/día	94	82
10000 m3/día	125	110
15000 m3/día	2x94	2x82
20000 m3/día	2x125	2x110
25000 m3/día	3x102	3x92

9.6 Materiales construcción

Hasta la fecha,los bastidores se han construido en aºcº+galvanizado+pintura, prefabricandolos en taller y montandolos en obra. Antes se hacían presentaciones de un bastidor en taller pero se ha eliminado.

Parece que se pueden empezar a fabricar en PRFV (suministrador Fiber Profill) a precios competitivos, al tener menos mano de obra creo que este material se irá imponiendo al aºcº +galvanizado.

Entiendo que pensando en fabricarlos en PRFV se debería hacer un sub-bastidor modular y el bastidor se consigue con varios sub-bastidores.

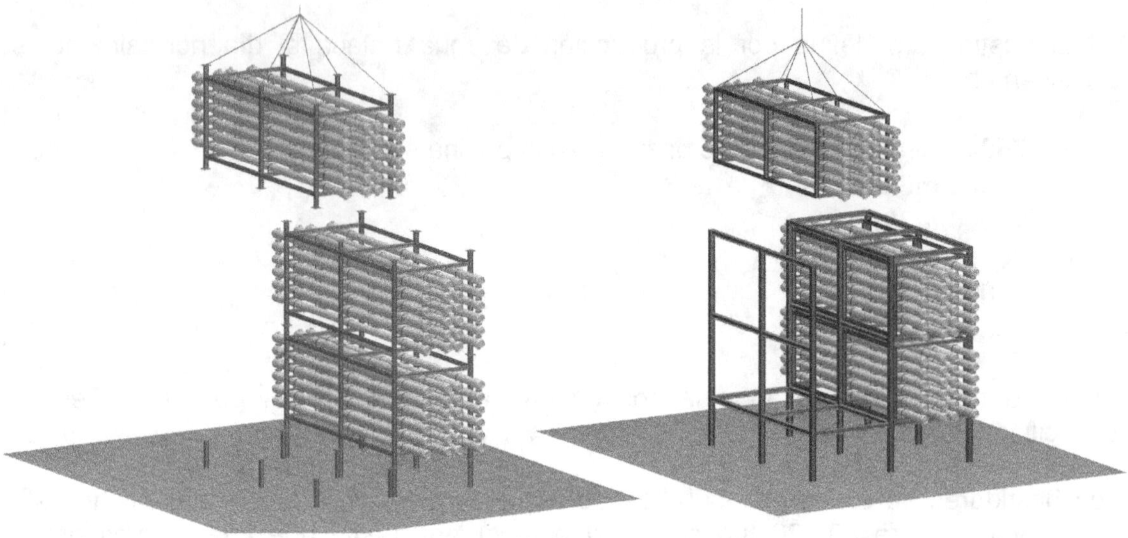

Figura 9.6 Montaje racks

10. BOMBAS DE ÓSMOSIS INVERSA

En el sistema de alimentación a la Osmosis Inversa se tienen dos tipos de bomba

1. **Bomba de alta presión**

   Se emplean para alimentar a los bastidores de osmosis con agua filtrada. Tienen baja presión en la aspiración ≥ 2bar y alta presión en la descarga > 60 bar, por lo tanto son bombas que manejan mucho caudal y mucha presión.

2. **Bomba booster**

   Son bombas que alimentan a la osmosis desde los sistemas de recuperación o sirven para elevar la presión entre pasos de un sistema de osmosis. Tienen alta presión en la aspiración ≤60 bar y baja o media presión diferencial entre 5-25 bar.

10.1 Tipos de bombas

Para ambos servicios hay en el mercado (2) tipos de bombas que por supuesto difieren en precio y características:

1. **Bombas alta presión:**
   - Bomba de cámara partida horizontal
   - Bomba segmentada
2. **Bombas booster: Tenemos (2) modelos**
   - Bomba de cámara partida horizontal
   - Bomba camara partido vertical (API 610)

En las siguientes hojas se presentan modelos de cuatro de los fabricantes más habituales en este sector (SULZER, INGERSOLL, KSB, CLYDE)

Bomba alta presión - Bomba de cámara partida horizontal – SULZER

LA BOMBA SULZER MODELO MSD, ES UNA BOMBA HORIZONTAL, DE CÁMARA PARTIDA AXIAL, DOBLE VOLUTA, RODETES EN OPOSICIÓN, MULTIETAPA. ESTÁ DISPONIBLE EN UN AMPLIO RANGO DE CARACTERÍSTICAS HIDRÁULICAS Y NÚMERO DE ETAPAS, CON COMBINACIONES DE MATERIALES APROPIADAS LA APLICACIÓN DE O.I.

LA BOMBA PUEDE SER SUMINISTRADATANTO CON SIMPLE ASPIRACIÓN EN LA PRIMERA ETAPA, MSD, COMO CON DOBLE ASPIRACIÓN EN LA PRIMERA ETAPA, MSD-D

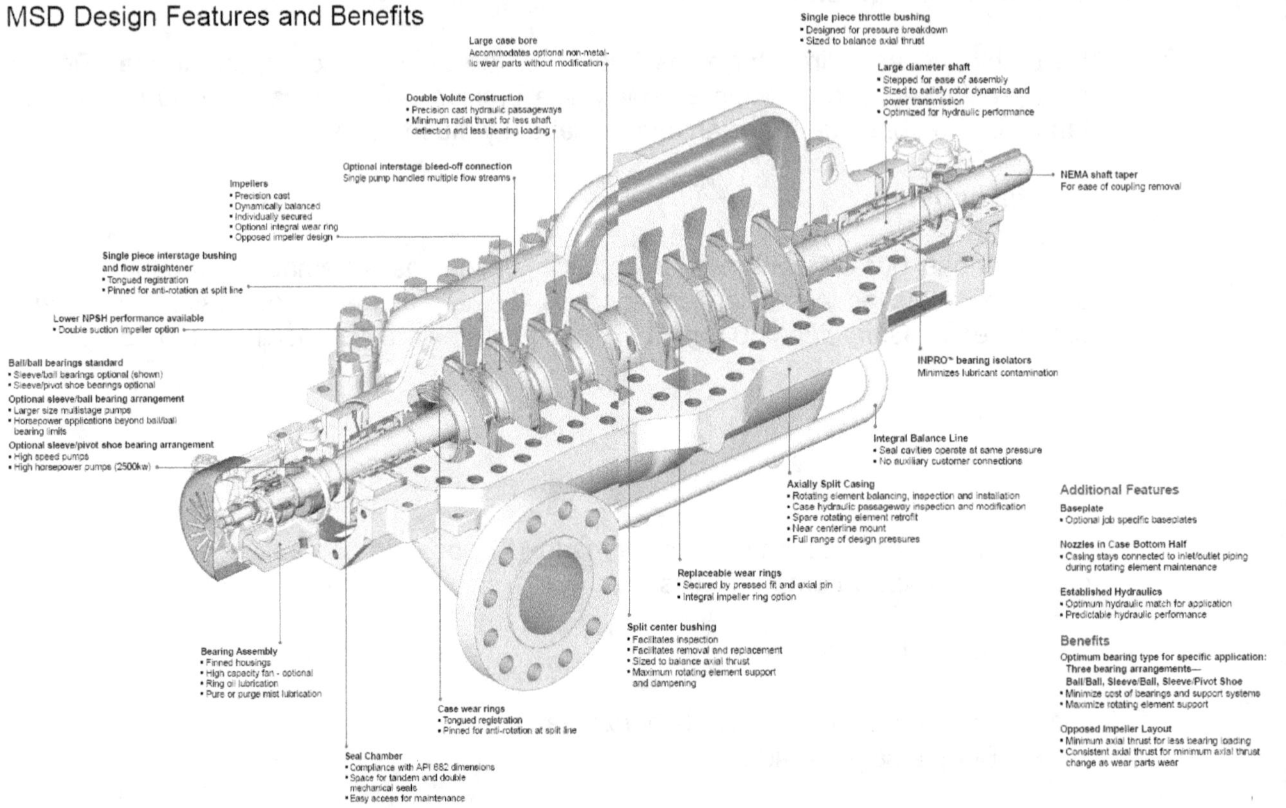

Figura 10.1. Seccion bomba camara partida sulzer

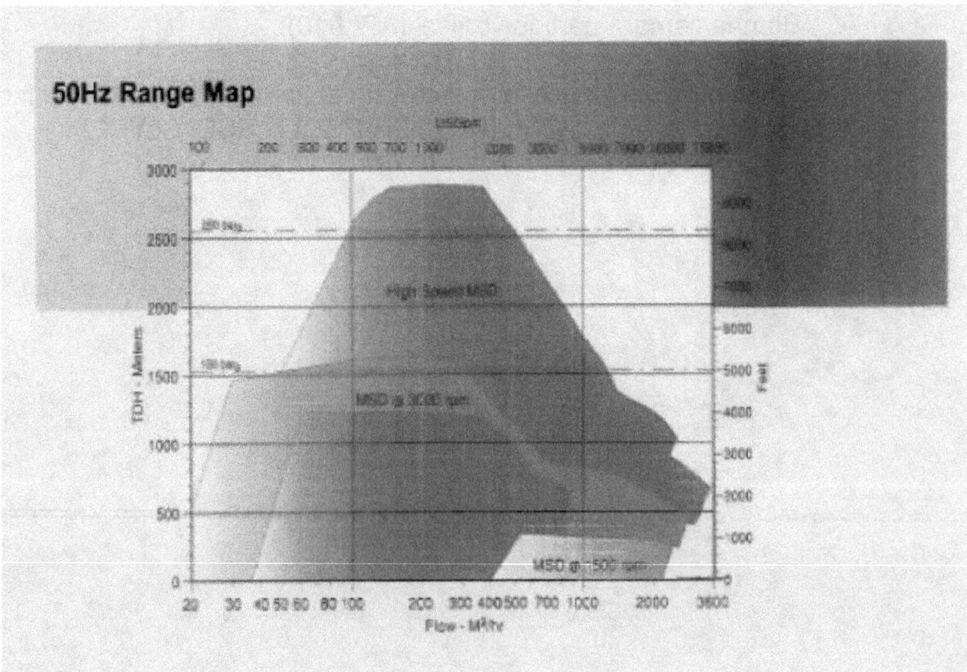

Figura 10.2 Curva bomba sulze camara partida

Bomba alta presión - Bomba de cámara partida horizontal – FLOWSERVE

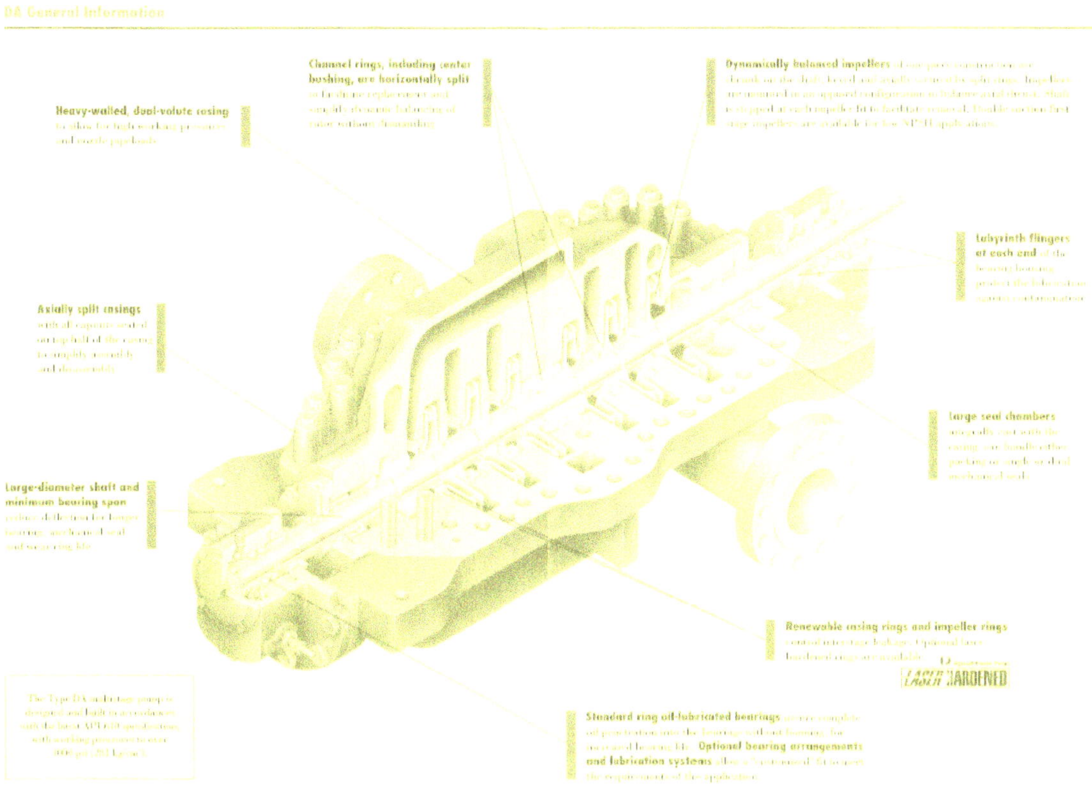

Figura 10.3 Seccion camara partida Flowserve

Bomba de alta presión - Bomba segmentada - KSB

HGM-RO

Primary Product Features

KSB

Primary Product Features

- Compact design
- Axial inlet. suction impeller
- Medium-lubricated bearings
- Self-adjusting, patented balancing device
- Easy maintenance

HGM-RO
Operating Range I

KSB

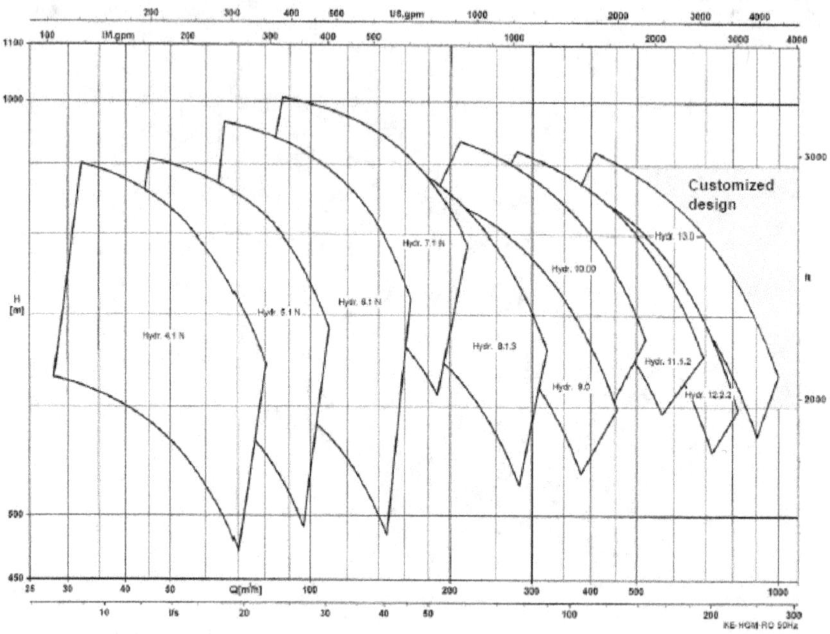

HGM-RO,
n = 2950 min^{-1}
(50 Hz)

HGM-RO
Compact Design Concept

KSB

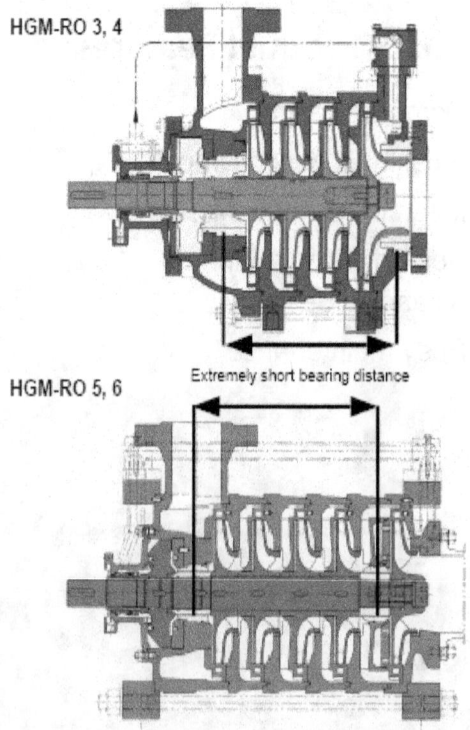

Compact Design Concept

- Full duplex design
- Small footprint saves valuable floor space
- Competitive investment costs
- Very short bearing span, high stiffness
  - Very smooth running
  - Minimum shaft deflection allows smaller clearance gaps for high efficiencies

Features of MSH / MHH Range

- Optimum Suction Performance-Low NPSHr.
- Easy of Maintenance.
- Reduce Energy Cost.
- Long Bearing Life.
- Low Life Cost.

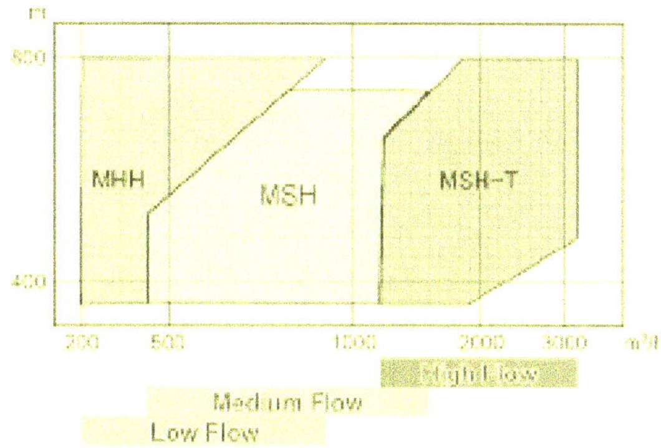

Sectional Feature

MHH
(Low Flow)

MHH is three or more stages axially split casing pump. Diffuser guides flow from impeller discharge to impeller suction eye. Thrust forces are compensated by a hydraulic balancing device.

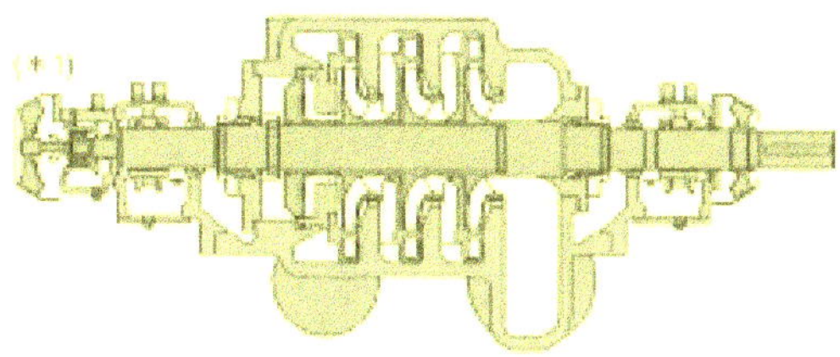

MSH
(Medium Flow)

MSH is two stages, axially split casing double volute pump. Impellers are installed back to back in order to reduce axial thrust force. Impeller & volute design are matched to provide optimum efficienc

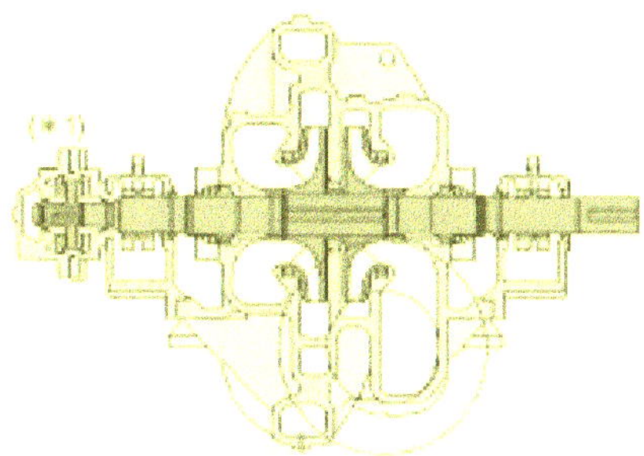

MSH-T
(High Flow)

MSH-T has twin suction branches to provide optimum suction performance. The flows are fed into a double entry second stage. This compact back to back arrangement balances axial hydraulic thrust and provides optimum efficiency for high flow operation.

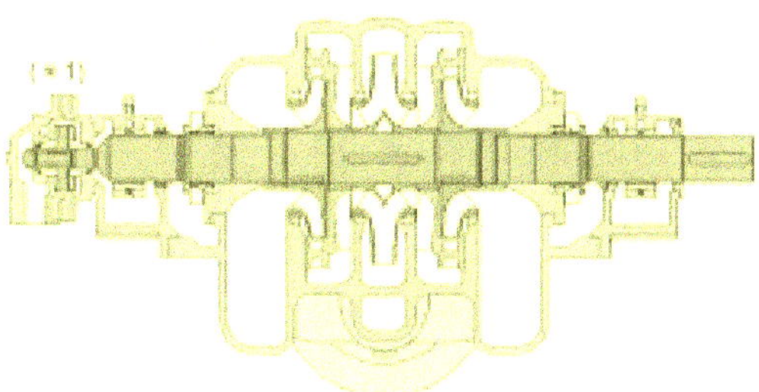

Ingersoll-Dresser Pumps

LPLD Pump Line
Single-Stage Pipeline

API 610 Standard | in compliance with CE

LPLD pumps are heavy duty, single stage, double suction, double volute, axially split, between bearings, centerline mounted for crude oil, products and water pipelines and high pressure process services.

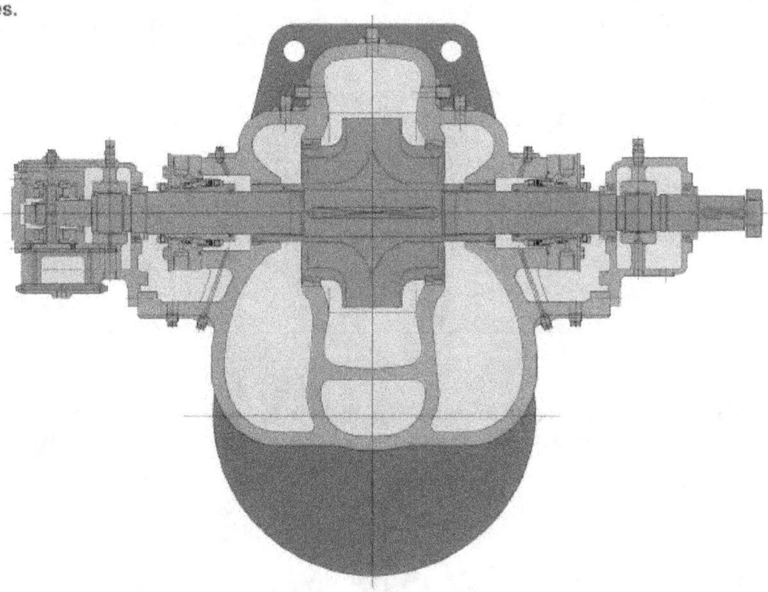

Casing & Mounting

The casing is horizontally split along the shaft centerline with suction and discharge nozzles cast integrally with the lower half casing. Double volute casing minimizes radial thrust on the rotor under all operating conditions. The optimization of stress distribution on the casing, made possible by the use of three-dimensional Finite Element stress analysis technique, determines the most appropriate material distribution in order to achive the desired pump rigidity. Thick matching flanges and oversized bolting, joined with the confined controlled compression flat gasket fitted between the two casing halves, effectively eliminate any external leakage. The supporting feet are centerline: this configuration ensures safe operation also at high temperature without misalignement of both driving and driven shaft.

Impeller

A computerized design allows the impeller, of the double suction type for axial balance, maximum hydraulic efficiency and low NPSH requirements. The impeller first and then the complete rotor are dynamically balanced for vibration free operations. Renewable rings on case and impeller are standard. The diameters of the wear rings are differentiated to maintain a controlled load on the bearings under all operating conditions.

Shaft & Seals

The shaft, amply proportioned in relation to span, is of the stiff design with the first critical speed far above the maximum rotational speed. Renewable shaft sleeves cover the entire shaft thus preventing erosive action of the pumped fluid from attacking the shaft. The seals chambers are complying with API 682. Packing is also available on customer request.

Bearings

Antifriction type bearings are standard and lubricated by means of oil slingers. Line bearing is of the double row, self aligning type, while thrust bearing is of the dual single row angular contact type. Cooling chambers are cast as standard in the bearing housings. Sleeve line with antifriction or tilting pad thrust bearings can be mounted when extra-heavy conditions are to be met, and are available with self contained or external lube system.

Bombas Booster - Bomba API o cámara partida vertical

Design Features and Benefits

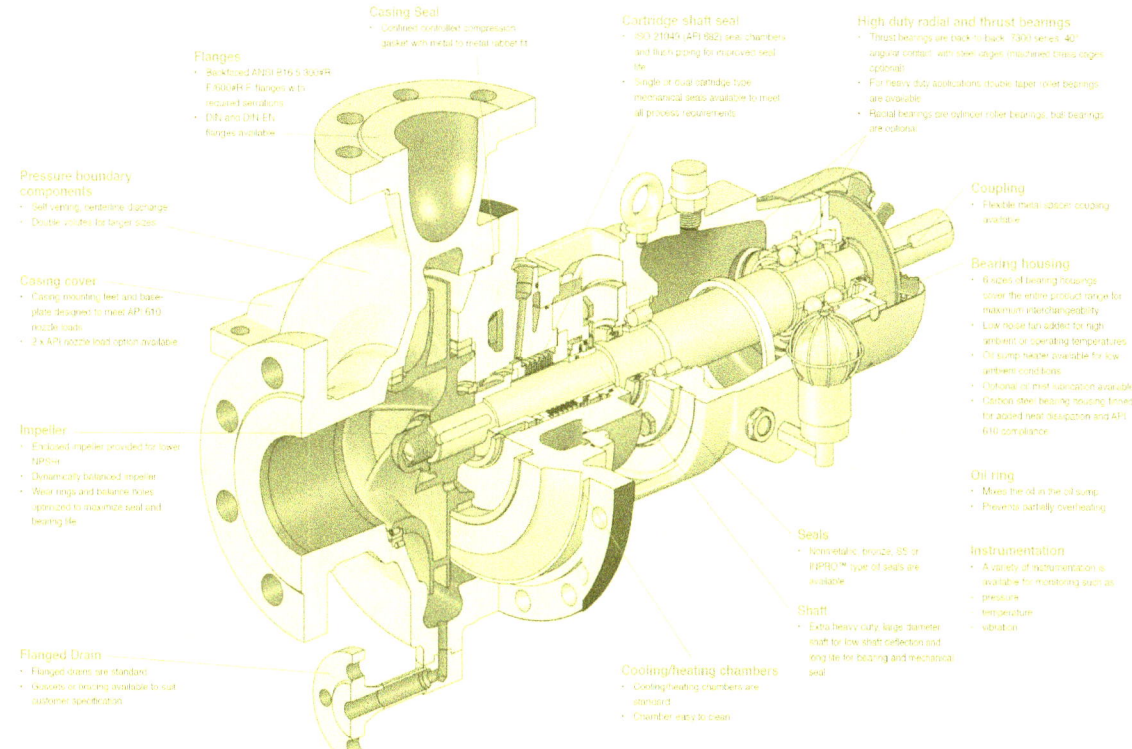

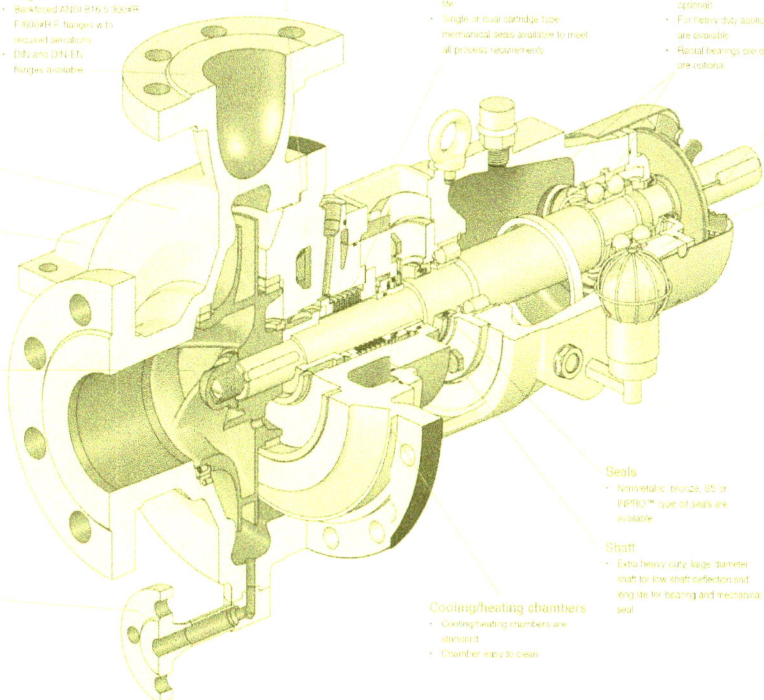

10.2 Principales fabricantes de bombas

Como se ha indicado antes los principales fabricantes de bombas en desalacion de agua de mar son SULZER, FLOWSERVE, KSB, CLYDE, TORISHIMA

10.3 Diferencias entre tipos de bombas:

Las bombas de cámara partida horizontal tienen las siguientes ventajas sobre las bombas segmentadas:

- El mantenimiento se puede hacer en el sitio y es de fácil mantenimiento.
- La bomba está equilibrada hidráulicamente, no se producen esfuerzos axiales sobre cojinetes.
- Puede tratar mayores caudales que la bomba segmentada.
- La bomba segmentada es una bomba que no está equilibrada hidráulicamente y los esfuerzos de los rodetes se transmiten a los cojinetes y /o piezas de rozamiento.

Lo mismo ocurre con las bombas booster, donde al ser la presión de aspiración alta, se generan esfuerzos que deben absorberlos los cojinetes.

Inconveniente: La bomba es más cara tanto para las bombas de alta presión como para las bombas booster.

10.4 Materiales a emplear

Normalmente para las bombas de alta presión y bombas booster se deben emplear material Superduplex.

Para las fundiciones los más utilizados son los siguientes:

- **A890 Gr 5A**
- **IR-885**
- **Feralium 255-3SC PREn>40**
- **Zeron 100**
- **1.4469**

En el caso de utilizar materiales de Duplex se debe utilizar una protección catódica. Tener en cuenta que el 1.4517, 1.4593 y el 1.4468 son materiales Duplex.

Los materiales habituales de los diferentes fabricantes para las partes de las bombas de alta presión son los siguientes:

SULZER

- Carcasa ....A 890 GR 5A
- Impulsor...............................A 890 GR 5A
- Eje ....A 276 S32760

- Camisa de eje........................A 276 S32760
- Dispositivo de equilibrio........PEEK / A 276 S32760
- Caja de cojinetes.................. A 216 GR WCA

FLOWSERVE

- Carcasa IR-885
- Impulsor................................ IR-885
- Eje ....NITRONIC 50
- Camisa de eje........................IR-885 /STELLITE
- Dispositivo de equilibrio........PEEK / A 276 S32760
- Caja de cojinetes.................. ACERO AL CARBONO

10.5 Dimensionamiento de las bombas

Los parámetros más importantes a fijar en una bomba son los siguientes:

1. **Caudal**
2. **Presión aspiración**
3. **Presión diferencial o (TDH)**
4. **Rendimiento**
5. **Salinidad**
6. **Tª de diseño**
7. **Velocidad**
8. **Accesorios**
9. **Tolerancias**
10. **Materiales**

Algunas consideraciones importantes a tener en cuenta en cada uno de estos parámetros:

1. **Caudal**

Normalmente el punto de diseño debe ser el calculado según la producción bruta más un 2%. Se debe especificar un rango de funcionamiento máximo y mínimo.

Con el caudal se fija el tamaño del rodete y el tamaño de bomba. Es importante no ir a rodete máximo (90% del máximo) ni a cola de curva.

2. **Presión aspiración**

Debemos fijar la presión máxima y mínima en la aspiración, este punto es importante para el consumo energético. La presión en la aspiración nos la da las bombas de agua de mar en función de las perdidas de carga del pretratamiento.

3. **Presión diferencial**

La calculamos por diferencia de la presión de descarga y la presión de aspiración. La presión de descarga se calcula con la presión que necesita la membrana de Osmosis Inversa (baja temperatura y edad membrana) más la perdida de carga en tubería más la mitad del ensuciamiento previsto.

4. **Rendimiento**

Debemos fijar el rendimiento mínimo que queremos que en bombas de alta presión puede variar entre el 85-87%. En terminos generales, dependiendo de la salinidad del agua, necesidades de lavado, características de las membranas y filtros en países con frecuencia de 50Hz, los caudales óptimos de las bombas de alta presión, el numero de etapas y el diámetro de las bridas de descarga son:

-500-550 M3/H: 82 % EN BAP / 6 ETAPAS / 6"
-650-750 M3/H; 85 % EN BAP / 5 ETAPAS / 8"
-950-1050 M3/H: 86 % EN BAP / 4 ETAPAS / 10"
-1200-1300 M3/H: 86,5 % EN BAP/4 ETAPAS / 12"
-1600-1700 M3/H: 87 % EN BAP / 2 Ó 3 ETAPAS /
-2200-2400 M3/H: 88 % EN BAP/ 2 ETAPAS / 14"

5. **Salinidad**

Son parámetros que el fabricante debe conocer para la elección de los materiales.

6. **Temperatura**

Debemos dar la Tª máxima de diseño es importante para saber si los cojinetes requieren refrigeración por agua externa.

7. **Velocidad**

Son bombas que funcionan a 3000 o 3600 rpm el fabricante los debe conocer.

8. **NPSH**

Evitar la cavitación significa evitar que la presión en la aspiración caiga por debajo de la presión de vapor. La cavitación produce diversos efectos:

-Caída de altura
-Perdida de eficiencia
-Arranque de una cierta cantidad de material
-Ruido
-Vibración
-Colapso de flujo en el caso de cavitación plena

9. **Accesorios**

- **Cierres mecánicos** deben ser de material Duplex tipo cartucho, las de cámara partida llevan (2).
- **PT-100** (termo resistencias) se piden para la medida de Tª en cojinetes, las bombas de alta presión llevan (3) PT-100
- **Sensores de vibración**. En algunos casos pueden pedir nodos para colocar sensores para la medición de vibraciones pero no es normal.
- **Protección acoplamientos**: Especificarlos material no corrosivo Al o inox.
- Normalmente el fabricante no incluye la tubería y válvulas de venteo y drenaje (hay que prever una partida para este concepto).

10. Tolerancias

Los parámetros de caudal, presión y rendimiento tienen unas tolerancias que debemos especificar (Estándar instituto hidráulico)

- Caudal: ± 2%
- Presión: ±2%
- Rendimiento: 0 % mínimo
- Potencia: ±1%

Otras normas son DIN-1944, ISO-9906, API-610. API 610 admite 0,5% de desviación en el rendimiento y +4% en la potencia.

10.6 Instrumentación requerida

La bomba de alta presión y la bomba booster deben llevar la siguiente instrumentación:

- Aspiración..............................Manómetro y Presostato
- Aspiración..............................Caudalimetro.
- Impulsión ....Transmisor indicador de presión

Normalmente en el colector de aspiración de la bomba de alta presión hay colocado un PIT que sirve para la regulación de las bombas de agua de mar. En la aspiración de la bomba booster también se mide la presión de forma electrónica. Luego en ambos casos se puede calcular el consumo teórico de cada bomba

10.7 Instalación del grupo motobomba/cimentación.

El objeto fundamental de las cimentaciones es del absorber las vibraciones que el grupo turbo bomba emite, las cuales se traducen en esfuerzos cercanos a 4-5 veces su peso. Para el análisis de las vibraciones nos basamos en las normas VDI las cuales indican las limitaciones de vibraciones en mm2/desg

El máximo valor de vibraciones se encuentra en 7 mm27sg si bien los valores normales rondan 2-3 mm2/sg.

En lo referente a la tortillería, hay que procurar que sea inoxidable, dado el ambiente salino.

10.8 Variación de velocidad

La **bomba de alta presión** normalmente **no** lleva variación de velocidad, ya que la potencia es muy grande > 1000 kW y los variadores son caros. En estos casos es mejor colocar un variador de velocidad en las bombas de alimentación a la bomba de alta presión, aunque cuando el rango de variación de caudal/ salinidad y temperatura es elevado hay que estudiar el caso y debe ser considerada una alternativa con el fin optimizar el consumo energético de la desaladora

En el caso de la bomba **booster si** lleva variador de velocidad pero hay que analizar bien el rango de variación cuando se alimenta a varios sub-bastidores.

IMPORTANTE: Cuando se haga una consulta de bomba booster en particular y/o cualquier bomba en general que lleve variador de velocidad dar al proveedor caudal y presión máximas y mínimas.

10.9 Configuraciones

La configuración habitual es la de líneas separadas con bombas independientes de alimentación a bastidores . Sin embargo, vamos a incluir un breve análisis energético de la configuración con centro de presión común para baja y alta presión debido a las ventajas que presenta

-Reducción del numero de bombas

-Aumento de la eficiencia /rendimiento de las bombas al aumentar el tamaño.

-El número de etapas de las bombas se reduce reduciéndose las partes rotativas con las consiguientes ventaja

Entre las potenciales desventajas están:

-El aumento de la complejidad del arranque del bombeo,

-El aumento de la potencia de los motores y su impacto sobre el precio de los variadores de velocidad si se instalan

-Necesidad de instalar lubricación forzada en las bombas.

-PLANTA DE 60.000 M3 /DÍA CON 6 LÍNEAS SEPARADAS DE 10.000 M3 /DÍA: 6 BAP DE UN CAUDAL APROXIMADO DE 500 M3 /H Y 6 ETAPAS: 82 %

-PLANTA DE 60.000 M3 /DÍA CON 4 LÍNEAS SEPARADAS DE 15.000 M3 /DÍA: 4 BAP DE UN CAUDAL APROXIMADO DE 750 M3 /H Y 5 ETAPAS: 85 %

-PLANTA DE 60.000 M3 /DÍA CON CENTRO DE PRESIÓN COMÚN: 3 BAP DE UN CAUDAL APROXIMADO DE 1.000M3 /H Y 4 ETAPAS: 86 %

-PLANTA DE 100.000 M3/DÍA CON 8 LÍNEAS SEPARADAS DE 12.500 M3 /DÍA: 8 BAP DE UN CAUDAL APROXIMADODE 625 M3 /H Y 5 ETAPAS: 85 %

-Planta de 100.000 m3 /día con 5 líneas separadas de 20.000 m3 /día: 5 BAP de un caudal aproximadode 1.000 m3 /h y 4 etapas: 86 %

-Planta de 100.000 m3 /día con centro de presión común: 2 BAP de un caudal aproximado de 2.500 m3 /h y 2 etapas: 88 %

Adjuntamos esquema de centro de presión común para bombas de alta presión

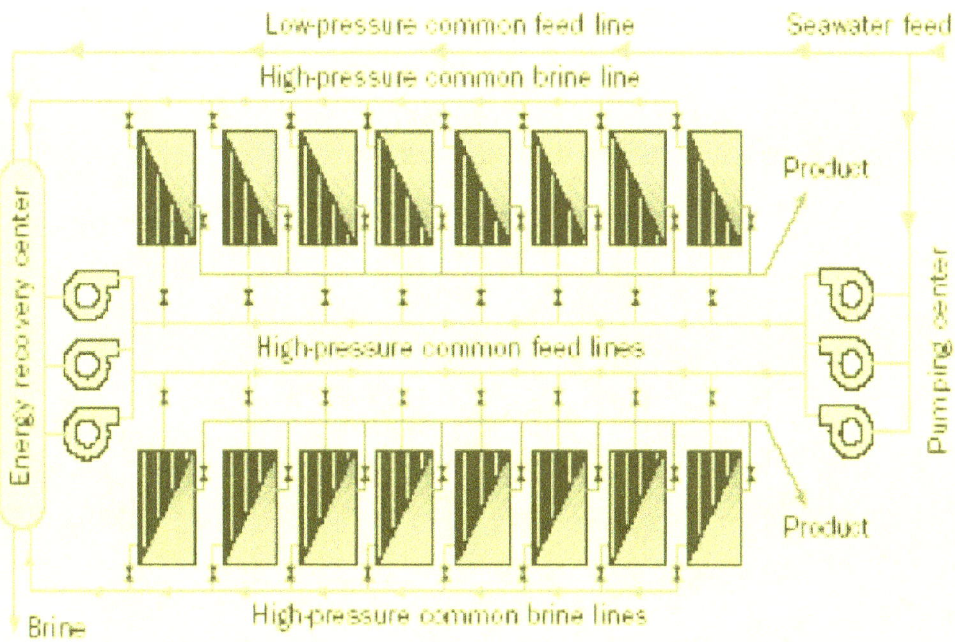

Figura 10.10 Configuración común de bombas de AP y sistema de recuperación

10.10 Optimización del trazado de la tubería de aspiración e impulsión del bombeo

Adjuntamos detalles típicos de conexión en aspiración e impulsión de bomba de baja presión y alta presión

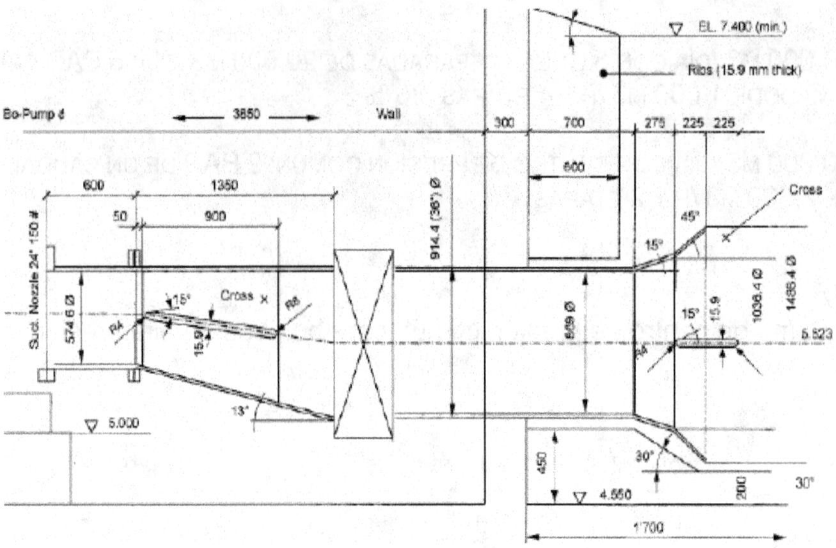

Figura. 10.11 Aspiración bombeo de baja presión

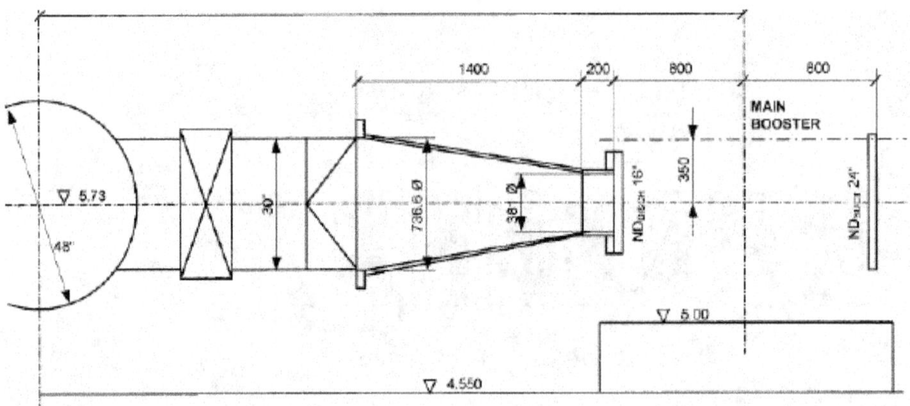

Figura 10.12Descarga a colector de alta presión

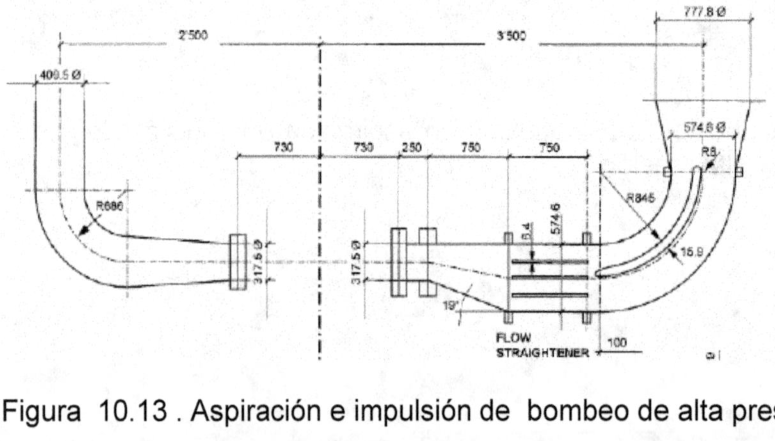

Figura 10.13 . Aspiración e impulsión de bombeo de alta presión

11.SISTEMAS DE RECUPERACIÓN

El caudal de salmuera sale a alta presión > 60 bar de las membranas esta energía que lleva se recupera en sistemas de recuperación.

En Osmosis Inversa se utilizan (3) clases de sistemas de recuperación:

1. **Turbina Pelton**
2. **Cámaras isobáricas**
3. **Conversores hidráulicos (Turbocharger)**

11.1 Turbina Pelton

Figura 11.1 Pelton

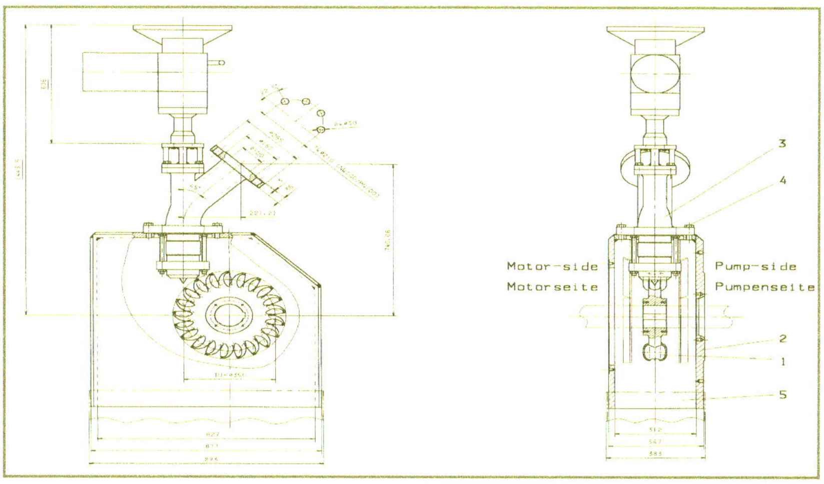

Figura 11.2 Pelton

Transforma la energía potencial que lleva la salmuera en energía cinética mediante los inyectores, y esta energía cinética (velocidad) en la rueda se transforma en velocidad (energía de rotación) y la salmuera sin energía sale por gravedad.

La turbina Pelton suele llevar (1) o (2) ruedas y cada rueda lleva (1) o (2) inyectores.

Todo el conjunto está rodeado por una carcasa metálica con salida por la parte inferior. En la transformación de la energía cinética se produce vacío y por lo cual cada turbina lleva una entrada de aire, en las turbinas Pelton entra mucho aire que sale mezclado con la salmuera.

Potencia recuperada (Prt)

La turbina recupera la siguiente potencia en función de la siguiente formula:

Prt= QxHxd*r/(270*1,36) kw

Q = caudal m3/h
H= altura en mcl
d= densidad 1,04 kg/l
r= rendimiento 86-88%

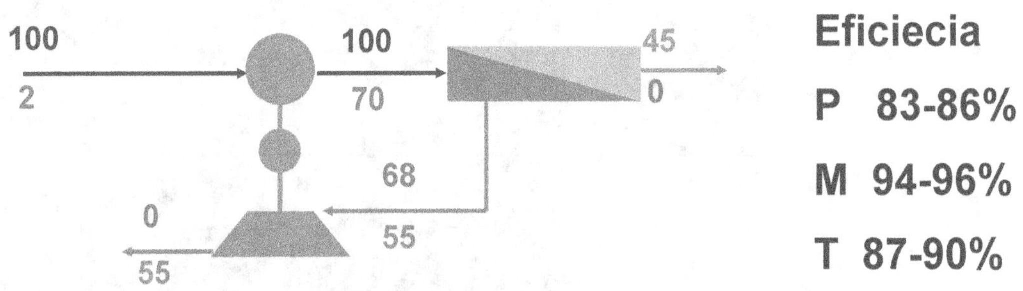

Potencia del motor

Normalmente el cálculo de la potencia del motor requerido por el grupo bomba–turbina lo calcula el fabricante de la bomba pero los criterios básicos de diseño son los siguientes:

- El motor debe tener la potencia suficiente para poder arrancar la bomba a válvula cerrada, (normalmente consume un (60-70%) de la potencia de la bomba.
- De la potencia neta (potencia consumida bomba-potencia recuperada turbina)/rendimiento eléctrico motor da la potencia eléctrica necesaria añadir un margen del 15 20%.

Limitaciones

Al ser una descarga por gravedad la tubería de evacuación (parte superior) debe estar situada a 2 m de la brida de descarga de la turbina, el colector debe calcularse con una pendiente mínima de 1% y que vaya el 50% lleno, ya que el resto lo ocupa el aire que lleva la salmuera. El tamaño del colector va en función del nº de turbinas, mínimo DN800.

Ruedas de las turbinas (CALDER)

Es la pieza clave de la turbina Pelton, ya que transforma la energía cinética del chorro u chorros en energía de rotación.

La rueda de la turbina esta llena de cazoletas que son las que reciben el chorro de agua, tienen una forma especial en forma de (2) alabes con una abertura central y una separación entre alabes, esto permite que el flujo se divida en dos y salga de los alabes sin chocarse por lo menos en teoría.

El tamaño de la rueda (D1)suele fijar el caudal que puede tratar la turbina así como la velocidad de giro, y la relación entre el diámetro y la capacidad de la cazoleta (D1/B2) que debe ser superior a un valor determinado.

El dimensionamiento de la cazoleta es muy importante para el rendimiento de la turbina y para evitar la cavitación en los alabes.

D_1 : diametro

$$D_1 = \frac{Ku_1 \times 84,6 \times (H)^{1/2}}{n}$$

D_1 : in m
H : in m
n : in min^{-1}
K_{u1} : entre 0,455 - 0,51

B_2 : Anchura cazolea

$$B_2 = 0,536 \times \frac{Q^{1/2}}{(Z_o \times \varphi B_2 \times H1/2)1/2}$$

B_2 : in m
Q : in m^3/s
H : in m
Z_o : numero de inyectores
φB_2 : entre 0,04 - 0,10 (optimum)

Tipos de configuraciones/montaje

La turbina se compra conjuntamente con la bomba y el motor al fabricante de la bomba, va montada el conjunto en una bancada común, (llamada turbo-bomba) el acoplamiento con el motor se hace mediante acoplamiento flexible.

La razón de comprar todo el equipo completo a un solo proveedor, es que es conjunto muy delicado por las alineaciones entre equipos y por los esfuerzos que se producen en los arranques y que ante problemas haya un solo responsable, fabricante de la bomba.

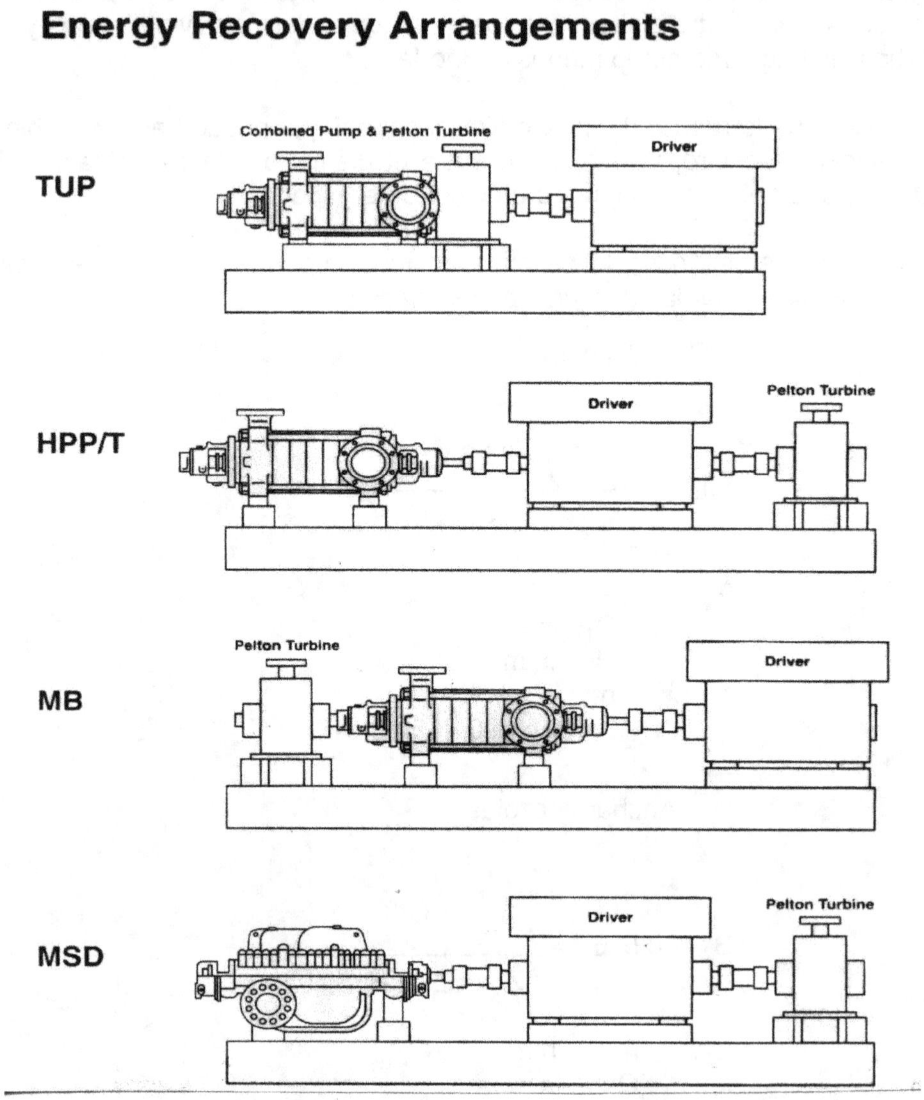

Figura 11.3 Configuraciones de montaje

Fabricantes de turbinas

En estos momentos hay (2) fabricantes CALDER y VATECH aunque CALDER es el más importante.

Diferencias entre turbinas

No hay diferencias sustanciales entre estas turbinas, VATECH ataca con los inyectores en ángulo diferente a Calder, la experiencia del funcionamiento de ambas parece que la de VATECH se consigue algo más de rendimiento, aunque lo que se mide es el conjunto Bomba-Motor –Turbina.

Tamaños de turbinas que se fabrican

Se fabrican los siguientes tamaños de turbinas en función del caudal

Bastidor (m3/dia)	**caudal (m3/h)**	**Tipo turbina**
5000	250	RO-350-100-1
7500	330	RO-350-80-2
10000	550	RO-350-100-2
15000	650	RO-350-100-2
20000	1020	RO-350-100-4

Cuando se emplean turbinas a 60 Hz 3600 rpm el diámetro de la rueda pasa a 310 mm en vez de 350.

Materiales de suministro

La salmuera está muy poco tiempo en contacto con los materiales de la turbina, por ello se emplea el Duplex en vez del Superduplex, los materiales en que se suministra son los siguientes:

- Carcasa ....1.4462 o 1.4468
- Rueda y cazoletas 1.4468
- Eje 1.4462
- Inyector.................................1.4468
- Aguja 1.4462
- Cierres..................................Teflón

Dimensionamiento

Los parámetros más importantes a definir son:

1. **Caudal diseño máximo y mínimo**
2. **Presión entrada salmuera diseño máxima y mínima**
3. **Salinidad**
4. **Temperatura**
5. **Velocidad**
6. **Rendimiento**

Las consideraciones que debemos tener en cuenta son las siguientes:

1. **Caudal**

   El caudal que va a la turbina es el caudal de la bomba de alta presión menos el caudal de producto este puede variar según la conversión (variación +-2%).

   A la hora de especificar el caudal de la turbina indicar caudal de diseño, máximo y mínimo.

2. **Presión**

La presión que le llega a la turbina varía con la edad de las membranas, temperatura y el ensuciamiento de las membranas. La presión de descarga de la bomba máxima y mínima menos perdidas de carga en tubería menos perdida de carga en membranas menos ensuciamiento.

A la hora de especificar la presión de la turbina indicar presión de diseño, máxima y mínima.

3. **Salinidad y Temperatura**

Importante para el diseño de la cazoleta para evitar cavitación.

4. **Rendimiento**

Varía entre el 86% y 88% para una misma velocidad 3000 rpm. Procurad que la turbina vaya siempre a velocidad fija los cambios de velocidad le hacen perder rendimiento y afectan a la cavitación, ya que cuanto más se disminuya la velocidad más fácil es que entre en cavitación.

5. **Accesorios**

Normalmente especificamos PT-100 en los cojinetes de la turbina.

Variación velocidad cavitación en turbinas

Las turbinas, como las bombas centrifugas, uno de los problemas que se presentan es la cavitación, en las turbinas se da por variación de la velocidad específica.

Existe una formula para la cavitación crítica (sigma crítica) **Cc= Ns^1,6/3400**, la velocidad especifica de una turbina viene definido por la velocidad, diámetro de la rueda y diámetro de la tobera.

La constante de funcionamiento (sigma) viene dada por:

$$Cf=(Ha-Hs)/H$$

Ha= presión atmosférica
Hs= presión del vapor a la temperatura de funcionamiento
H= altura del liquido a la entrada en la turbina

Instrumentación que requiere la turbina

Normalmente solo se coloca en la entrada a la turbina un PIT, el caudal se mide por diferencia entre el caudal de entrada a la Bomba y el caudal salida producto.

Tipos de diagrama turbo-bomba por bastidor.

1. **Una Turbo-bomba por Bastidor**

La turbo-bomba está unida al bastidor de forma que si se para uno de ellos se para el otro. Es la forma más común de funcionamiento. El grupo de reserva se une a cada bastidor mediante válvulas y tuberías. **Inconveniente:** es caro. Si no lleva reserva no es necesario válvula manual en la bomba.

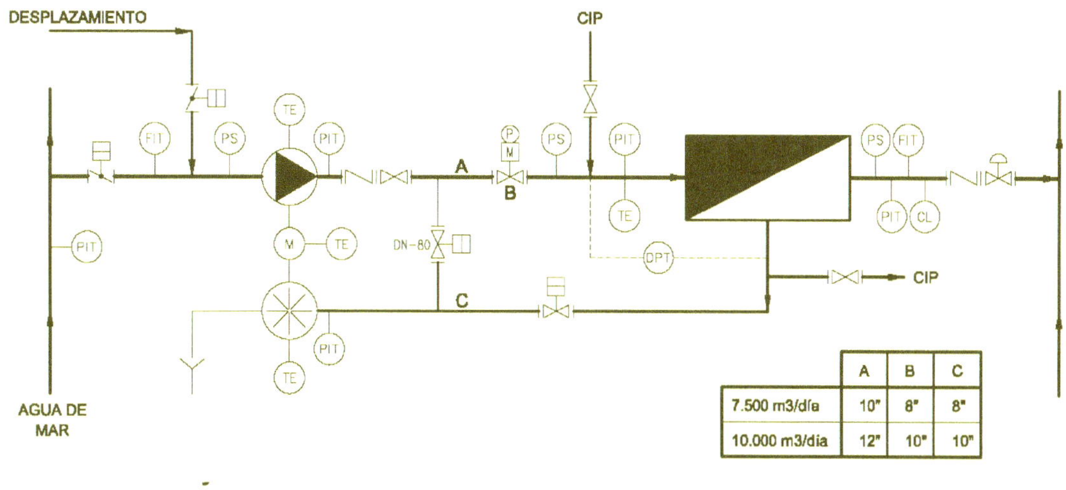

	A	B	C
7.500 m3/día	10"	8"	8"
10.000 m3/día	12"	10"	10"

Figura 11.4

1..........**Bastidores y turbobombas**

Las turbo-bombas y los bastidores se unen mediante colectores comunes. Para que sea operativo hay que colocar válvulas de independencia en cada colector por bastidor para poder hacer la parada y arranque de cada bastidor (inconveniente que la turbo-bomba de reserva no trabaja con todos los bastidores, solo con adyacentes).

2..........**Bastidores con sistema de arranque y parada independiente**

Es igual al anterior pero en vez de colocar válvulas en el colector para independizar cada bastidor se coloca una válvula de control independiente que regule la conversión durante los arranques y paradas del bastidor.

Llevaría un colector común a todos los bastidores para el arranque con una válvula de control y una válvula automática por bastidor que conecta el colector de arranque con el rechazo. En la alimentación al bastidor llevaría una válvula motorizada de control.

11.2 Cámaras Isobáricas

Las cámaras isobáricas (CI) transmiten la energía potencial (presión) que tiene la salmuera al agua de mar en unos cilindros mediante pistones, sin tener que transformar esta energía potencial en energía de rotación, aunque se llaman cámaras isobáricas lo que realmente son intercambiadores de presión, ya que en estas cámaras se produce variación de presión.

Tipos de cámaras isobáricas

Las podemos dividir en lentas y rápidas. En las lentas tenemos los siguientes modelos:

- **DWEER** suministrado por Calder.
- **SWRO CORE** suministrado por KSB (en fase pruebas).
- **RO-Kinematic** fabricado en Canarias para instalaciones pequeñas.

En los de funcionamiento rápido tenemos:

- **PX** suministrado por la empresa ERI.

Descripción de los sistemas

Por ser los más utilizados analizaremos el **DWEER** y el **PX,** ambos sistemas tienen en común lo siguiente:

- Necesitan una bomba de alta presión y una bomba booster para la impulsión del agua de mar al bastidor.
- El caudal de la bomba de alta presión es igual al caudal de producto más las perdidas y el caudal de la bomba booster es igual al caudal de salmuera menos las perdidas.
- El consumo de agua de mar es el caudal de la bomba booster más las perdidas más el caudal de la bomba de alta presión.
- Las pérdidas que se producen en ambos sistemas son semejantes en cuanto al concepto y estas son las siguientes:

Definiciones

- **Salmuera salida membranas. Qse**=caudal salmuera; **Pse**=presión salmuera; **Sse**=salinidad salida membranas.
- **Agua de mar entrada. Qame**=caudal agua mar; **Pame**=presión agua mar; **Same**=salinidad agua mar.
- **Agua de mar salida. Qams**= caudal agua mar salida CI; **Pams**= presión agua mar salida CI; **Sams**=salinidad agua mar salida CI.
- **Salmuera salida CI. Qss**=caudal salmuera salida CI; **Pss**=presión salmuera salida CI; **Sss**= salinidad salmuera salida CI.
- **Caudal agua producto**= Qap
- **Caudal bomba alta presion**= Qah; Pah= presion bomba alta presión.
- **Mixing-(mezcla)** El agua de mar se contamina con salmuera.

- **M**=(Sams-Same)/(Sse-Same)*100.

- **Leakage (fuga)** Un pequeño caudal de salmuera HP pasa a la salmuera LP.

- **L**=((Qse-Qams)/Qse)*100.

- **Qams=**(1-L/100)*Qse.

- **Overflush (consumo agua).** Un pequeño caudal de agua de mar pasa a la salmuera LP, está muy relacionado con el mixing.

- **O**=((Qame/Qams)-1)*100.

- **HP diferencial pressure.** Es la perdida de carga que tiene la salmuera en el lado de HP.

- **LP diferencial pressure.** Es la perdida de carga que tiene el agua de mar en el lado de LP.

La bomba de alta presión suministra el caudal de producto más las perdidas del Leakage.

La bomba booster va con variador de velocidad y suministra la presión para compensar las perdidas de carga en membranas +tuberías+HP high pressure.

Consumo de energía

Son equipos que tienen un alta recuperación energética >del 90% y lo más importante es que el consumo de energía es mejor a conversiones más bajas, no obstante hay que analizar cada caso y tener en cuenta el incremento del pretratamiento y la energía que ese aumento representa.

La razón es que el equipo que más energía consume es la bomba de alta presión y esta trabaja siempre al mismo caudal independiente de al conversión.

El consumo de la bomba booster disminuye con el incremento de la conversión ya que maneja menos caudal, no obstante este consumo es del orden del 10% de la bomba de alta presión, por lo cual su incremento es poco significativo y además lleva variador de velocidad.

Figure 4-3 Power Consumption Vs Recovery Rate
SWRO at 36,000 TDS feed water @ 25C and 12 GFD

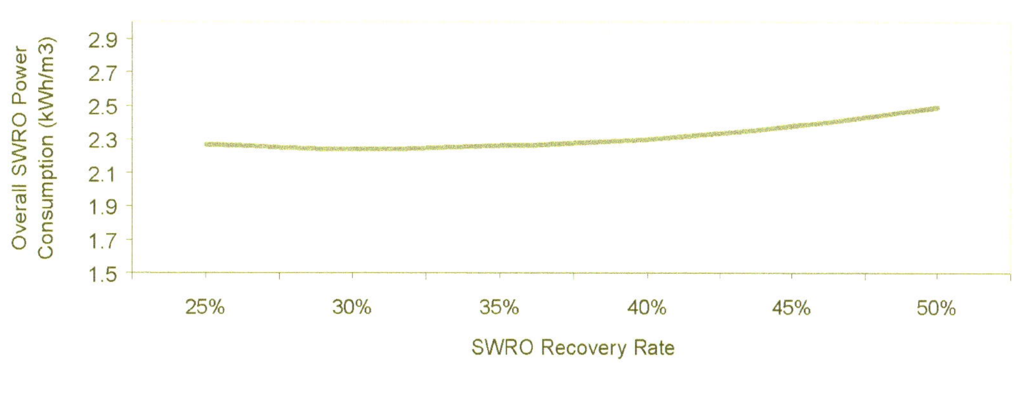

Figura 11.5 Curva de energía- conversión

Calculo del rendimiento

Rendimiento= (Qams*Pams-Qame*Pame-(Qah-Qap)*Pah)/(Qse*Pse)

Hay que tener en cuenta las siguientes perdidas que normalmente no lo hacen los fabricantes del CI.

- La energía que consume de más es por el *Leakage.*
- La descarga a mayor presión que la atmosférica no se debe tener en cuenta ya que es una exigencia del equipo.

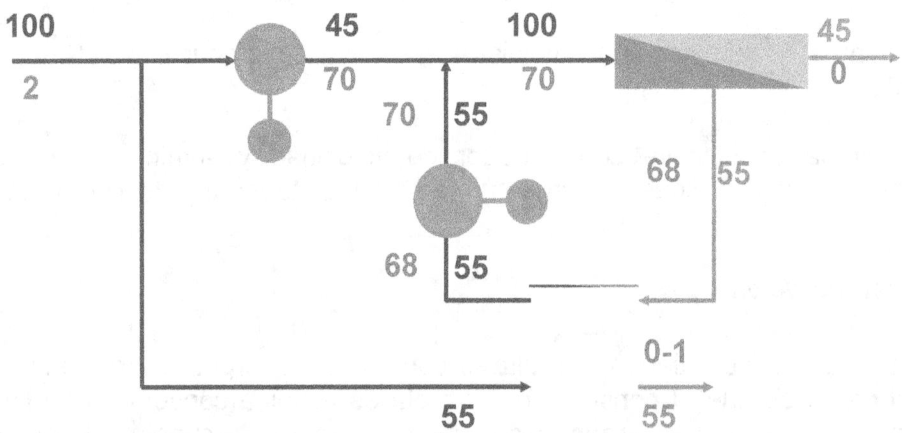

Figura 11.6. Rendimiento

11.3 DWEER

1. **Descripción (conjunto y dimensiones de montaje)**

Se compone de (2) tubos metálicos (superduplex) de 14" que se unen a una válvula corredera mediante bridas por un extremo y por el otro se une cada tubo a una "T" cuyas salidas se conectan a (4) válvulas de retención de 6".

En el interior de cada tubo va un pistón cerámico y membrana que transmite la presión de la salmuera al agua de mar y hace de separador para evitar la mezcla.

Es un equipo que funciona lentamente 4 ciclos por minuto (15 segundos) tiene un rango de funcionamiento entre 150-280 m3/h, necesita bastante control (panel de (7) muestras por tren).

Es un equipo pesado viene a pesar lleno de liquido 5700 kg

Project: Douaouda
Quote: Q051206 Rev: 00

Annex C
Drawings

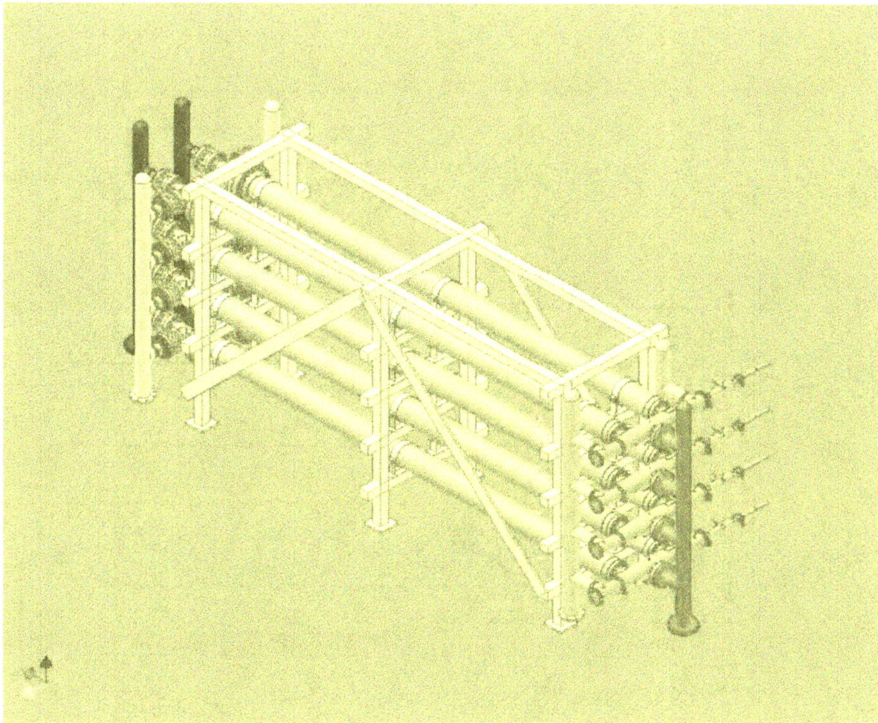

Grey Color: Calder scope of supply

Figura 11.7. Sistema DWEER

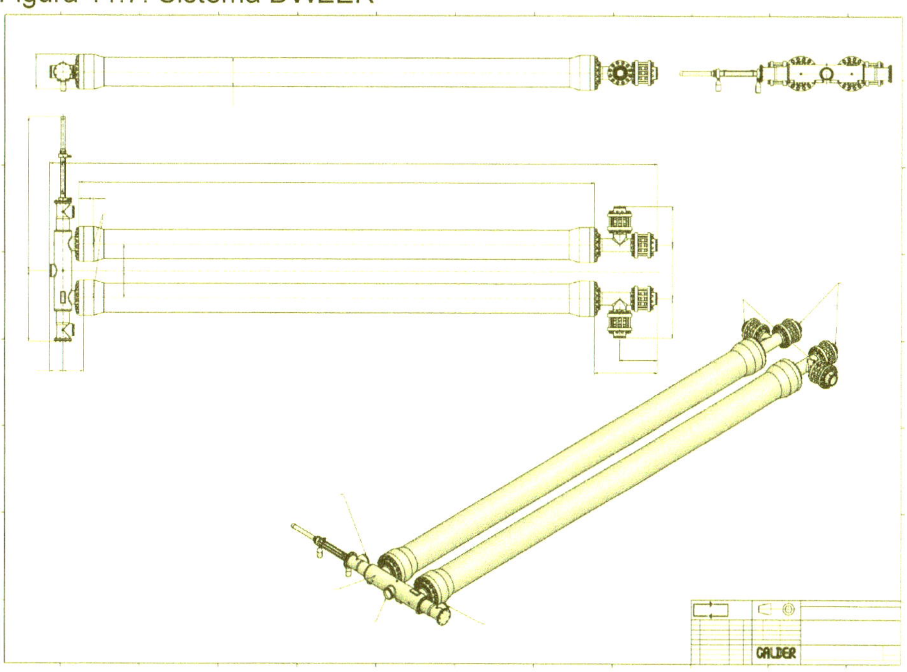

Figura 11.8 DWEER

2. Funcionamiento

El equipo funciona con un PLC que gobierna la válvula LINX posicionando la válvula en función del ciclo, cuando hay más de un Dweer controla el funcionamiento de estos de forma que sean secuencial, de forma que la impulsión del agua de mar sea lo más uniforme posible.

La válvula LINX es de accionamiento hidráulico y suministran una unidad hidráulica por tren, así mismo se suministra un panel por tren con su PLC.

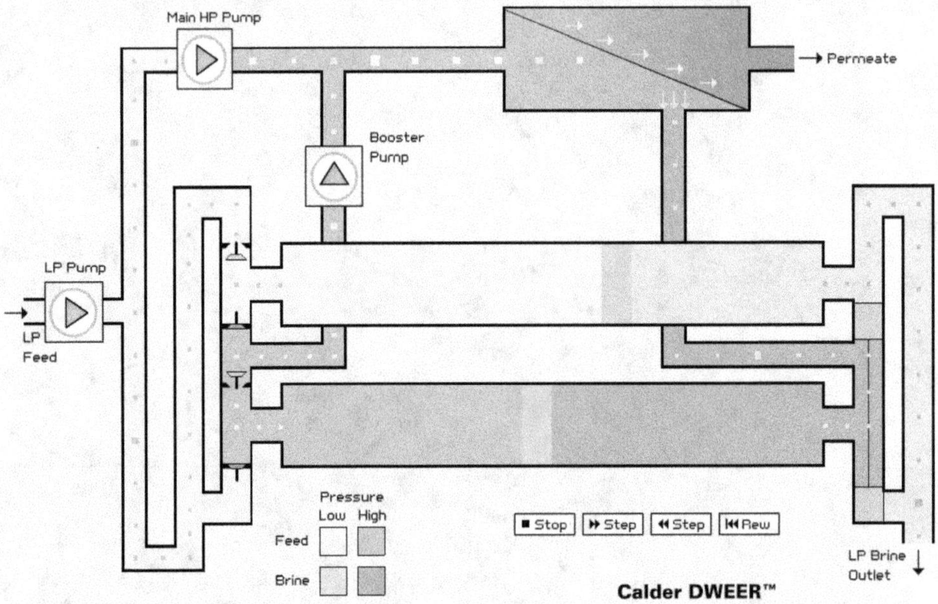

3. Grafica del caudal

El DWEER funciona como una bomba alternativa por lo cual el caudal es un caudal pulsado, de forma que la duración del pulso es de 15 segundos.

Cuando funcionan varios y están perfectamente sincronizados la duración de los pulsos que recibe la membrana son menores, y el caudal se hace más uniforme.

Este es un aspecto que hay que tenerlo en cuenta a la hora de dimensionar las tuberías.

No tenemos experiencia si este caudal pulsado puede afectar a las membranas, no lo creo ya que solo es el 50-60% del caudal de alimentación.

La presión permanece constante porque la mantiene la bomba de alta presión.

4. Perdidas en el DWEER

- **Mixing**: Va en función del Overflush. Para un Overflush del 2% el Mixing es del 1,5 % diseño tomamos 2% tal como se puede ver en la grafica siguiente:

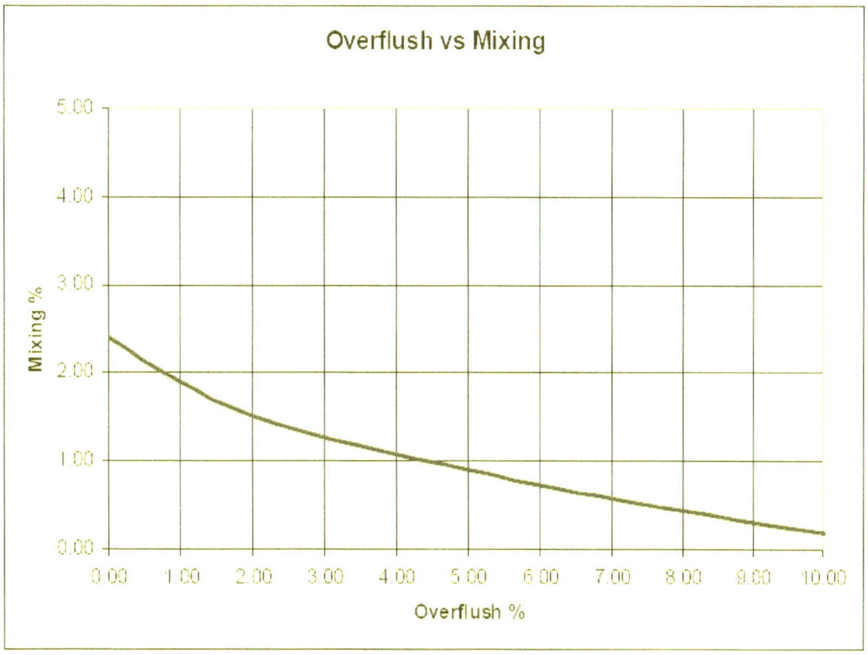

- **Leakage:** Garantizan un 1,8% al 2% para diseño tomamos 2%.
- **Overflush:** Garantizan un 2% tomamos este valor para el diseño.
- **HP diferencial pressure:** Garantizan el 1,2 bar tomamos este valor para el diseño.
- **LP diferencial pressure:** Requieren una presión mínima de 2,5 bar (según programa de calculo) la pérdida de carga es de 2 bar y el resto se pierde en la válvula de control, tomamos 2,5 bar para el diseño.

5. Diagrama de flujo

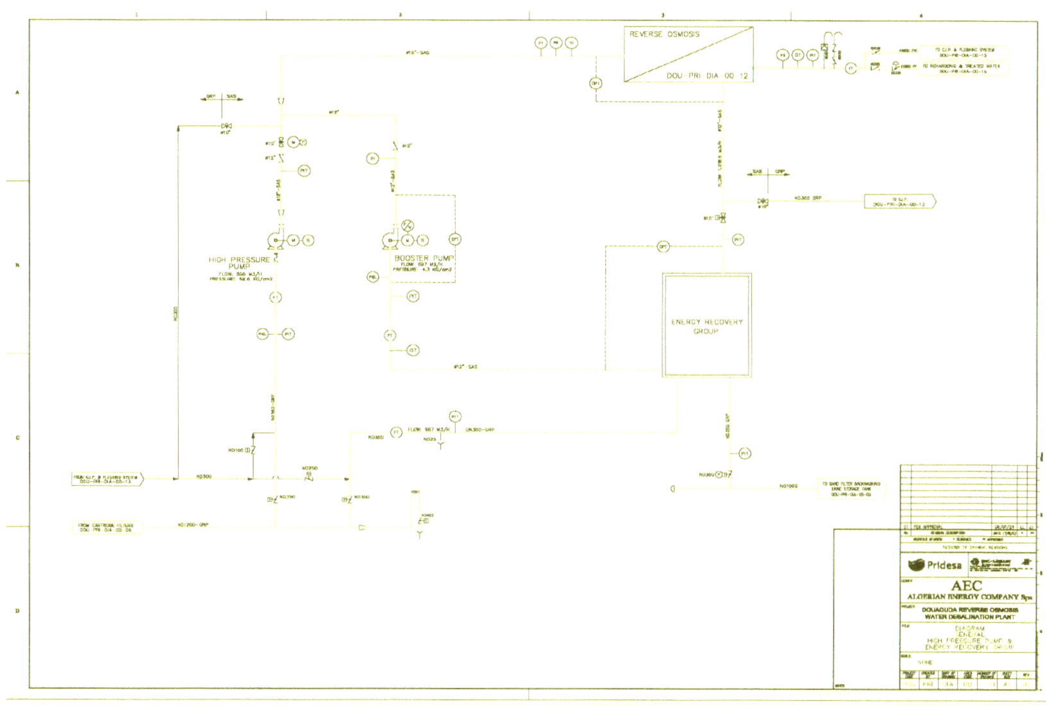

Figura 11.9 p&id DWEER

A veces están exigiendo un FIT en la entrada de salmuera esto se debe dejar claro en un supuesto contrato.

- **Ventajas**
  - Todos los materiales son de superduplex.
  - Mete muy poco ruido (80 dB) en comparación con el PX.
  - Menor ensuciamiento.

- **Inconvenientes**
  - El equipo debe estar controlado por un PLC y todos los equipos deben estar funcionando de forma secuencial.
  - Mayor mantenimiento en juntas y muelles válvulas de retención y juntas de los pistones y válvula LINX.
  - Cuando son pocas unidades (1) o (2) al trabaja de forma alternativa se deben diseñar las tuberías para el caudal punta.
  - Tienen poca experiencia en su funcionamiento.

6. Configuración

Los sistemas de recuperación DWEER pueden ser montados en diferentes configuraciones:

Figura 11.10 Montaje:horizontal..   Montaje : bajo membranas

ooo

Figura 11.11 Diseño central

7. Hoja de datos técnicos

Adjuntamos hoja de datos técnicos de DWEER 1550

1	**PROJECT INFORMATION**				
2	Project Name:		Quantity:		
3	Client Name:		Serial No.:		
4	P/O No.:		Tag No.:		
5	Calder Job No.		Dwg.- No's:		
6	**DESIGN / PERFORMANCE DATA**				
7	**Operating Limits**		**Project Rating**		
8	Flow-Range [m3/h]	200-350	Rated: 270	Min.:	M
9	LP Feed Inlet [bar]	min 1.5	Rated: 1.7	Min.:	M
10	HP Feed Outlet [bar]	Max. 70	Rated: 75.1	Min.:	M
11	HP Brine Inlet [bar]	Max. 70	Rated: 76	Min.:	M
12	LP Brine Outlet [bar]	0.3 – 5	Rated: 0.3	Min.:	M
13	Temperature [°C]	10-40	Rated:	Min.:	M
14	Mixing by volume [%]	max. 2.5 (at 0% overflush)	Rated: 2.5	Min.:	M a
15	Overflush[% Feed Outlet	0 (adjustable)	Rated: 3	Min.:	M
16	Leakage [m3/h]	Max. 1.85	Rated: 0.7	Min.:	M
17	HP dp [bar]	Max 1.45	Rated: 0.9	Min.:	M
18	LP dp [bar]	Max 2.1	Rated: 1.4	Min.:	M
19	Cycling Frequency [cpm]	Max. 5.0	Rated: 4	Min.:	M
20	Vessel length [m]	7.5	Rated: 7.5	Min.:	M
21	Salinity [ppm]		Rated:	Min.:	M
22	pH, operating	6- 11	Rated:	Min.:	M
23	Efficiency	Up to 97%			
24	Application:	Seawater/RO-BRINE	Density [kg/m3]:	1030	
25	**CONSTRUCTION DATA**				
26	**Connections:**				
27	LP Feed Connection:	6“ Victaulic	Orientation:	Horizontal	
28	HP Feed Connection:	6“ Victaulic	Orientation:	Horizontal	
29	HP Brine Connection:	6“ Victaulic	Orientation:	Horizontal	
30	LP Brine Connection:	6“ Victaulic	Orientation:	Horizontal	
31					
32	**Weight Total [kg]:**				

33	Vessel Dry [kg]	850 per Vessel	Liquid filled [kg]:	1630 per Vessel
34	LinX Dry [kg]	460	Liquid filled [kg]:	520
35	CheckValveNest Dry[kg]	285 per Vessel	Liquid filled [kg]:	310 per Vessel
36	Total [kg]	2730	Liquid filled [kg]:	4400
37	**MATERIALS** (Main Wetted parts):			
38	LinX:	Super Duplex or equal	Piston:	Non Metallic
39	Vessel:	Non Metallic	Check Valve Nest:	Super Duplex or equal
40	**ACCESSORIES:**			
41	Vessel Position.	2 off	LinX Position Sensors	2 off
42	**TESTS (STANDARD)**			
43	Hydrostatic Pressure:	Vessel, LinX, Check Valve	Test Pressure:	1.5x op. pressure
44	Run Test:	LinX	Test conditions	Design pressure
45	Leakage Test:	LinX	Test conditions	Design pressure

11.4 PX

Se compone de (1) tubo de plástico (PRFV) capaz de soportar una presión de 1200 psig.

En el interior de cada tubo va un rotor cerámico que por la diferencia de presión entre la salmuera y el agua de mar gira a mucha velocidad. Lleva (8) orificios que, dependiendo de su posición transmite la presión de la salmuera al agua de mar o descarga la salmuera a drenaje. La salmuera y el agua de mar están en contacto por ello el *Mixing* es alto.

El cierre se realiza con tapas de plástico y aluminio semejantes a las que se utilizan el los tubos de osmosis.

Es un equipo que funciona el rotor muy rápido del orden de 1500 rpm tiene un rango de funcionamiento variable y no necesita ningún control.

Es un equipo ligero comparado con el DWEER

Las conexiones son mediante unión VIctaulic tanto en el lado de baja presión como de alta presión.

Se compone de (5) partes: tapa superior e inferior, cubierta lado salmuera y lado agua de mar y rotor

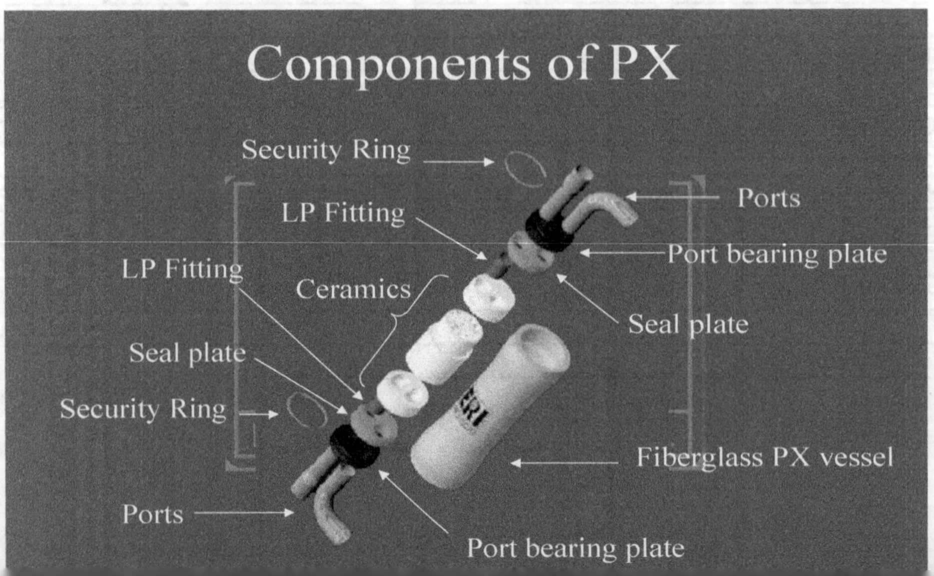

Figura 11.12 Sección ERI

Hay una continua evolución e incremento constante en la capacidad y caudal de tratamiento de los ERI, que redunda en una reducción en el numero de equipos necesarios y el ahorro asociado en material y montaje. Actualmente los tres modelos más utilizados en grandes desaladoras son los siguientes

	Caudal máximo	Rendimiento garantizado	Nivel sonoro	Máximo caudal de lubricación
PX-260	59 m3/h	96,8%	94 dBA	0,78 m3/h
PX-300	68 m3/h	96,8%	93 dBA	1 m3/h
PX-Q300	68 m3/h	97,2%	<85 dB	

Figura 11.13 px 300

1. **Funcionamiento**

El equipo funciona de manera automática en cuanto empieza a circular el líquido empieza a girar el rotor.

El orden de arranque de los diferentes fluidos es:

- **Agua de mar**
- **Bomba booster**
- **Bomba alta presión**

No necesita ningún control para el reparto de flujos entre los diferentes PX, solo requiere velocidades bajas en los colectores de alimentación y salida

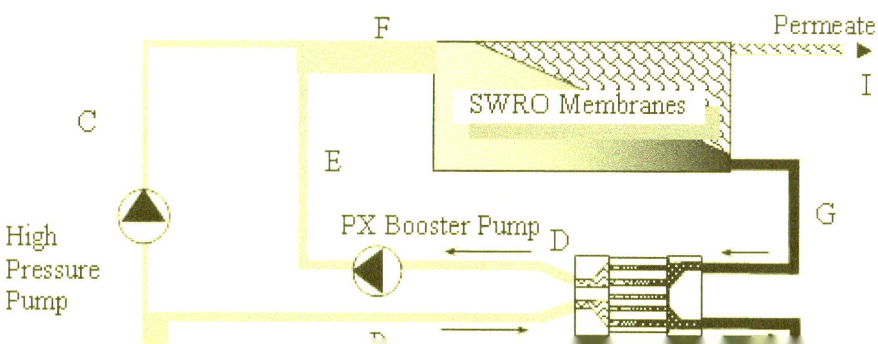

Figura 11.14. Distrubicion de flujos ERI

2. Montaje

La disposición de los colectores debe ser en U según las últimas informaciones de ERI.

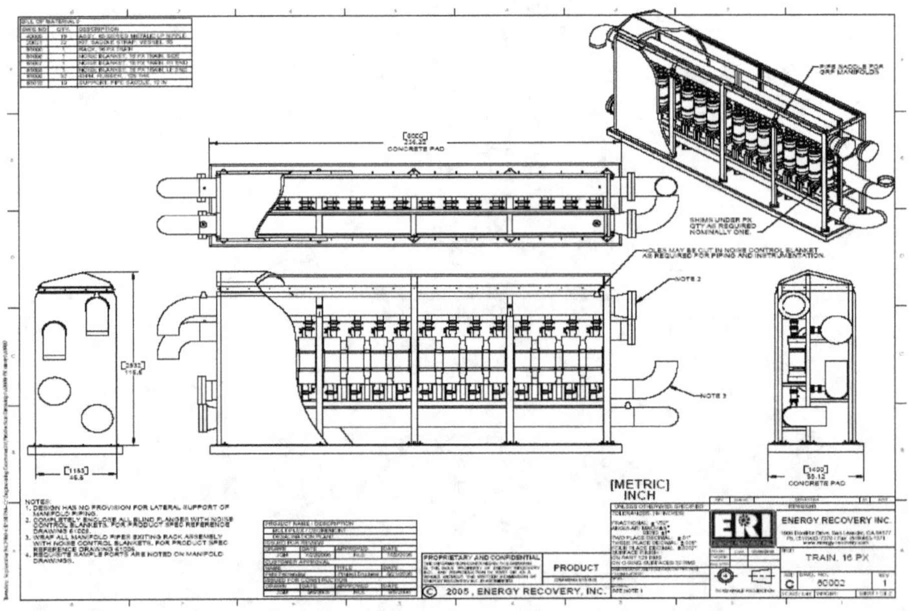

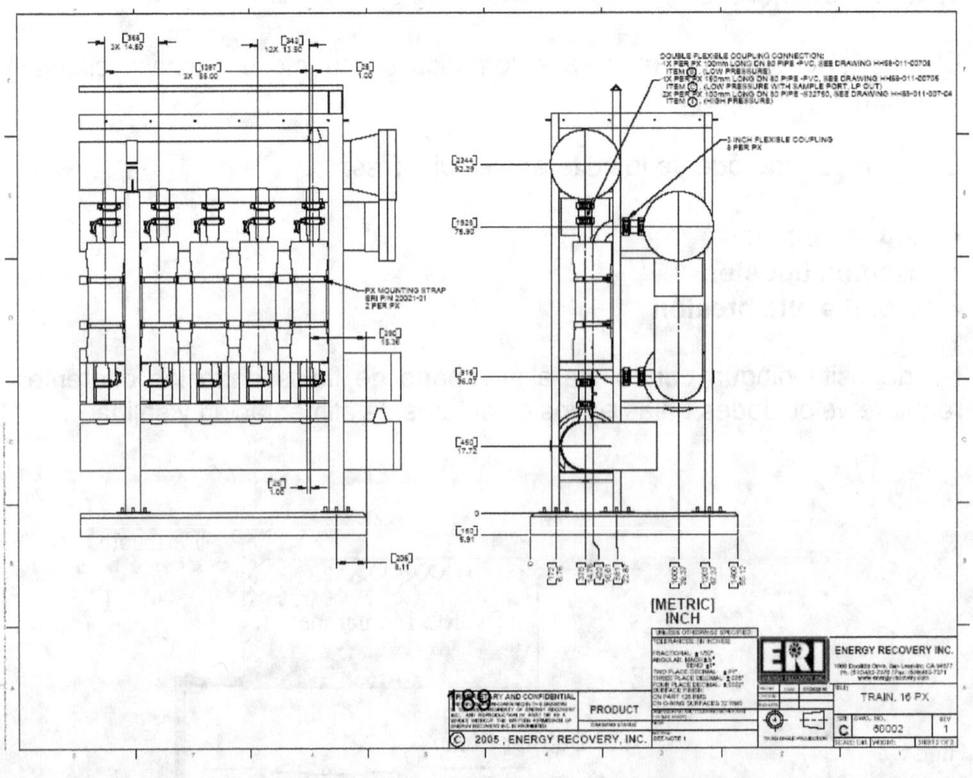

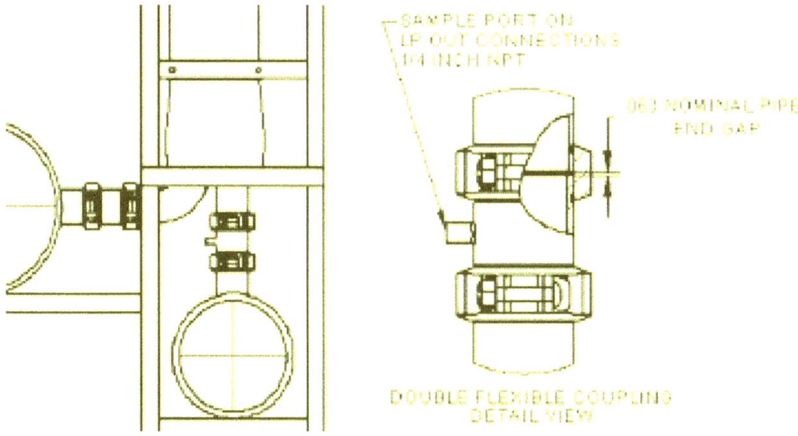

Figura 11.15. Conexión victaulic ERI

3. **Perdidas en el PX**

- **Mixing**

Llega al 6% con un overflush de 0% no tienen curva de relación entre el Mixing y el Overflush. En Dekalia han sacado una curva entre el Mixing y el Lead, el Lead = (Qame/Qama-1)*100. Para el diseño debemos considerar un aumento de salinidad salida PX del 6% y en membranas del 3%.

- **Leakage**

Lo llaman Lubrication Flow, lo calculan según la formula siguiente:
Lubrication(gpm)=3*10^(-6)*Qse*Pse+1,4*10^(-3)*Pse+0,059*Te-0,7
Qse= gpm ; Pse= psig ; Te= º F. Para el diseño debemos considerar 2% mínimo

- **Overflush**

Lo consideran 0% pero debemos considerar para el diseño un 1%.

- **HP diferencial pressure**

Las pérdidas van en función del caudal pero debemos considerar para el diseño 1 bar.

- **LP diferencial pressure**

Normalmente consideran presión mínima del agua de mar en 1,8 bar.

4. **Ventajas y desventajas**

- **Ventajas**

- No necesita ningún equipo de control para funcionar es autónomo.
- Si uno se avería el resto puede funcionar.
- Es de fácil mantenimiento y poco gasto ya que solo tiene una pieza móvil.
- Es ligero lo cual facilita su mantenimiento.

- **Desventajas**

  - Mete mucho ruido y hay que colocarlo en cabinas de insonorización o colocarlo en sótano.
  - Todas las partes en contacto con el fluido son de plástico o cerámicos y según nuestra experiencia en aguas de toma abierta se ensucian mucho.

5. Diagrama de flujo

Solo requiere el FIT en la aspiración de las bombas Booster.

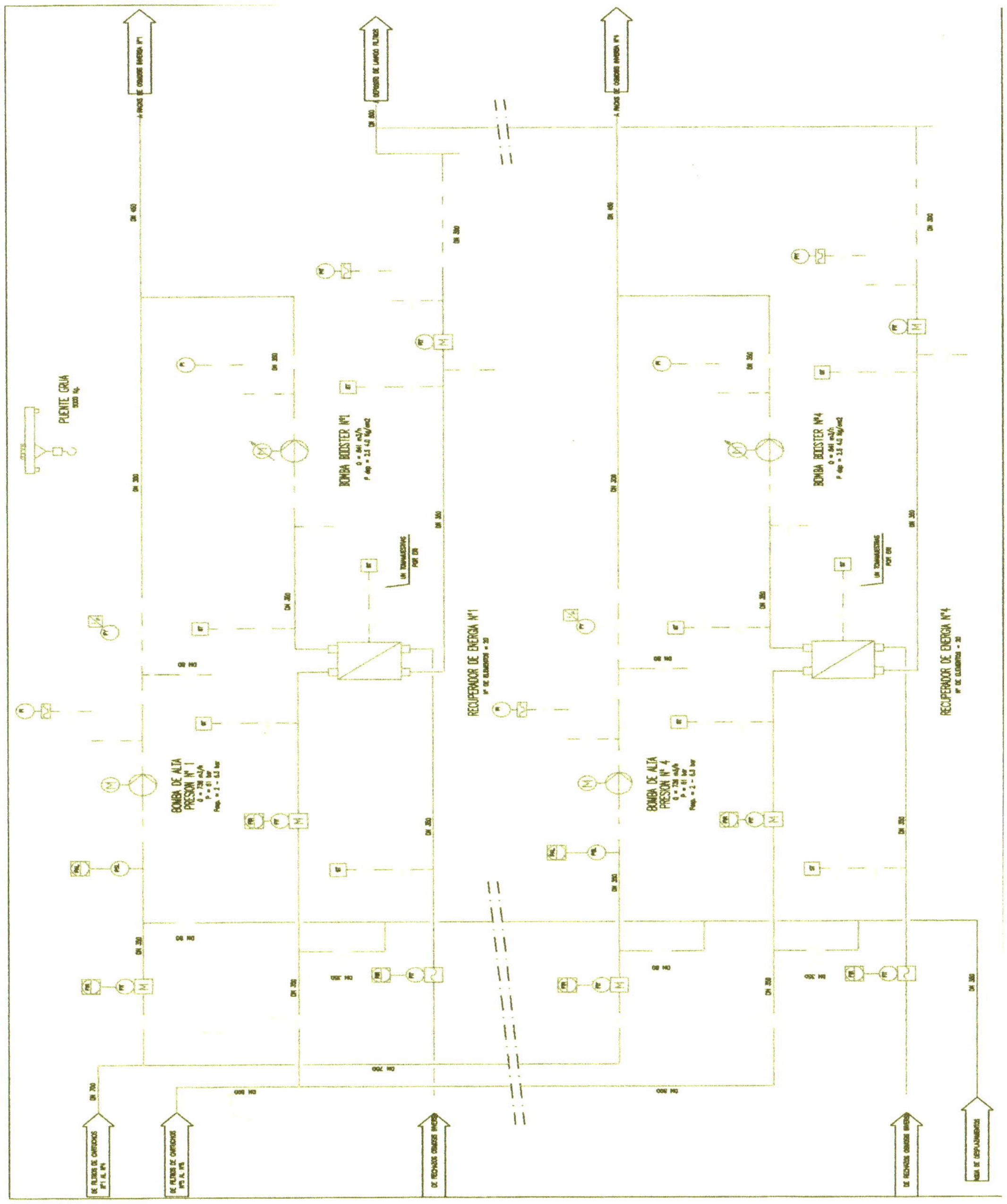

Figura 11.16 P&ID Sistema recuperación ERI

6. Formas de funcionamiento con los recuperadores isobáricos

Si comparamos la forma de funcionamiento de los recuperadores isobáricos con las turbinas Pelton vemos que la gran diferencia está en el caudal de la bomba de alta presión, donde en el 1º caso es el 50% del 2º caso, esto supone peor rendimiento.

Para mejorar el rendimiento hay varias soluciones:

- Trabajar con bastidores más grandes 15000 m3/día o 20000 m3/día. Usaríamos la bomba de HP del bastidor de 7500 m3/día y 10000 m3/día respectivamente.
  El trabajar con bastidores grandes tiene el inconveniente que al incrementar el nº de tubos se incrementan las paradas por fugas etc.

- Las bombas HP las hacemos trabajar en colector común de forma que reducimos el nº con respecto al nº de bastidores, considero que esta opción es la mejor.

En estos casos tener en cuenta que el FIT debe colocarse en la salmuera si hay más de un sub-bastidor, de forma que con el FIT de permeado se controla el sub-bastidor.

- **No obstante al mantener bastidores o sub-bastidores normales de 7500 m3/día o 10000 m3/día el nº de bombas booster se incrementa sustancial mente, para paliar esto tenemos dos opciones que se listan a continuación. Siendo mas económico la segunda opción que la primera comparando ambos sistemas desde el punto de vista de la inversión.**

▪ **Primero**: Bastidores grandes 15000, 20000 o 25000 m3/día con (3) sub-bastidores de 5000, 7000 o 8400 m3/día respectivamente de forma que cuando pare un sub-bastidor los otros (2) puedan seguir funcionando, en este caso habría una bomba booster por bastidor capaz de funcionar al 67% del caudal (ojo con esta bomba).En estos casos cuando se arranca (1) sub-bastidor hay poner la producción al mínimo del resto de sub-bastidores para evitar conversiones excesivas.

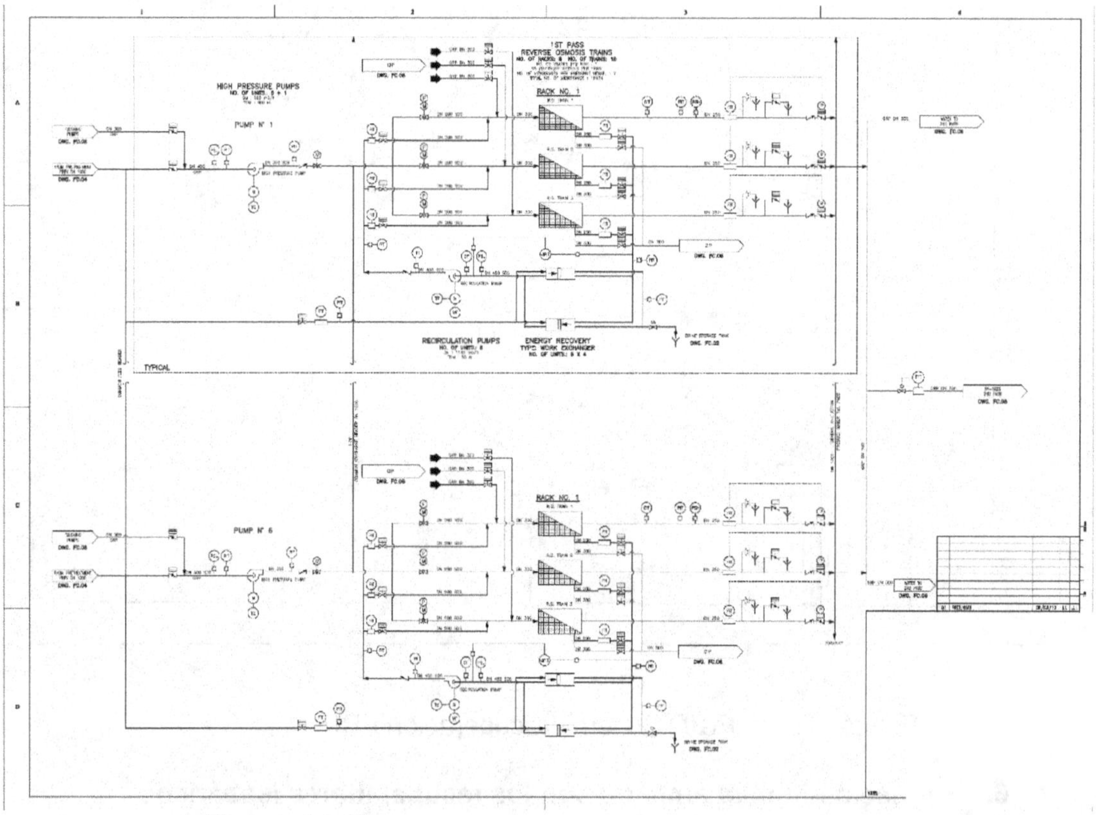

Figura 11.17

▪ **Segundo**: Bastidores del tamaño 7000, 8000, 9000 o 10000m3/día pero hacer trabajar a las bombas booster en colector común, en estos casos se reduce sustancialmente el nº de bombas pero se requiere que se coloquen (2) colectores de arranque (alimentación y salida) que unan todos los bastidores, este caso se puede hacer coincidir el nº de bombas booster con el nº de bombas de alta presión, o puede ser diferente. Si se requiere bomba booster de reserva puede ser interesante colocar (2) del 50% del caudal, que da mucha flexibilidad al sistema antes las variaciones del nº de bastidores en funcionamiento.

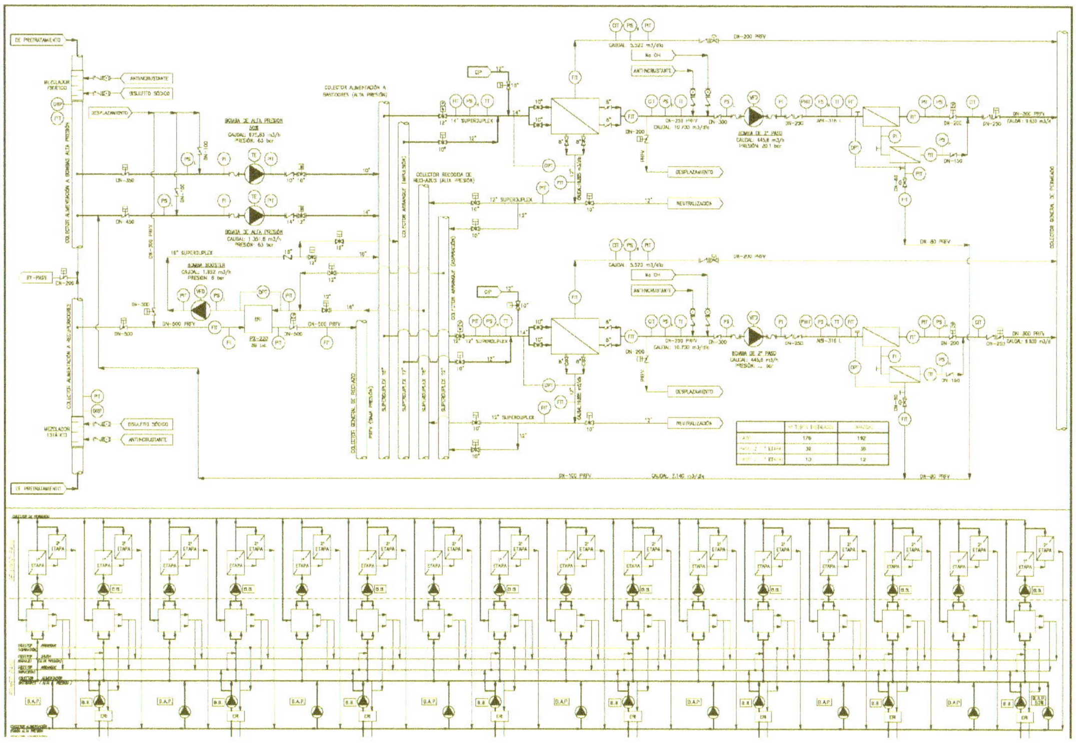

Figura 11.18

- **Válvulas requeridas**

Como se puede apreciar en el diagrama cualquier sistema de recuperación isobárico tiene (4) conexiones y las válvulas requeridas dependen de cómo funcione el bastidor si solo o con sub-bastidores.

Normalmente el sistema de recuperación de energía lleva varios equipos trabajando en paralelo el aislamiento del sistema se hace por colector no por equipo.

La entrada de agua de mar requiere válvula automática por colector.

Los sistemas de recuperación requieren limpieza de la salmuera por lo que es conveniente hacer el desplazamiento de las membranas con la bomba booster, para ello poner válvula automática de entrada de agua desplazamiento en paralelo con agua de mar.

La descarga de la salmuera requiere válvula automática con posicionador para mantener una contrapresión por colector

Cada entrada de salmuera debe llevar una válvula automática por sub-bastidor para el aislamiento del sistema de recuperación de las limpiezas químicas

En la salida de alta presión no lleva válvula de aislamiento si trabaja de forma independiente, pero lleva válvula automatica cuando trabaja en colector común.

7. Instrumentación requerida

Normalmente un sistema de recuperación por equipos isobáricos requiere la siguiente instrumentación:

- **FIT en la aspiración de la bomba booster**

  Si solo hay un sub-bastidor, en el caso de que haya más hay que colocarlos en las impulsiones de la bomba booster y (1) por sub-bastidor.

  En el caso de colector común hay que colocar FIT en la salida de salmuera de los sub bastidores y FIT en la salida de salmuera del sistema de recuperación.

- **FIT en la entrada de agua de mar**

  Mide el caudal de agua de mar que requiere el sistema de recuperación.

- **DPT en el sistema de recuperación del lado de alta presión.**

  Mide la perdida de carga del sistema de recuperación.

- **DPT en la bomba booster**

  Mide la presión diferencial que da la bomba.

- **PIT en la aspiración de la bomba booster**

  Mide la presión en la salida del sistema de recuperación.

- **PIT en la entrada de agua de mar.**

  Mide la presión del agua de mar.

- **CIT en la aspiración de la bomba booster.**

  Mide la conductividad ala salida del sistema de recuperación y por lo tanto controlamos el incremento de salinidad que genera el sistema.

- **PIT en la salida de la salmuera.**

  Para controlar la contrapresión que requiere el sistema de recuperación para que no haya cavitación.

11.5 Conversor hidráulico: Turbocharger de PUMP ENGINEERING

Es un equipo que combina en un mismo eje una bomba centrifuga y una turbina (bomba invertida) no usa motor y la energía que recupera la turbina la emplea la bomba para incrementar la presión del agua de alimentación.

El rendimiento varía en función del caudal que llega a la bomba, esta entre un 60-80% y los caudales de 300 a 5000 gpm.

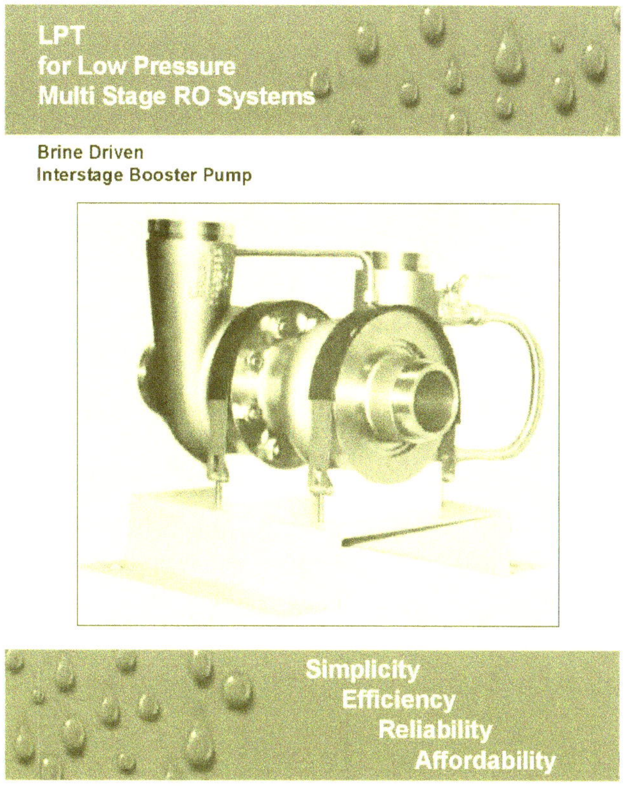

Figura 11.19

Materiales

Se fabrican en los siguientes materiales:

- **Cuerpo**: AISI-316 o DUPLEX (2205)
- **Rodetes**: AL6XN
- **Cojinetes:** Resina/ carbón grafito
- **Tornillos:** AISI 304

Diagramas o formas de funcionamiento

Puede funcionar de las siguientes tres formas

- En doble etapa hay que tener en cuenta que la presión en la bomba de la 1º etapa debe incrementarse
- En doble paso
- Con una etapa se necesita bomba de apoyo.

Piping and Instrumentation Diagrams

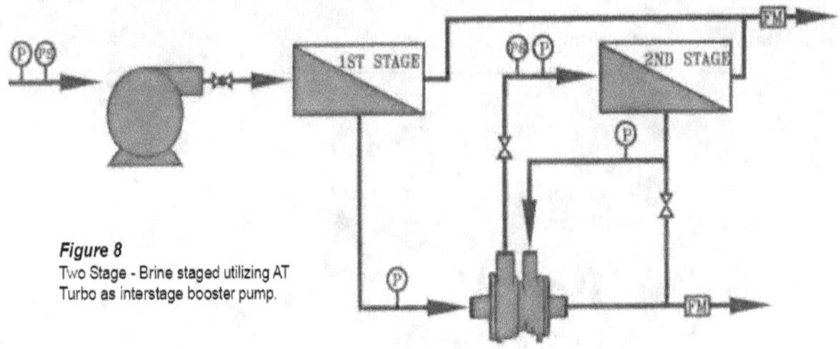

Figure 8
Two Stage - Brine staged utilizing AT Turbo as interstage booster pump.

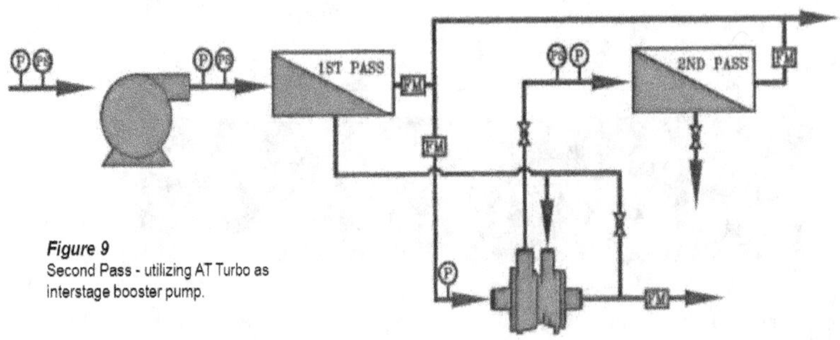

Figure 9
Second Pass - utilizing AT Turbo as interstage booster pump.

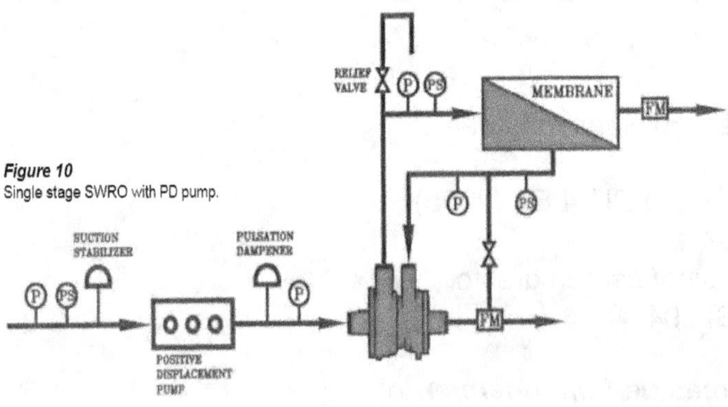

Figure 10
Single stage SWRO with PD pump.

Calculo de la presión de bombeo

Se aplica la siguiente formula:

P1= Nte*Rr*(Pbr-Pe)

P1= incremento presión en bomba centrifuga
Nte= Rendimiento del equipo
Rr= relación entre el caudal de turbina / caudal bomba
Pbr= presión salmuera entrada al equipo
Pe= presión descarga mínimo 5 psig

Tamaños que se fabrican

Se fabrican dos tipos

- Las **LPT** que son de baja presión hasta 250 psig se fabrican los siguientes modelos
  LPT-125 caudal 150 gpm hasta el LPT-2000 de 2400 gpm.
- Se fabrica otro modelo las **HTC** que trabaja hasta 1200 psig se fabrican los siguientes modelos HTC AT-50 conexiones de 1" hasta el HTC AT-9600 conexión de 12" aunque en catalogo solo aparece el modelo HTC-1200.

Donde se puede utilizar el turbo charger

Se puede utilizar en las dobles etapas donde la bomba de alimentación lleva variador de velocidad y puede ser que se salga del rango de funcionamiento de la turbina pelton.

Normalmente está pensado para agua salobre o en instalaciones de agua de mar pequeñas.

12. FUNCIONAMIENTO DEL CONJUNTO BASTIDOR DE OSMOSIS INVERSA

12.1 Bastidores de (1) etapa

Se requiere la siguiente instrumentación por paso y por etapa:

- Entrada bastidor PS, PT, TE
- Salida rechazo DPT
- Salida del producto PS, FIT, PIT, CI

En la alimentación al bastidor lleva una válvula motorizada + posicionador (macho) para la subida de la presión de forma lenta (1-2 minutos).

En la salida de la salmuera hay que poner una válvula automática para cerrar el bastidor cuando se cierra la alimentación, normalmente se pone en la entrada al sistema de recuperación. Para evitar que por mal funcionamiento de la válvula de aislamiento se nos pueda vaciar el bastidor por la turbina, se saca la tubería de salmuera por la parte superior del bastidor y se coloca un venteo automático.

En la salida del producto lleva una válvula de control para regular la conversión mediante contrapresión, dependiendo del rango de funcionamiento habrá que elegir el tipo de válvula
En estos diagramas se representan (2) sistemas de recuperación turbina y DWEER.

Bastidor con turbina

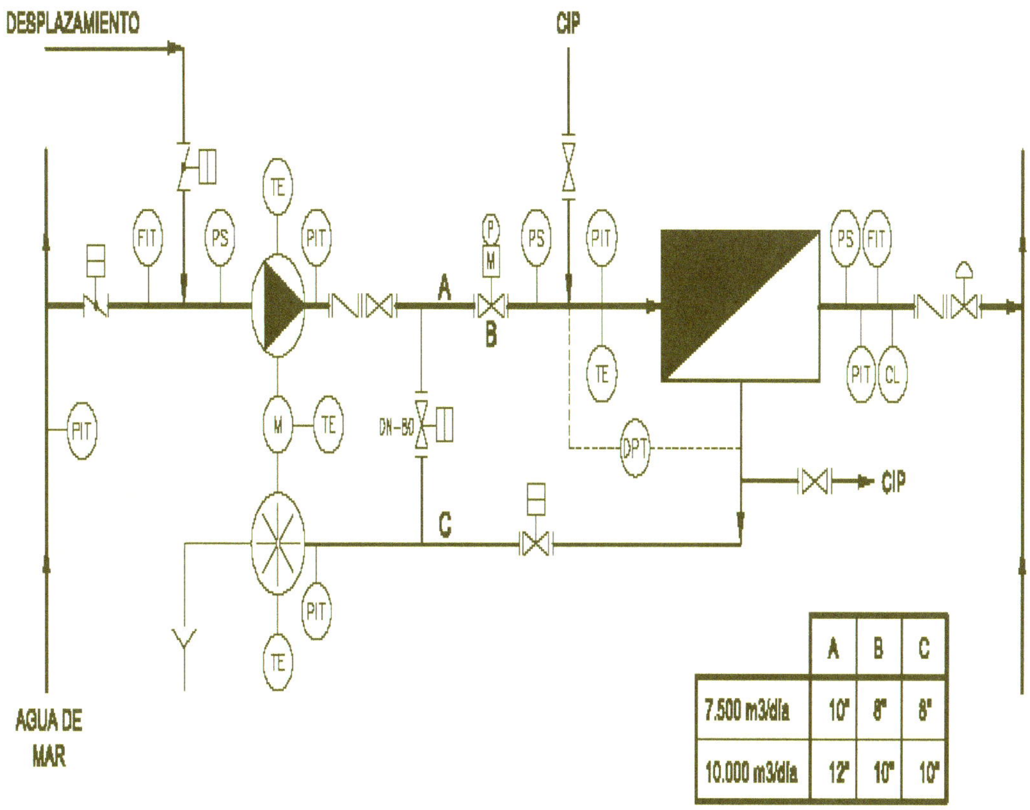

	A	B	C
7.500 m3/dia	10"	8"	8"
10.000 m3/dia	12"	10"	10"

Figura 12.1. P&ID sistema pelton

Bastidor con cámaras isobáricas

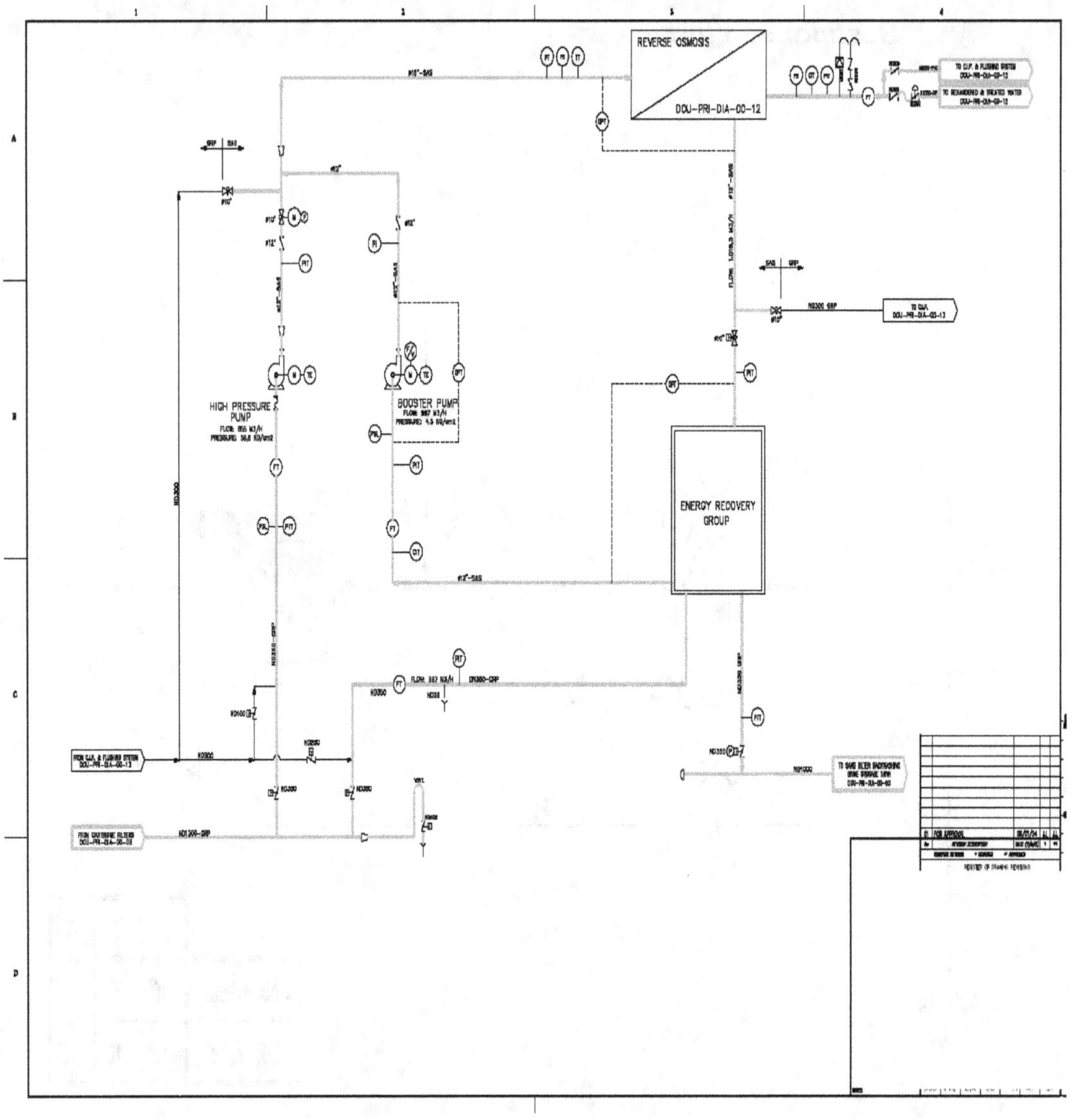

Figura 12.2 P&ID sistema recuperación ERI

12.2 Bastidores de (2) etapas y (2) pasos para incremento de la conversión.

Se usan para subir la conversión al 55-60%

Se repite la instrumentación indicada anteriormente para la 2º etapa.

Entre etapas lleva una bomba centrifuga (booster) y no lleva válvula de control en la alimentación porque la bomba lleva variador de velocidad, en la salida producto normalmente no se pone válvula de control en el producto de la 2º etapa.

Se muestran a continuación los diagramas del 1er paso con doble etapa y 2º paso con doble etapa. Para el arranque del 1er paso se necesita una válvula de control.

Diagrama 1er paso y doble etapa

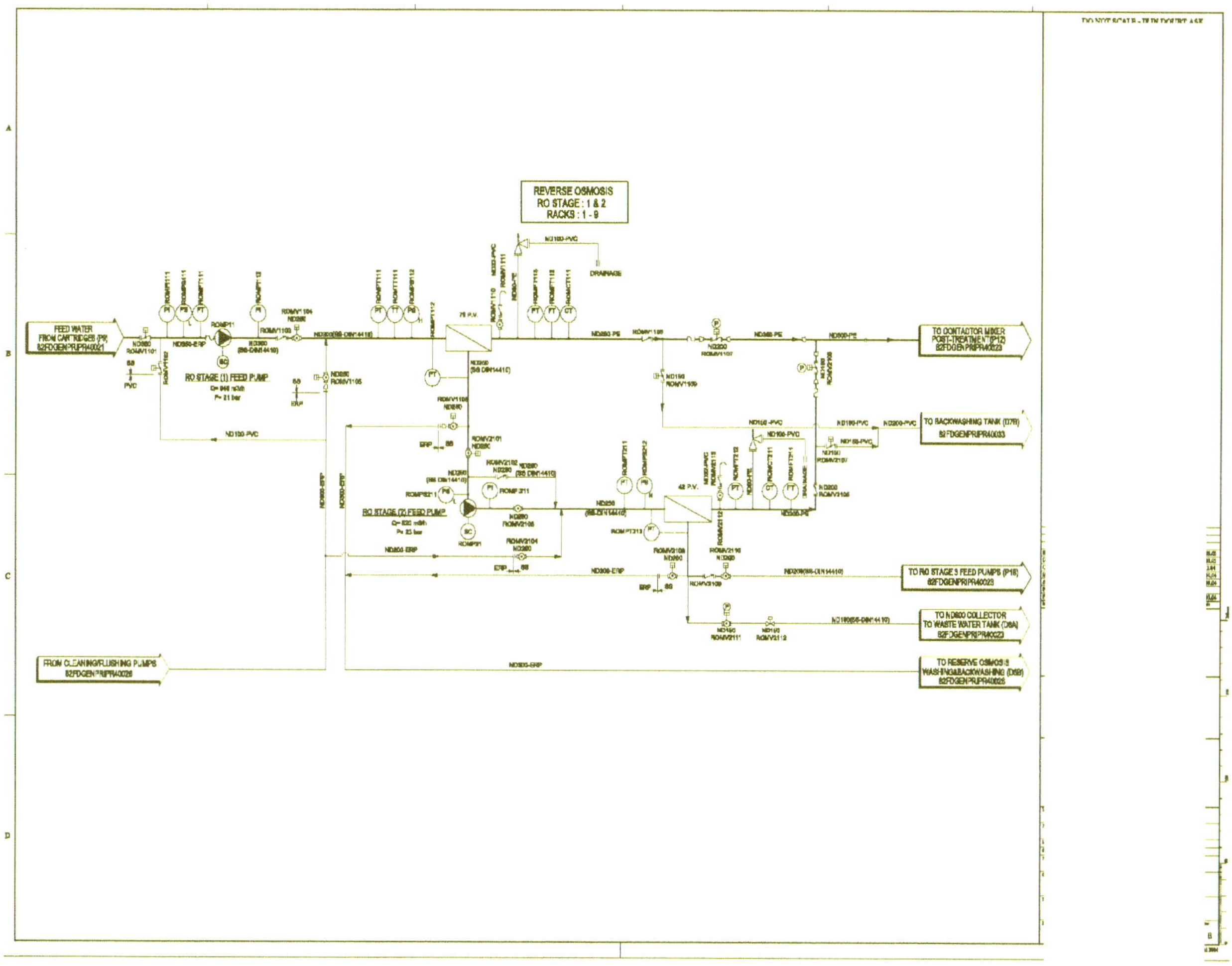

Figura 12.3 Primer paso

Diagrama 2o paso y doble etapa

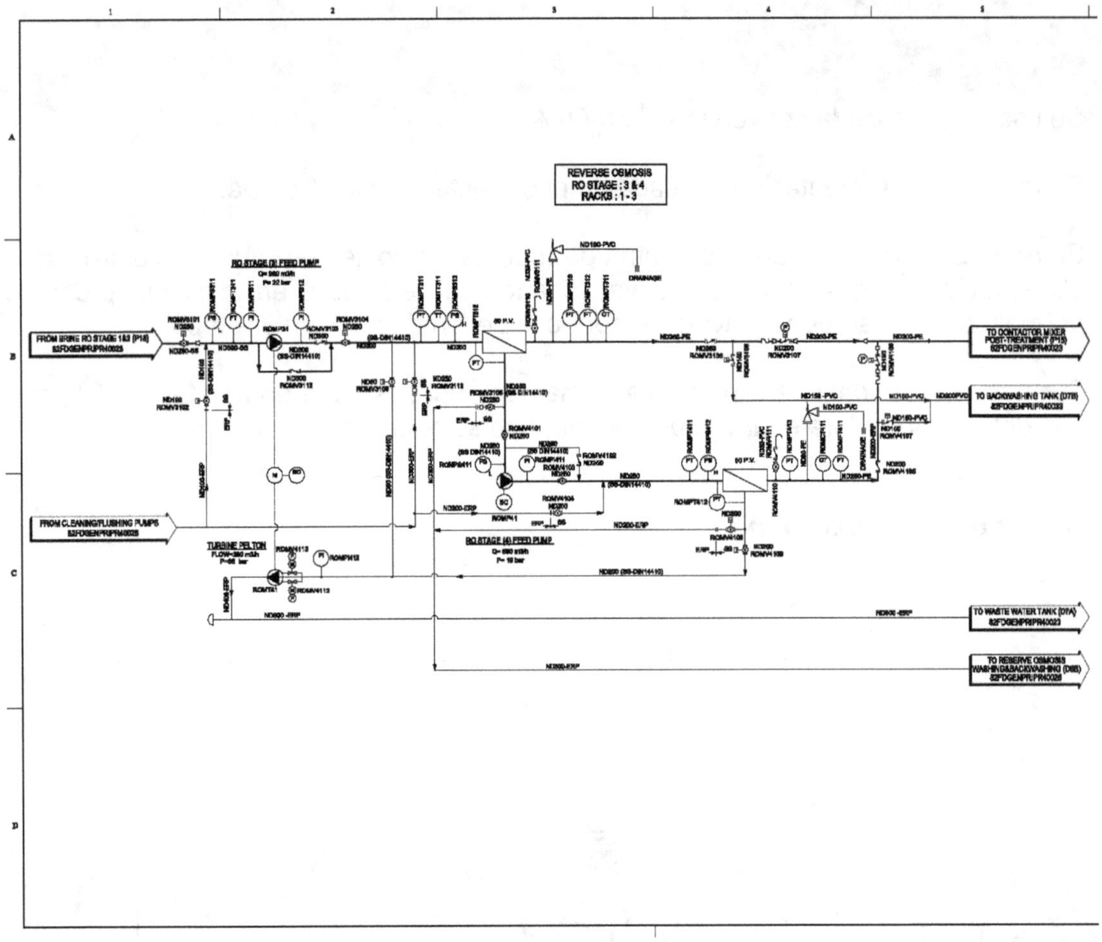

Figura 12.4 Segundo paso de osmosis inversa

12.3 Bastidores de (2) etapas en el mismo bastidor

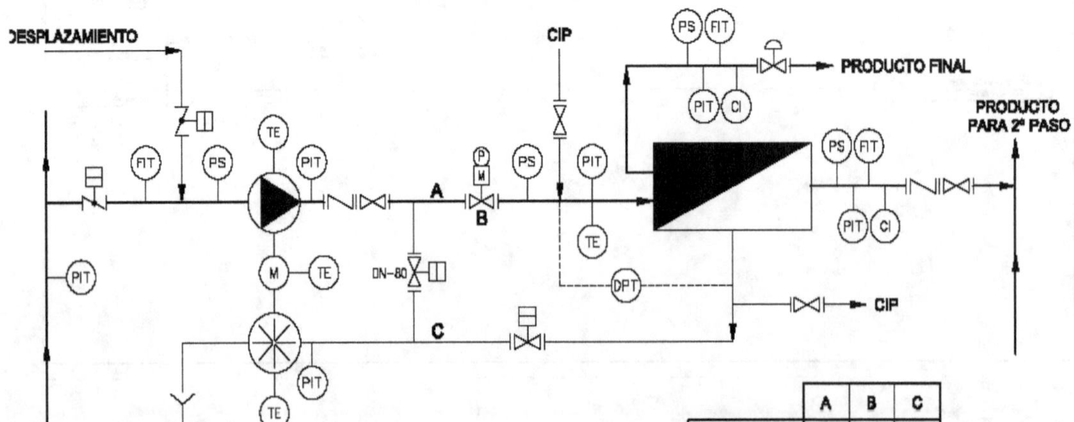

	A	B	C
7.600 m3/día	10"	8"	8"
10.000 m3/día	12"	10"	10"

Se usan cuando hay un 2º paso para mejorar la calidad del producto.

La instrumentación del bastidor es igual que cuando hay un solo paso, solo que lleva doble salida de permeado.

En este caso cuando lleva interconector ciego hay que colocar una tubería con válvula de control que una los (2) productos.

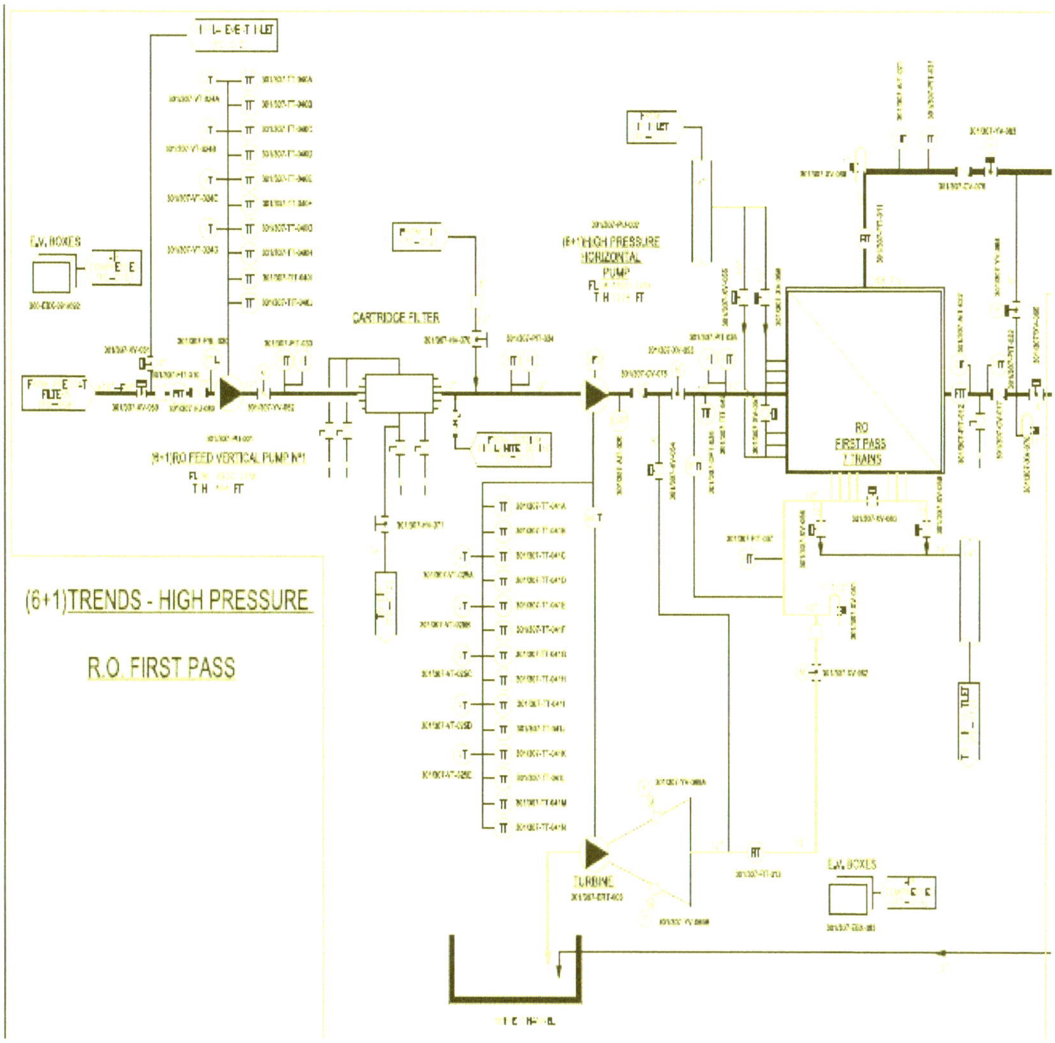

Figura 12.5

12.4 Doble paso con (2) bastidores para mejora de la calidad de agua

El agua que produce el 1º paso total o parcialmente se trata en el 2º paso para mejorar su calidad.

- El 1º paso no hay variación respecto a un 1º paso que funciona solo, respecto a válvulas e instrumentación.
- En el 2º paso normalmente se funciona con doble etapa ya que trabaja a un 90% de conversión

En estos casos si hay variación con respecto a una doble etapa en agua de mar, las variaciones más importantes son las siguientes:

- Al ser agua de permeado las posibilidades de ensuciamiento son escasas por ello no se ponen conexiones de lavado.
- En el segundo solo se pone una válvula manual, un FIT y un PS

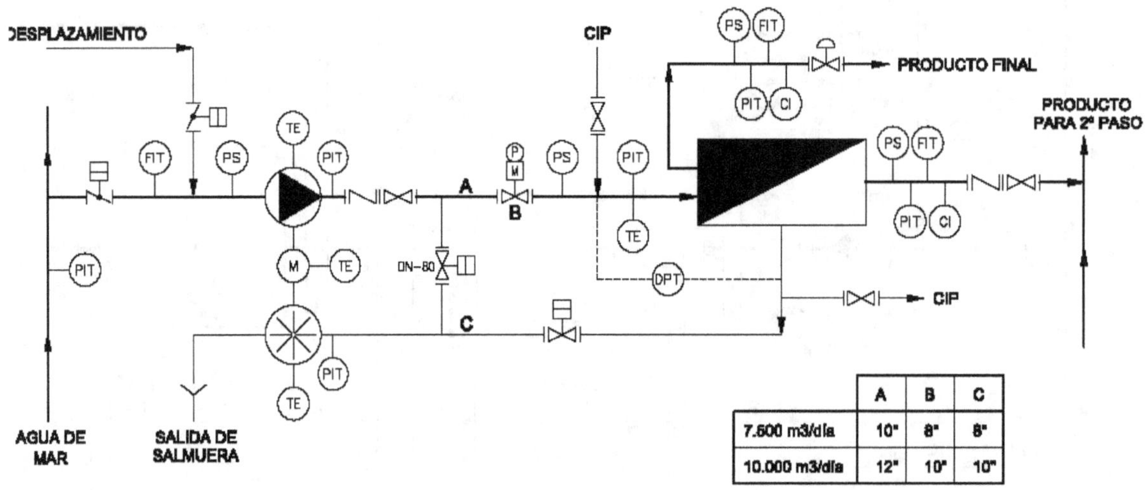

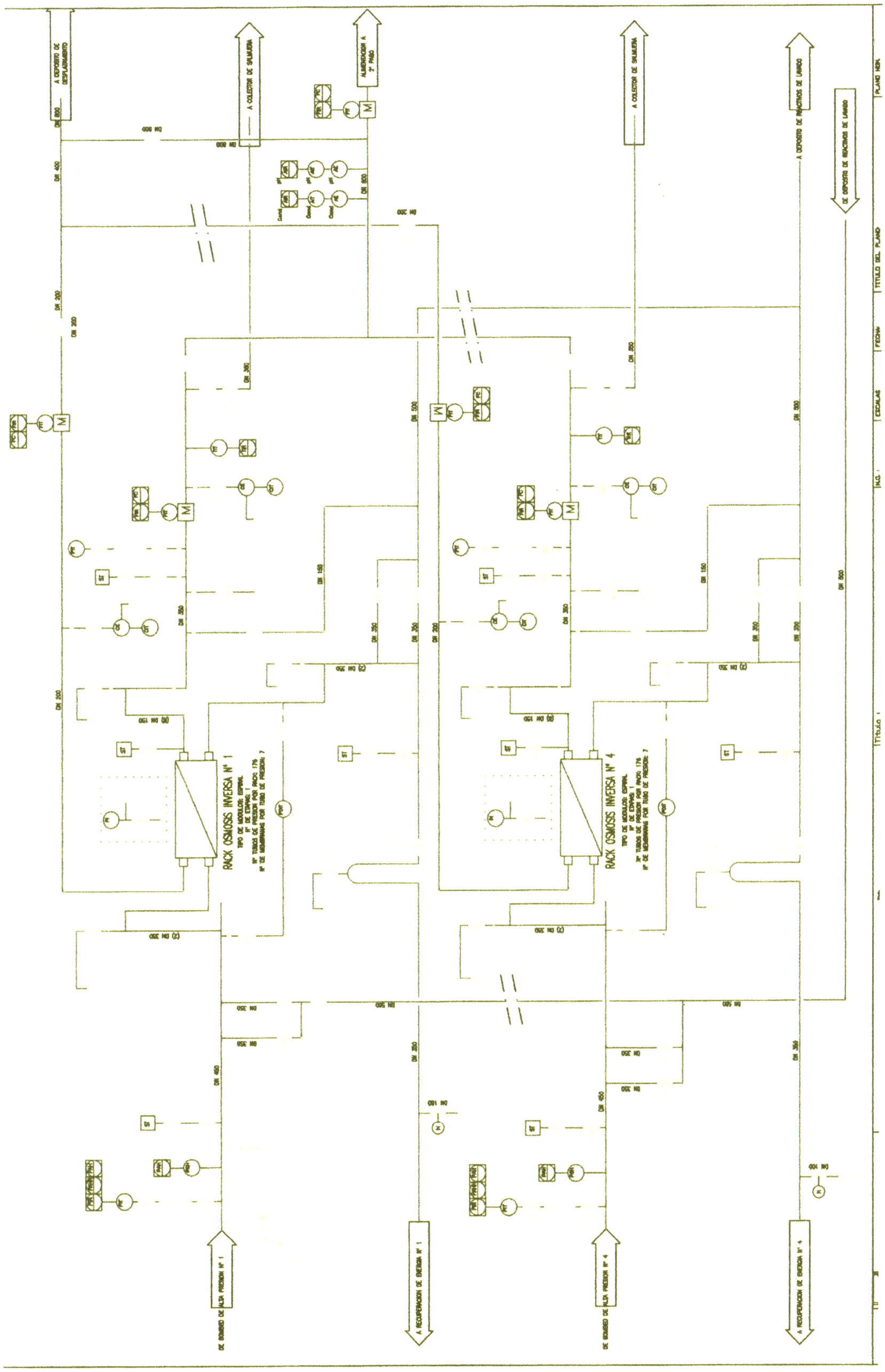

Figura 12.6 Primer paso

Diagrama del 2º paso

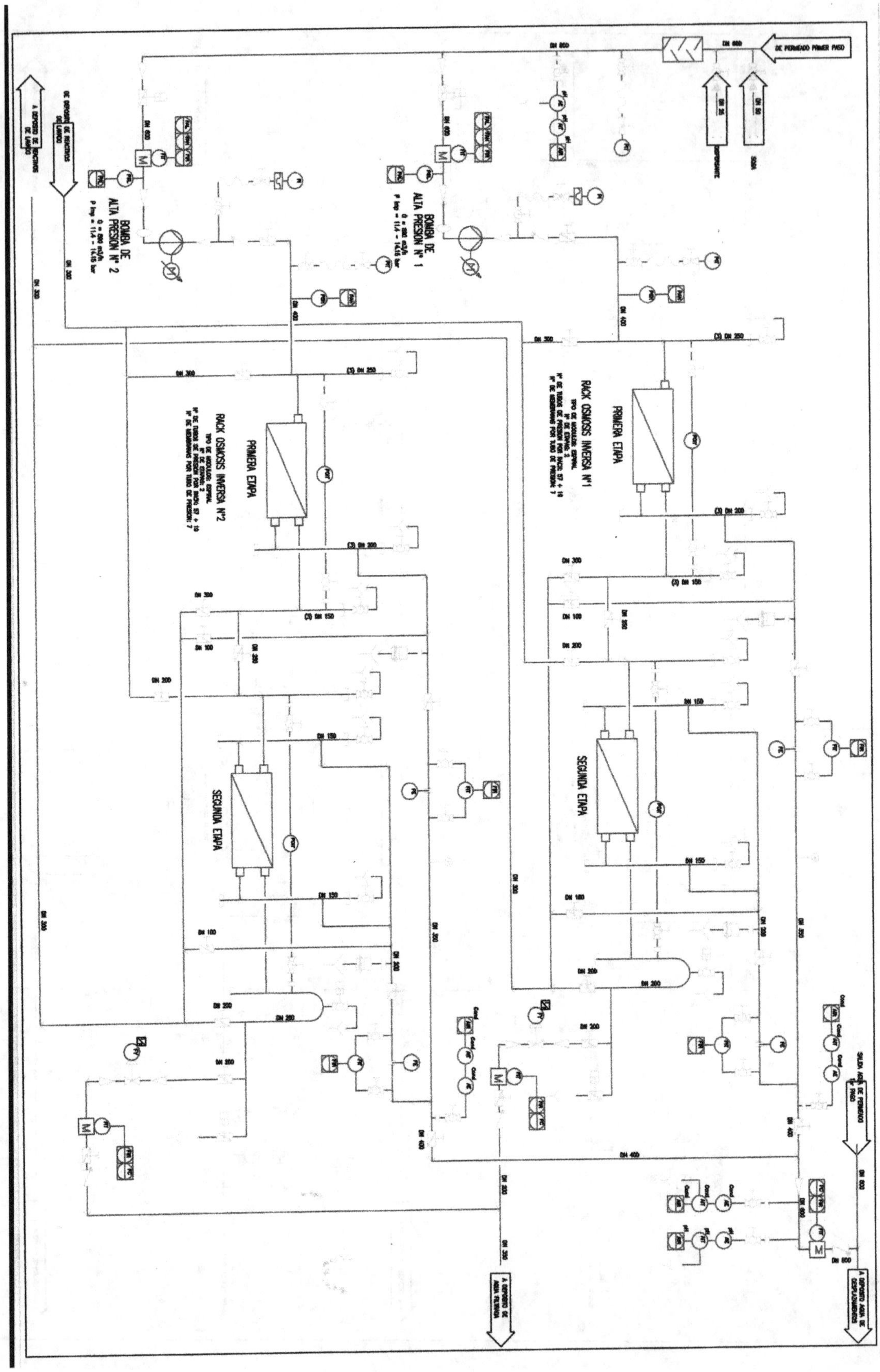

Figura 12.7 Segundo paso

13.EQUIPOS NECESARIOS EN LOS BASTIDORES DE ÓSMOSIS INVERSA

13.1 Tuberías de alta presión:

Se emplean tuberías soldadas hasta 4" tuberías menores son sin soldadura. Las normas son ANSI y la fabricación s/normas ASTM, empleamos los espesores según la tabla adjunta:

(Kg/cm2)	NOMINAL (inch)	NOMINAL (mm)	MINIMO (mm)	MINIMO	SCHEDULE (mm)
70	½	12,70	0,16	10S	2,11
70	¾	19,05	0,24	10S	2,11
70	1	25,40	0,32	10S	2,77
70	1 ¼	31,75	0,40	10S	2,77
70	1 ½	38,10	0,49	10S	2,77
70	2	50,80	0,65	10S	2,77
70	2 ½	63,50	0,81	10S	3.05
70	3	76,20	0,97	10S	3,05
70	3 ½	88,90	1,13	10S	3,05
70	4	101,60	1,29	10S	3,05
70	5	127,00	1,62	10S	3,4
70	6	152,40	1,94	10S	3,4
70	8	203,20	2,59	10S	3,76
70	10	254,00	3,23	10S	4,19
70	12	304,80	3,88	20	6,35
70	14	355,60	4,53	20	7,92
70	16	406,40	5,17	20	7,92
70	18	457,20	5,82	20	7,92
70	20	508,00	6,47	20	9,53

Para tuberías que vayan a conexionarse a uniones tipo Vitaulic deben ser siempre de Sch40.

13.2 Accesorios

Se emplean uniones tipo Victaulic de AºCº galvanizadas con tornillos en INOX, o en en Duplex. Se está imponiendo la construcción de las juntas victaulic en AISI 316l frente al acero al carbono galvanizado. Los fabricantes habituales son VICATULIC y PEIDMONT

STAINLESS STEEL – GROOVED COUPLINGS **17.14**

VICTAULIC® IS AN ISO 9001 CERTIFIED COMPANY

Style 475 Lightweight Flexible Stainless Steel Coupling

PRODUCT DESCRIPTION

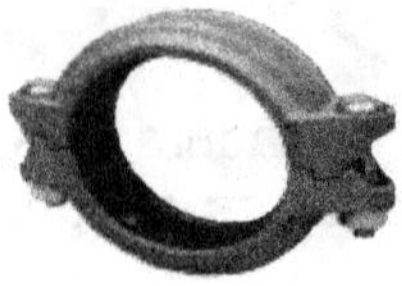

Patent Pending

Designed to provide a durable mechanical joint for grooved end stainless steel piping systems, Style 475 stainless steel couplings are Type 316 (CF8M) stainless steel for corrosion resistance and strength. See chart on page 2 for pressure ratings.

Stainless steel track bolts, which provide single-wrench tightening, are provided as standard.

The Victaulic system accommodates expansion/contraction/deflection and permits designers to take advantage of these characteristics. Elimination or reduction of special vibration accessories, expansion loops and settlement allowance are among the options. Request 26.01, 26.02 and 26.04 for additional details.

Unique design features of the Style 475 coupling permit assembly by removing one nut/bolt and scissoring housing over gasket. This reduces the number of components to handle during assembly, which speeds and eases installation.

DIMENSIONS

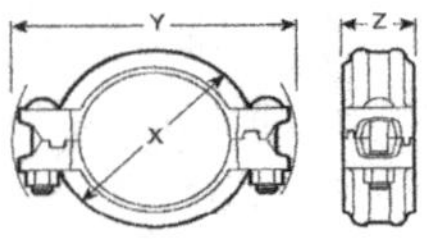

Pipe Size		Allow. Pipe End Sep. † In./mm	Deflect. Fr. C_L †		Bolt/Nut No. – Size Inches	Dimensions Inches/millimeters			Approx. Wgt. Ea. Lbs. kg
Nominal Diameter In./mm	Actual Outside Diameter In./mm		Per Cplg. Deg.	Pipe In./Ft. mm/m		X	Y	Z	
1 25	1.315 33,7	0 - 0.06 0 - 1,6	2° - 43´	0.57 48	2 - 3/8 X 2	2.45 62	4.36 111	1.63 41	1.5 0,7
1 1/4 32	1.660 42,4	0 - 0.06 0 - 1,6	2° - 10´	0.45 38	2 - 3/8 X 2	2.84 72	4.67 119	1.72 44	1.9 0,9
1 1/2 40	1.900 48,3	0 - 0.06 0 - 1,6	1° - 56´	0.40 33	2 - 3/8 X 2	3.22 82	4.74 120	1.72 44	2.2 1.0
2 50	2.375 60,3	0 - 0.06 0 - 1,6	1° - 30´	0.32 26	2 - 3/8 X 2	3.30 84	5.03 128	1.80 46	1.7 0,8
2 1/2 65	2.875 73,0	0 - 0.06 0 - 1,6	1° - 15´	0.26 22	2 - 3/8 X 2	3.88 99	5.59 142	1.80 46	1.9 0.9
76,1 mm	3.000 76,1	0 - 0.06 0 - 1,6	1° - 12´	0.25 21	2 - 3/8 X 2	4.00 102	5.73 146	1.80 46	2.0 0,9
3 80	3.500 88,9	0 - 0.06 0 - 1,6	1° - 1´	0.21 18	2 - 1/2 X 2 3/4	4.50 114	6.67 169	1.80 46	2.9 1,3
4 100	4.500 114,3	0 - 0.13 0 - 3,2	1° - 35´	0.33 28	2 - 1/2 X 2 3/4	5.75 146	7.96 202	2.00 51	4.2 1,9
139,7 mm	5.500 139,7	0 - 0.13 0 - 3,2	1° - 18´	0.27 23	2 - 1/2 X 2 3/4	6.81 173	8.97 228	2.00 51	4.9 2,2
‡165,1 mm	6.500 165,1	0 - 0.13 0 - 3,2	1° - 6´	0.23 19	2 - 5/8 X 3 1/2	7.87 200	10.53 268	2.00 51	6.8 3,1

† Allowable Pipe End Separation and Deflection figures show the maximum nominal range of movement available at each joint for standard **roll** grooved pipe. *Figures for standard* ***cut*** *grooved pipe may be doubled. These figures are maximums; for design and installation* purposes these figures should be reduced by: 50% for 3/4 - 3 1/2" (20 - 90 mm); 25% for 4" (100 mm) and larger.
‡ Denotes JIS pipe sizes.

This product shall be manufactured by Victaulic Company. All products to be installed in accordance with current Victaulic installation/assembly instructions. Victaulic reserves the right to change product specifications, designs and standard equipment without notice and without incurring obligations.

3594 REV B

Victaulic Company of America • Phone: 1-800-PICK-VIC (1-800-742-5842) • Fax: 610-250-8817 • e-mail:pickvic@victaulic.com
Victaulic Company of Canada • Phone: 905-884-7444 • Fax: 905-884-9774 • e-mail: viccanada@victaulic.com
Victaulic Europe • Phone:32-9-381-1500 • Fax: 32-9-380-4438 • e-mail: viceuro@victaulic.be
Victaulic America Latina • Phone: 610-559-3300 • Fax: 610-559-3608 • e-mail: vical@victaulic.com
Victaulic Asia Pacific • Phone: 65-6235-3035 • Fax: 65-6235-0535 • e-mail: vicap@victaulic.com

Victaulic®

13.3 Válvulas de alta presión

Válvulas de macho

Normalmente se emplean válvulas de macho hasta 14” inclusive con conexiones soldadas diseñadas para 600 psig.

Se emplean con actuadores manuales (desmultiplicadores), actuadores neumáticos de doble efecto y actuadores eléctricos, estos se emplean solo en los casos de válvulas con posicionador.

Respecto al tamaño de las válvulas de macho es probable que en tamaños grandes (10",12",14") salga más barato colocar reducciones para poner (1) tamaño menor a la válvula respecto al tamaño de la tubería.

Suministradores Xomox, MTS y E-control.

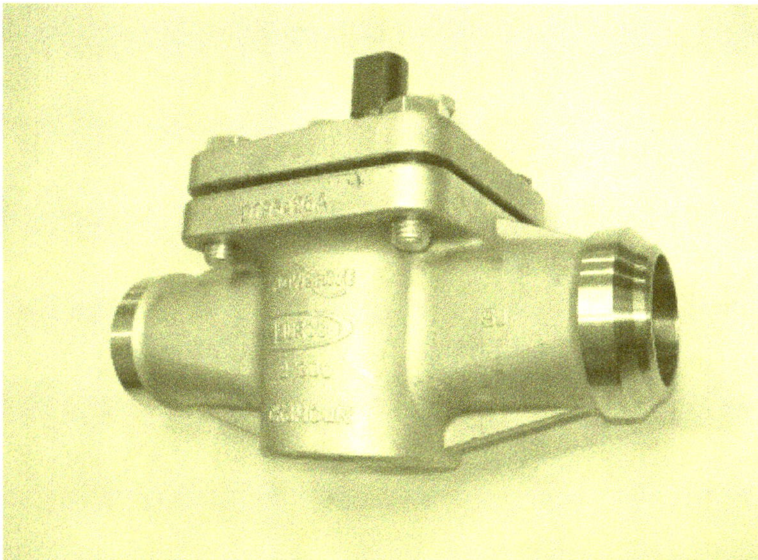

Figura 13.1. Cuerpo de válvula de macho

Los materiales habituales de las válvulas de macho son :

Macho	AISI 904L
Cuerpo	AISI 904L
Tapa	AISI 904L
Camisa	PTFE
Junta	INOX
Anillo prensa	DON 1.4539

Válvulas de retención

En las válvulas de retención se utilizan las tipo dual check montaje entre bridas para 600 psig, suministradores BELGICAST y CRANE.

Válvulas de mariposa

Se venden válvulas de mariposa de 600 psig para montaje entre bridas de 16" y mayores de la casa BRAY que se pueden utilizar para descarga de bombas y aislamiento de colectores, **pero tener en cuenta que la válvula de mariposa requiere (2) bridas en superduplex** .

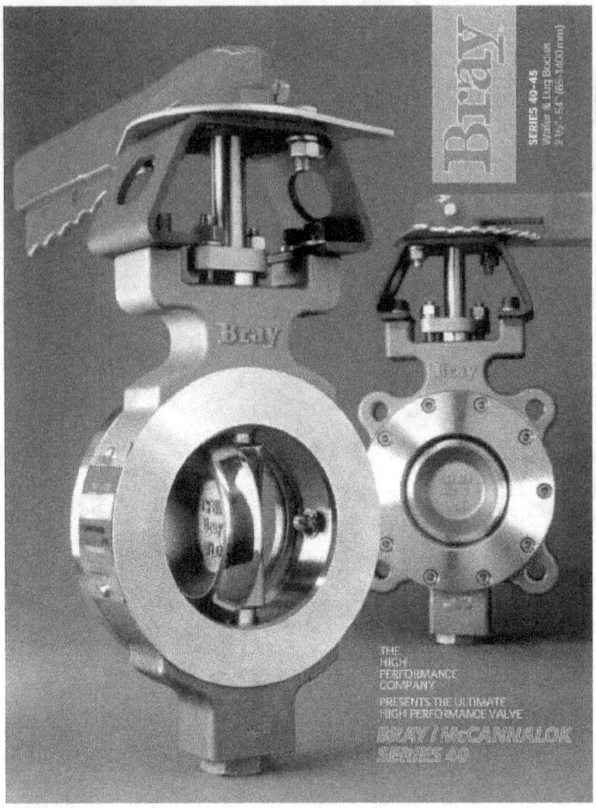

Figura 13.2

13.4 Válvulas de baja presión

Se emplean válvulas de mariposa iguales a las usadas en pretratamiento excepto las de agua tratada que son con mariposa en Aºinox.

En los tubos de presión se colocan en la salida de permeado válvulas de (3) vías lo que nos permite poder aforar la producción de agua producto de un tubo de presión e incluso sondearle para detectar anomalías en membranas o interconectares.

La válvula de control de perneado puede colocarse de mariposa con posicionador si la perdida de carga es menor a 3 bar, para perdida de carga mayores utilizar válvulas de control de asiento esférico (MASOLNEILAN o SAMSON).

13.5 Tubería baja presión

Corresponde a la tubería tratada, material UPVC (está aprobada por el DWI) polipropileno y diseñada para una presión de 10 bar.

13.6 Panel toma de muestras

Cada bastidor lleva un panel de toma de muestras donde se llevan las muestras de cada uno de los tubos de presión para la medida de la conductividad mediante una válvula de enchufe rápido que lleva conectada cada muestra. Cada panel lleva un conductivimetro con él que se mide la conductividad.

Figura 13.3 . Fotografía de toma muestras

13.7 Instrumentación

Los medidores de caudal se colocan electromagnéticos y en el lado de baja presión. En las cámaras isobáricas se coloca uno en la aspiración de la bomba booster (PN 64 de la casa KRONHE) para agua de mar y salmuera se emplean electrodos de Hastelloy C, cuando se montan en tubería de plástico deben llevar incorporado el electrodo de referencia o tierra.

Los transmisores de presión y presión diferencial se suministran con cámaras en Aisi-316 y membrana en Hastelloy C.

Transmisor de temperatura suministrarlo con vaina para soldar en tubería material superduplex

La instrumentación de conductividad y pH normalmente va en by-pass pero las células deben soportar (1) bar para poder enviar el agua tratada a depósito de servicios, suministradores (YOKOGAWA, ROSEMOUNT, ABB)

Figura 13.4 Instrumentación

14SISTEMA DE LIMPIEZA EN BASTIDORES

La superficie de la membrana está sujeta a ensuciamiento por el paso del agua, este ensuciamiento se refleja en lo siguiente:

Aumento de perdida de carga entre la alimentación y el concentrado o salmuera entre un 10 al 15%.

- Perdida de caudal de producto para la misma presión en un 10 a 15%.
- Perdida de calidad del producto o incremento del paso de sales en un 10 al 15%.

Estos valores deben comparase sobre datos normalizados.

El tipo de ensuciamiento varía con los diferentes tipos de agua los más importantes son:

- Precipitados de carbonato cálcico, sulfato cálcico, sulfato de estroncio y sulfato de bario
- Oxidación por metales (hierro, manganeso, cobre, aluminio, etc)
- Depósitos de origen coloidal orgánicos e inorgánico
- Materia orgánica y biológica (bacterias, algas etc)

Figura 14.1. Bombas lavado

14.3 Productos que se usan para la limpieza

Normalmente se usan limpiezas ácidas y limpiezas básicas, con productos sólidos y líquidos

- **Para los precipitados de CO_3Ca, SO_4Ca, SO_4Ba, SO_4Sr, F_2Ca.** Se emplean ácidos débiles como:
  - Ácido cítrico al 2%
  - Ácido fosfórico al 0,5%
  - Ácido clorhídrico 0,5%

- **Para los precipitados de óxidos metálicos.** Se emplean ácidos débiles como:

  - Ácido fosfórico al 0,5%
  - Ácido sulfa mico al 0,2%

- **Para coloides inorgánico y bio fouling.** Se emplean detergentes de la casa HENKEL. **P3-ULTRASIL** 10 al 0,7-1,5% con Hidróxido sódico para conseguir un pH entre 11 y 12.

14.4 Como se limpian las membranas

Normalmente se limpian las membranas haciendo circular el producto de limpieza por las membranas en la misma dirección que el agua de mar.

Las etapas de limpieza son:

1. Desplazamiento del agua de mar.
2. Llenado de membranas con la solución de limpieza.
3. Recirculación a bajo caudal 15- 30 minutos.
4. Remojo de las membranas de 1a 12 horas.
5. Recirculación al máximo caudal 1 hora.
6. Desplazamiento del producto de limpieza con agua de mar.

El caudal de recirculación a máximo caudal entre 30 y 45 gpm o entre 6 y 10 m3/h por tubo de 8"

14.5 Equipos que se necesitan para la limpieza de membranas

En el bastidor se necesitan (2) válvulas por sub-bastidor una de entrada y otra de salida pueden ser manuales o automáticas aunque recomendamos que sean automáticas y (1) válvula automática por sistema de recuperación.

La limpieza del bastidor se hace por sub-bastidores para evitar que los equipos de limpieza sean muy grandes.

El equipo común a todos los bastidores debe estar integrado por los siguientes equipos como se ve en el diagrama de la pagina siguiente.

- Deposito de limpieza química que llevará integrado un agitador mecánico, un calentador eléctrico y un equipo de medida de nivel. Cuando el deposito es grande se suele colocar un deposito pequeño de 2000 l donde se mezcla el producto y con una bomba se bombea al deposito grande, con la bomba de limpieza se recircula para mezclarlo, de esta forma eliminamos el agitador del deposito grande.

- Bombas centrifugas (2) o (3) según lleven variador de velocidad o no. Con estas bombas se hace el desplazamiento, creo que la opción más recomendable es usar (2) 1+1 con variador de velocidad.

- Filtro de cartuchos para retener las impurezas que se sacan de las membranas.

- Medidor de caudal en la impulsión y en la descarga.

- pH-metro para el control de la limpieza química.

- Conductivimetro para el control del desplazamiento.

- Colectores y válvulas manuales para el aislamiento de los equipos.

Cuando la temperatura del agua de mar es alta 35 ºC es conveniente colocar un refrigerador con cambiador de calor para enfriar el producto de limpieza química hasta 30 ºC.

14.6 Como se dimensionan los equipos

- **Deposito de limpieza química**

  Debe tener un volumen suficiente para llenar lo tubos de presión, tubería de limpieza ida y vuelta y tener suficiente volumen para que las bombas puedan funcionar sin cavitar. Se construye en PRFV o PE.

- **Bombas centrifugas**

  Deben estar diseñadas para dar un caudal de nº de tubos x 9 m3/h, si se emplea variador puede utilizarse (1+1) en caso contrario utilizar (2+1), la presión debe estar entre 50-60 mca , se suministran en AISI-316L, estas bombas se usan para el desplazamiento.

- **Filtro de cartuchos**

  Debe estar diseñado para el máximo caudal de lavado, caudal de diseño 15 – 20 m/h se deben emplear cartuchos bobinados los mismos que en la planta. El material del filtro puede ser PRFV.

- **Tuberías de alimentación y retorno**

  Deben estar diseñadas para una velocidad entre 2,5 a 3m/seg, aunque es una velocidad alta funciona temporalmente. Material PRFV presión diseño 7,5 bar.

- **Válvulas de macho**

  Las válvulas de entrada y salida de lavado en bastidores es conveniente que sean automáticas, en el caso de que sean manuales colocar finales de carrera en el cierre de forma que impidan arrancar a la bomba de alta presión si estas están abiertas.

- **Válvulas de mariposa**

  Pueden ser manuales excepto la de entrada de agua de servicio para el desplazamiento y las (2) válvulas de retorno de la limpieza química, la que va a drenaje y la que entra en el depósito.

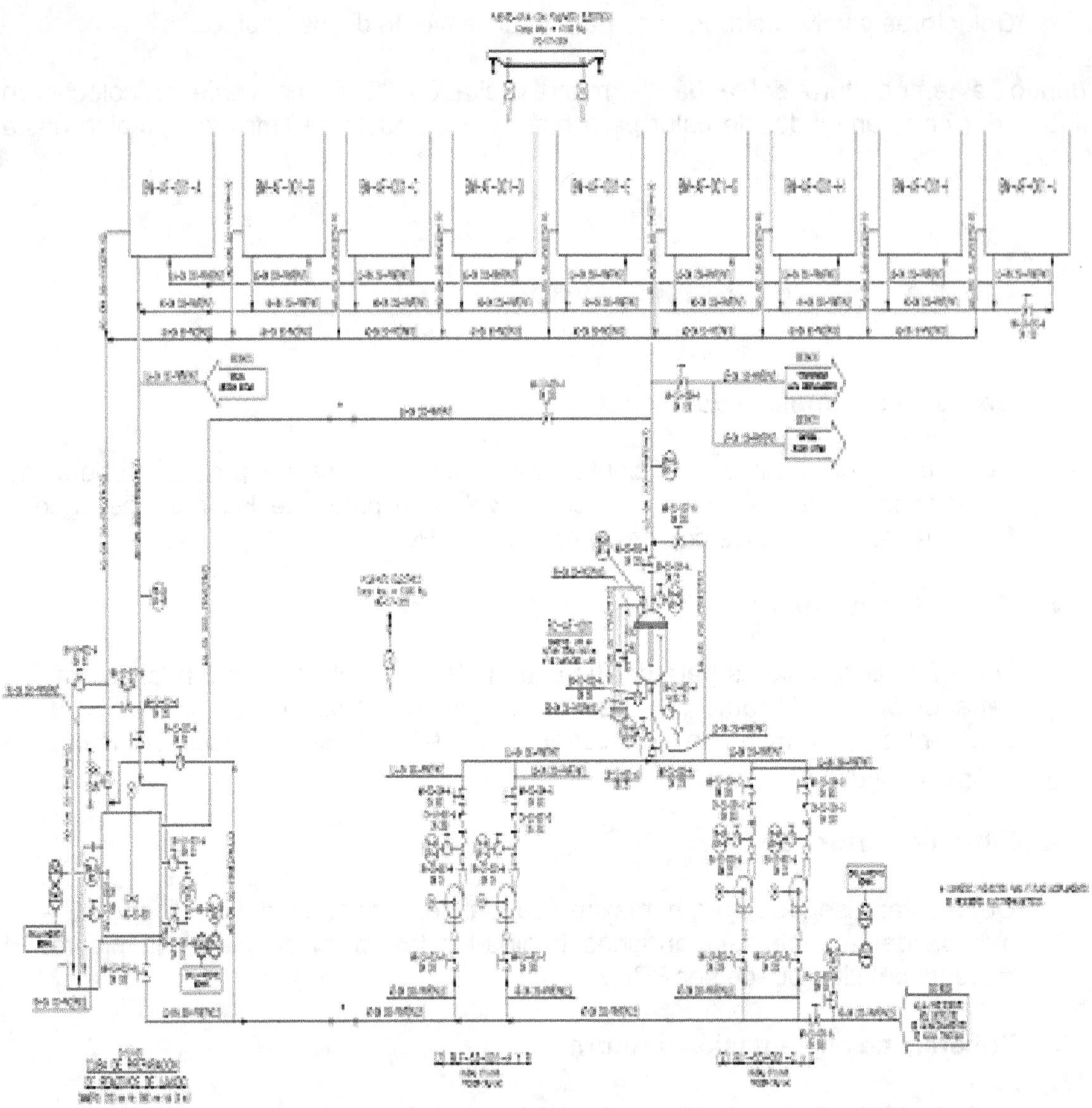

Figura 14.2. P&ID lavado membranas

14.7 Deposito de agua de servicios

La planta necesita agua de servicios (agua tratada sin ningún tratamiento) para dilución de reactivos, desplazamiento y limpieza química.

Este depósito debe tener la capacidad suficiente para hacer un desplazamiento a todos los bastidores (numero de bastidores x volumen de agua de un bastidor). Se llena de forma automática mediante una válvula de mariposa automática (DN 100) controlada por un LT.

Hasta ahora el llenado del deposito se hacía colocando la tubería de agua tratada en este depósito y por rebose pasaba a la cámara de CO_2, pero con los tratamientos que se hacen al agua tratada es mejor hacerlo de forma independiente.

Del depósito de agua de servicios hay que colocar una tubería de agua tratada al sistema de desplazamiento y limpieza química, no es correcto hacer la toma en el colector de agua tratada como hemos hecho en algunas instalaciones.

15ACONDICIONAMIENTO DEL AGUA TRATADA

Normalmente el agua de salida de una planta de Osmosis Inversa requiere cierto acondicionamiento ya que sale con muy pocas sales, es muy agresiva y no lleva ningún tipo de desinfección que permita utilizar el agua como potable. Entre los tratamientos de acondicionamiento están los siguientes:

- **Control del SAR del agua tratada**
- **Reducción de Boro**
- **Remineralización del agua tratada**
- **Desinfección del agua tratada**
- **Otros tratamientos**

15.1 Control del SAR

En alguna instalación se nos ha limitado el SAR del agua tratada especialmente cuando se dedica para regadío.

La relación de absorción de sodio SAR es un parámetro que refleja la posible influencia del ión sodio sobre las propiedades del suelo, ya que tiene efectos dispersantes sobre los coloides del suelo y afecta a la permeabilidad. Sus efectos no dependen solo de la concentración en sodio sino también del resto de cationes. Se basa en una fórmula empírica que relaciona los contenidos de sodio, calcio y magnesio y expresa el porcentaje de sodio de cambio en el suelo en situación de equilibrio.

SAR=Na/((Ca*Mg)/2)^1/2

Si un agua predomina el ión sodio, inducirá cambios de calcio y magnesio por sodio en el suelo, lo que podría llevar a la degradación de este.

15.2 Reducción de Boro

El nivel de Boro que sale de un primer paso normalmente a temperaturas superiores a 20º suele ser mayor de (1) ppm y si la exigencia es menor de (1) ppm requiere cierto tratamiento en parte del caudal que sale de la Osmosis Inversa.

Hay (2) tratamientos para la reducción de Boro:

- **Por Osmosis Inversa**
- **Por Cambio Iónico**

Reducción de Boro por Ósmosis Inversa

En este **1º caso** es necesario colocar un 2º paso para parte del caudal del agua tratada de forma que la mezcla sea inferior al valor solicitado. Se emplean membranas de baja salinidad alto rechazo de boro (BW30LE400, ESPAB), que trabajan a bajas presiones entre 10 -15 bar con conversiones del 90% en (2) etapas y flujos de 35 a 40 l/h.m2.

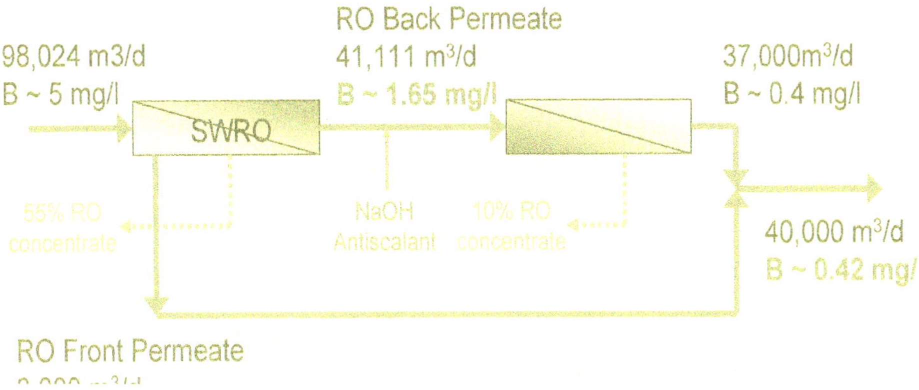

Figura 15.1 Sistema dos pasos

Debemos tener en cuenta que las membranas tienen alto rechazo a las sales de boro pero pobre rechazo al ácido bórico por ello debemos dosificar sosa cáustica para subir el pH a valores entre 9 y 10 y convertir el ácido bórico en borato. Debido a que trabajamos a conversión alta y alto pH es necesaria la dosificación de dispersante porque podemos tener precipitados de Magnesio.

La bomba de alimentación debe llevar variador de velocidad, los materiales a emplear son AISI-316. Se pueden emplear válvulas de mariposa PN16, la válvula de control a la salida del concentrado debe ser de doble asiento PN16 en AISI-316 (MASONEILAN o SAMSON)

Normalmente el nº de tubos de este 2º paso es pequeño por lo que puede hacerse de (2) formas:

- Colocando los tubos del 2º paso sobre el bastidor del 1º paso, con una bomba independiente por bastidor.
- Hacer un bastidor independiente con el 2º paso con varias bombas de alimentación para este 2º paso.

Cambio iónico

En el **2º caso** es tratar parte del agua por columnas con resinas de cambio iónico que se regeneran con ácido sulfúrico y sosa cáustica los suministradores de las resinas para este sistema son (DOW y ROHM & HAAS),

En un análisis superficial de ambos sistemas parece que el costo de inversión es mayor en el cambio iónico pero tiene menores gastos de explotación, Adjuntamos comparativo de los costos de inversión y explotación detallado para ambos sistemas. En cualquier caso, es necesario en cada caso realizar estudio particular

KEY DATA

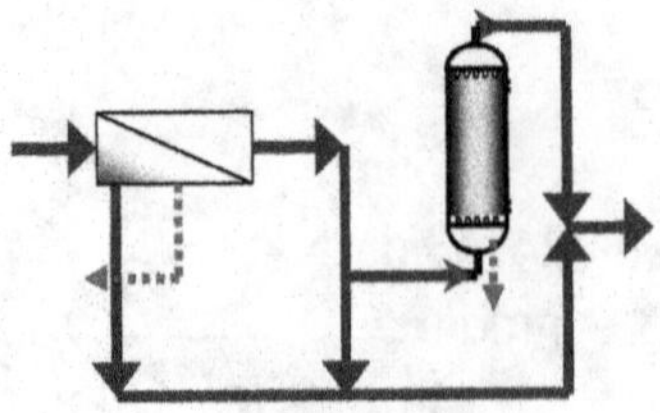

Resin volume	54 m^3
Resin lifetime	10 years
Resin make-up	3% /year
CAPEX IX	3.4 M$
Maintenance	3% /year
Acid (100%)	0.25 $/kg
Caustic (100%)	0.35 $/kg
RO water (wasted)	0.30 $/$m^3$
Power	0.06 $/KWh
Inflation	1.5% /year
NPV discount rate	10% /year

Cash Flow NPV

10 years	**0.05 $/$m^3$**
20 years	**0.03 $/$m^3$**

KEY DATA

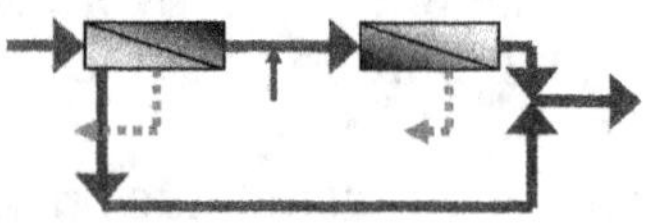

Membranes	1,182 pcs
Membrane lifetime	10 years
CAPEX 2nd-pass RO	3.25 M$ +10% on 1st-pass
Maintenance	3% /year
Caustic (100%)	0.35 $/kg
RO water (wasted)	0.30 $/$m^3$
Power	0.06 $/KWh
Inflation	1.5% /year
NPV discount rate	10% /year

Cash Flow NPV

10 years	**0.08 $/$m^3$**
20 years	**0.06 $/$m^3$**

15.3 Remineralización del agua tratada

Consiste en añadir bicarbonatos al agua tratada para aumentar su alcalinidad, aumentar el pH y reducir el grado de agresividad según el índice de Langelier de forma que este sea 0 o ligeramente positivo para que el agua no se sea corrosiva. La normativa actual exige que el índice LSI sea ±0,5.

Existen básicamente dos métodos para remineralizar el agua **1º con hidróxido cálcico (cal) y CO_2** y el **2º con Calcita y CO2**

El más usado es el método 1º y el 2º lo ha desarrollado el Centro Canario del Agua en España. En otros países (Oriente medio) hay instalaciones funcionando, con un diseño diferente.

La dosificación con cal es más económica en inversión pero más cara en explotación por el mayor consumo de CO_2.

15.4 Remineralización del agua con hidróxido cálcico (cal) y CO_2

Para la remineralización se parte de cal en polvo grado alimenticio y CO_2 grado alimenticio.
La reacción que se desarrolla es la siguiente:

$$\mathbf{2CO_2+Ca(OH)_2 \rightarrow (HCO_3)_2Ca}$$

Existen varios programas de cálculo que te calcula la dosis de cal y dosis de CO_2 en función del de la alcalinidad que deseas y el LSI resultante. También se puede utilizar Oxido de cal en vez de Hidróxido cálcico pero se necesita convertir el oxido en hidróxido de cal mediante agua, esta reacción es exotérmica y se debe hacer en equipos llamados apagadores de cal, aunque es más económico el oxido que el hidróxido no lo recomiendo usar por los problemas que tiene su manejo, además el oxido de cal tiene más impurezas que el hidróxido de cal.
Una vez conocida la cantidad de CO_2 y cal y para mezclarlos con el agua tratada debemos tener en cuenta lo siguiente:

- El hidróxido cálcico (cal) se debe preparar en lechada de cal al 3% máximo.
- Depende el tipo de instalación que tengamos y de la cantidad de cal, se puede dosificar la lechada de cal directamente en la tubería de agua tratada.
- Lo normal es que se prepare el agua saturada de cal y se mezcle con el agua tratada.
- Primero se dosifica el CO_2 y después se mezcla el agua saturada de cal ya que en caso contrario se producen precipitados de carbonato cálcico

Existen (3) sistemas para realizar la mezcla del CO_2 y el agua saturada de cal con el agua tratada

1. **Cuando el depósito de agua tratada no está en planta y está cierta distancia de la planta**
2. **Mezclar el CO_2 y el agua saturada de cal en cámaras separadas y adyacentes al depósito de agua tratada**
3. **Mezclar el CO2 y agua saturada de cal en la tubería de alimentación al depósito de agua tratada**

1.-Cuando el depósito de agua tratada no está en planta y está a cierta distancia de la planta.

Se dosifica el CO_2 en la aspiración de las bombas y la lechada de cal o el agua saturada de cal en la impulsión y se coloca un mezclador estático.

Si la cantidad de cal no es muy grande y se puede dosificar con bombas dosificadoras, se elegiría esta solución en vez de colocar saturador de cal (se necesita colocar un filtro en la lechada de cal para retener arenas y el deposito de lechada de cal hacerlo para (2-3) horas de tiempo retención)
La dosificación del CO_2 y de la lechada de cal se hace proporcional al caudal y se coloca un pH-metro a la salida para regular la aportación de lechada de cal.

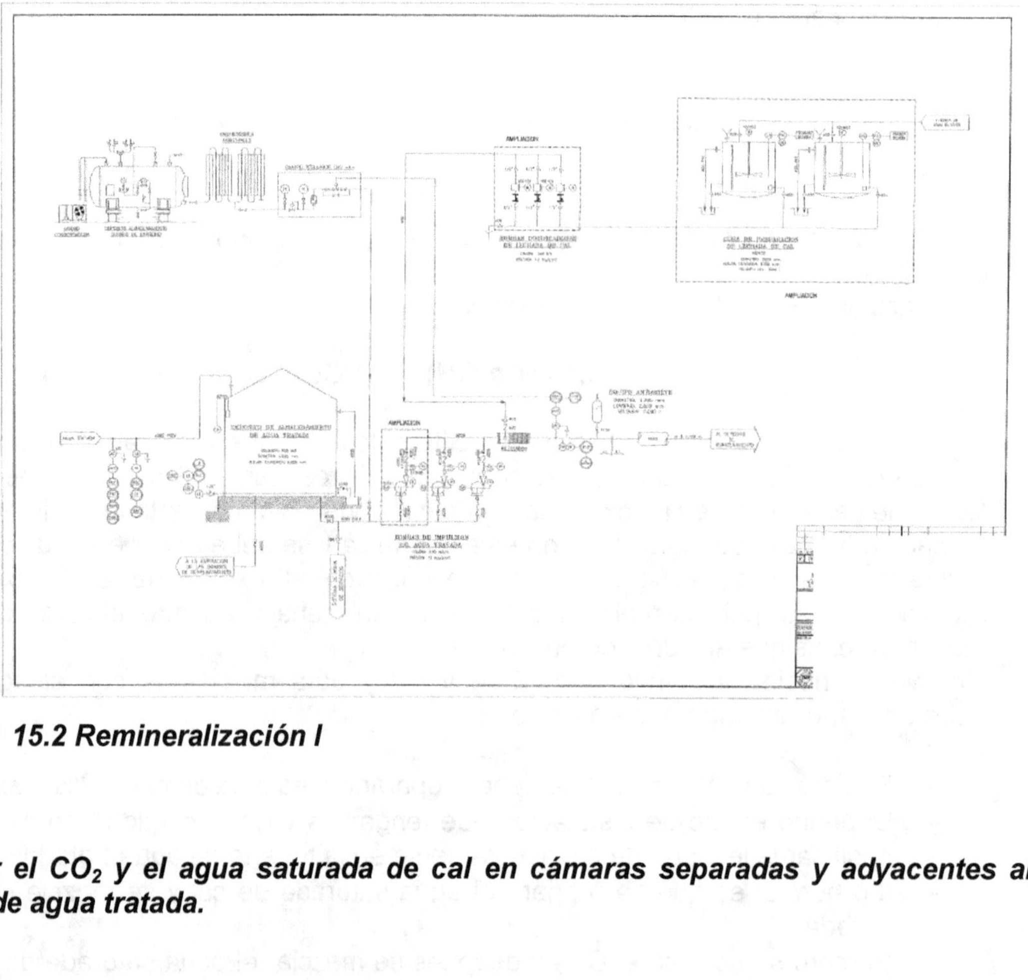

Figura 15.2 Remineralización I

2.-Mezclar el CO_2 y el agua saturada de cal en cámaras separadas y adyacentes al deposito de agua tratada.

Para obtener un buen rendimiento en este sistema la altura de agua en las cámaras debe ser mínimo de 4.5 a 5 mt y si es mayor mejor

El CO2 se distribuye por unos tubos porosos de Aisi-316 de la marca PORAL y se requiere una superficie que se calcula a 6kg/h de CO_2 por m2 y el nº de bujías se calcula según el grafico adjunto. La dosificación de CO_2 se hace proporcional al caudal mediante una válvula de control situada en el circuito de CO_2 y un medidor de caudal (equipos suministrados por el suministrador de CO_2).

El agua saturada de CO2 se hace pasar por un paso sumergido a la cámara siguiente donde se mezcla con agua saturada de cal, para que esta mezcla se haga rápida se debe colocar un agitador sumergido de pocas revoluciones, la descarga de esta cámara al deposito de agua tratada debe hacerse por vertedero para que el nivel de ambas cámaras sea independiente del nivel del deposito.

La regulación del agua saturada de cal se hace mediante un pH-metro colocado en el vertedero de entrada al depósito que regula las bombas de impulsión del agua saturada de cal.

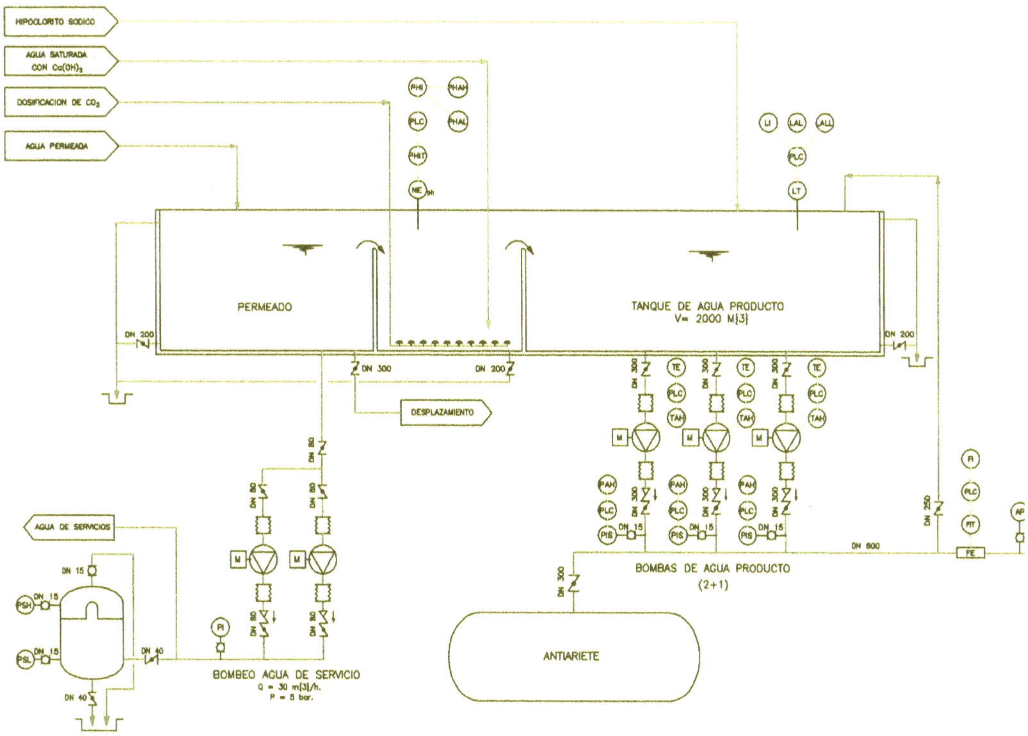

Figura 15.3 Remineralizacion II

Hay que tener en cuenta que el CO2 hay que dosificarlo siempre antes de la cal, para evitar la precipitación de carbonato cálcico en tubería. Por esa razón, se intenta se formen bicarbonatos mediante la adición en exceso de CO2

POROUS ELEMENTS
PORAL®

STAINLESS STEEL — Filtration efficiency

	PORAL GRADE		3	5	7	10	15	20	30	40
S	98 % particles stopped	micron	0,2	0,4	0,7	1,2	2	3,2	5	8
	99,9 % particles stopped	micron	0,5	1,2	2,3	3,6	6	8,6	13	20
UID	98 % particles stopped	micron	3,2	5,9	12	16	26	40	60	90
	99,9 % particles stopped	micron	4,5	9	16	24	37	58	90	130

Flow rate of gas (air)

e flows to be used are the actual flows.
te - For the calculation of the pressure drop the flow to used is the actual flow V_1

lculation of the actual flow, V1, in liters

$$V_1 = \frac{V}{P} \times \frac{t_1+273}{273}$$

Volume of the gas at t=0°C (in liters) under a one
absolute pressure
temperature of gas in °Celcius.
absolute pressure of the gas (in bars).

r gases under high flow and velocity, corrections may required. Refer to computational data sheet 3870 A or ntact us for further information.

PORAL
STAINLESS STEEL

Flow rate at 20°C
(viscosity
183 micropoises)
liters/hr/sq cm

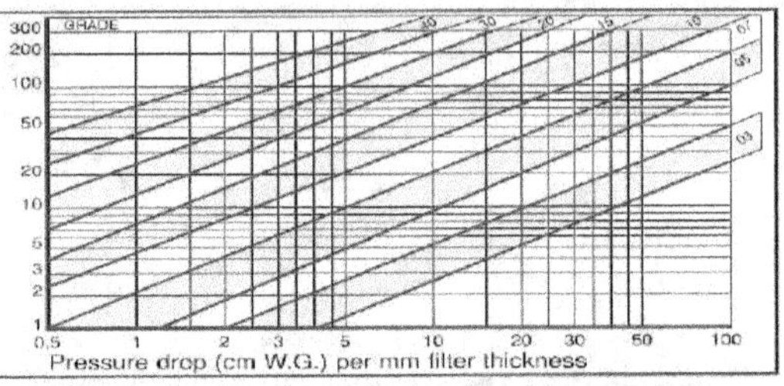

Flow rate of liquid (water)

P pressure drop in millibar read on the chart
viscocity in centipoise of the liquid at its use
nperature
thickness of the filter in mm.

PORAL
STAINLESS STEEL

Flow rate of water
at 20°C
(viscosity
1 micropoise)
liters/hr/sq cm

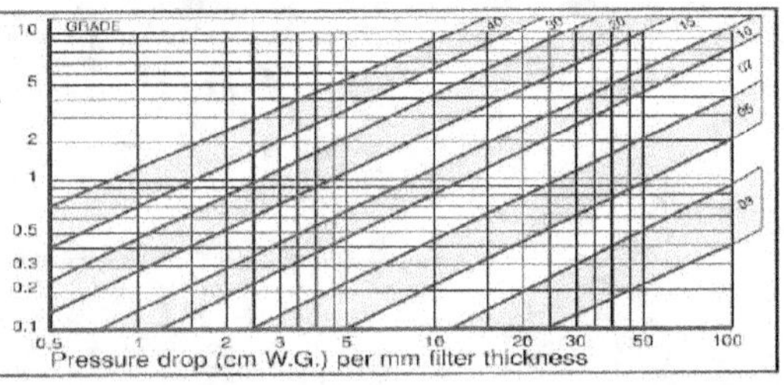

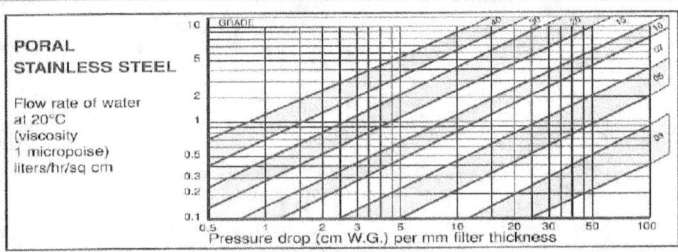

Physical characteristics

Stainless Steel Plates

tance between supports(mm)	50	50	100	100	150	150	250	250	300	300	500	500
ckness (mm)	3	5	3	5	3	5	3	5	3	5	3	5
erential pressure (bar)	5	12,5	1,25	3,25	0,5	1,4	0,2	0,5	0,1	0,3	0,03	0,1

Stainless Steel Tubes

signation	IS17	IS23	IS30	IS35	IS40	IS50	IS60	IS80	IS100
ernal differential pressure (bar)	30 à 70	40 à 95	20 à 50	10 à 30	10 à 30	10 à 25	10 à 19	9 à 18	7 à 14
rnal differential pressure (bar)	50 to 115	65 to 155	35 to 85	20 to 45	20 to 45	15 to 40	16 to 32	15 to 30	12 to 24

Stainless Steel Cones

l type	8	8	12	12	15	15	21	21
de	5	20	5	20	5	20	5	20
ernal differential pressure (bar)	300	250	250	200	250	200	150	100

Temperature : Working temperature ranges are :

ir	*Coefficient of linear expansion*	
RAL STAINLESS STEEL 450°C	PORAL STAINLESS STEEL type AISI 316L : $17{,}5 \times 10^{-6}$ °C	PORAL MONEL : $14{,}4 \times 10^{-6}$ °C
RAL INCONEL 600°C	PORAL STAINLESS STEEL type AISI 304L : $18{,}4 \times 10^{-6}$ °C	PORAL INCONEL : $11{,}5 \times 10^{-6}$ °C

POROUS ELEMENTS
PORAL®

STAINLESS STEEL

MATERIAL : PORAL STAINLESS STEEL (NF ISO 5755 - 3) (type AISI 316L)
Solid : end fitting, flanges, bases : STAINLESS STEEL Z2CND1712 (AFNOR) 316L (AISI)

On request : PORAL STAINLESS STEEL (NF ISO 5755 - 3) (type AISI 304L)
Solid : end fitting, flanges, bases : STAINLESS STEEL Z2CN 1810 (AFNOR), (type AISI 304L)
Welding : Argon (TIG)

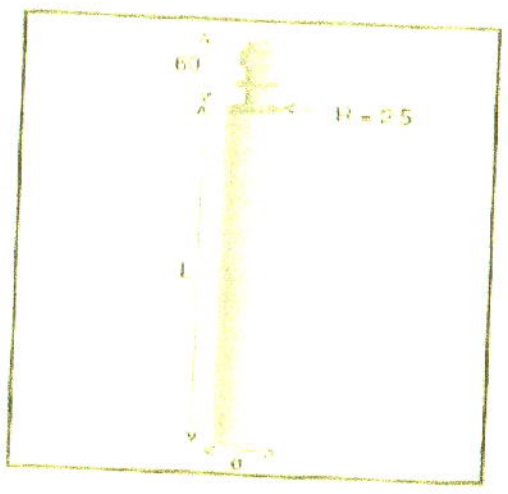

CANDLES

SS	BI 4.12	BI 4.25	BI 5.30	BI 5.60
e (mm)	40±1	40±1	50±1.5	50±1.5
L (mm)	125	250	300	600
S (cm²)	150	300	450	900
GRADE	03.05.10.15.20.30.40			

Designation : type - grade. Ex. : BI 5.30.05 e : see thickness of isostatic cast tubes.

Other materials of construction, grades, diameters length available upon request.

Thread : M 20/150 ø16

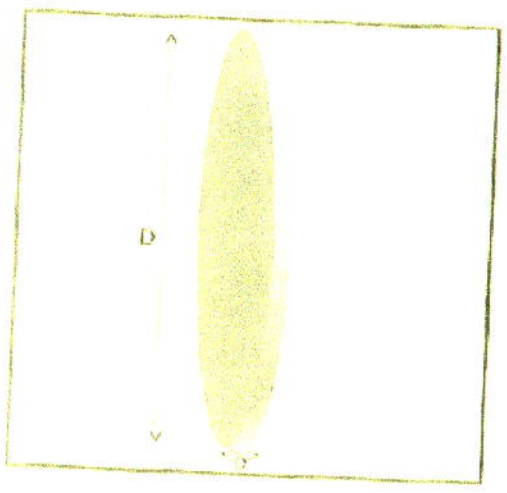

DISCS

SS	IC 10	IC 21	IC 30	IC 42	IC 60	IC 90	IC 114	IC 250
ø D (mm)	10	21	30	42	60	90	114	250
S (cm²)	0,78	3,5	7	14	28	63,5	102	450
GRADE	e=2		03 to 20					
	e=3		20 to 40	For IC 250 thickness : $3^{+0}_{-0,5}$				grade 03 a 40

Designation : type - thickness (X 10) - grade.
Example : IC 114.20.05

Tolerances js 15

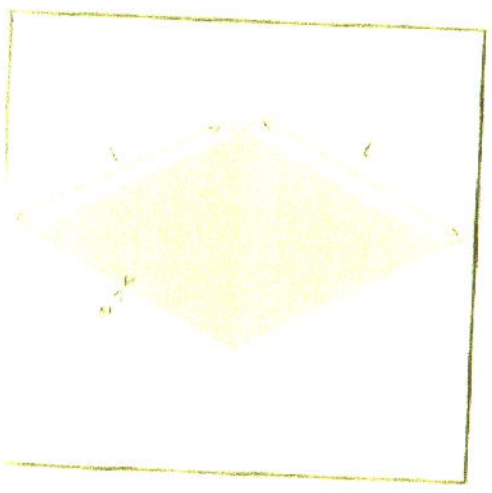

PLATES

SS	IK 5	IK 8	IK 10	IK 16
L (mm)*	600	500	300	250
l (mm)*	300	250	300	250
S (cm²)*	1800	1250	900	625
GRADE	$e = 3^{+0}_{-0,3}$	$e = 5^{+0,2}_{-0,3}$	grades 03 to 40	

Designation : type - thickness (x10) - grade. Example : IK 10.30.15 mini size of 300 x 300
* mini sizes

Higher dimensions are possible by basic IK plates welding.

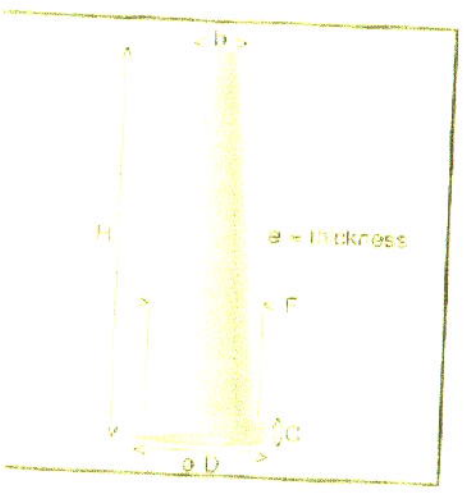

CONES (grades 05 and 20)

Designation	ICN8	ICN12	ICN15	ICN21
F (mm)	8	12	15	21
H (mm)	20	32	41	59
Dia D (mm)	13	17	21	27
e (mm)	1,5	2	2	2,5
c (mm)	2,5	2,5	3	3
b (mm)	1	2	2	2,8
S (cm²)	1	5	10	20

Para facilitar la mezcla de CO_2 con el agua tratada se debe mezclar antes de la cámara de CO_2 con agua saturada de cal hasta un pH de 8 con una válvula de control DN 50 (membrana con posicionador) y pH-metro que regula la aportación de agua saturada de cal al circuito, a pH mayores se puede producir precipitado de CO_3Ca y taponamos el mezclador estático.

3.-Mezclar el CO2 y agua saturada de cal en la tubería de alimentación al depósito de agua tratada

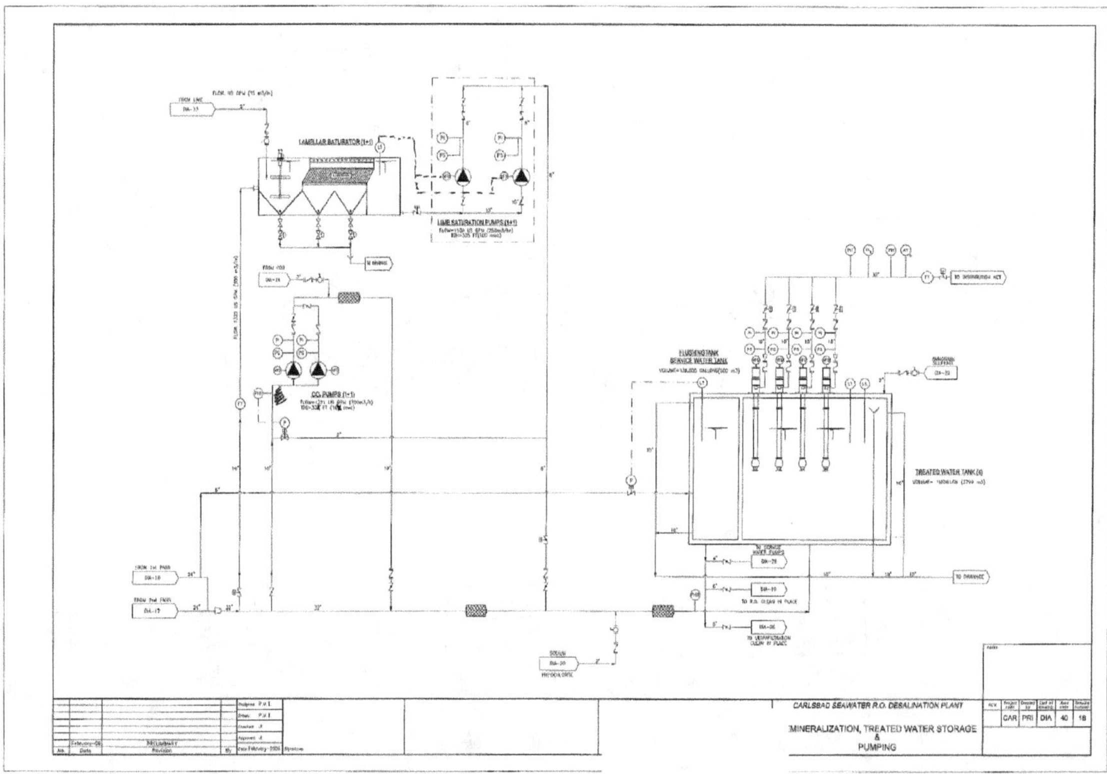

Figura 15.4 Remineralización III

La mezcla se realiza en la tubería de entrada al depósito de almacenamiento de agua tratada mediante mezcladores estáticos.

La primera mezcla es el CO_2 gas con agua tratada, en un circuito independiente al colector principal. Para ello se requieren (1+1) bombas centrifugas con un caudal de 2 m3/h por (1) ppm de CO_2 y una presión de 20 mca (en función de la perdida de carga del mezclador estático) estos datos son provisionales ya que carecemos de experiencia y han sido obtenidos del suministrador del mezcladores estático.

La dosificación de CO_2 se hace proporcional al caudal mediante una válvula de control situada en el circuito de CO_2 y un medidor de caudal (equipos suministrados por el suministrador de CO_2)

Lo que se pretende con esta mezcla es disolver todo el CO_2 en el agua y conseguir la formación del ácido carbónico antes de la mezcla con el agua saturada de cal.

El agua mezclada con CO_2 se mezcla con el resto de agua tratada en el 1º mezclador estático de la línea principal, posteriormente se mezcla el agua tratada con el agua saturada de cal en el 2º mezclador estático, a la salida del 2º mezclador estático se controla el pH el cual regulará la aportación de agua saturada de cal al circuito principal.

La diferencia entre el sistema nº2 y el sistema nº3 está en el rendimiento del CO2 mientras que en el sistema nº2 se consigue entre un 90-95% en el sistema nº3 creemos que se puede conseguir el 100%.

15.5 Preparación de la solución saturada de cal

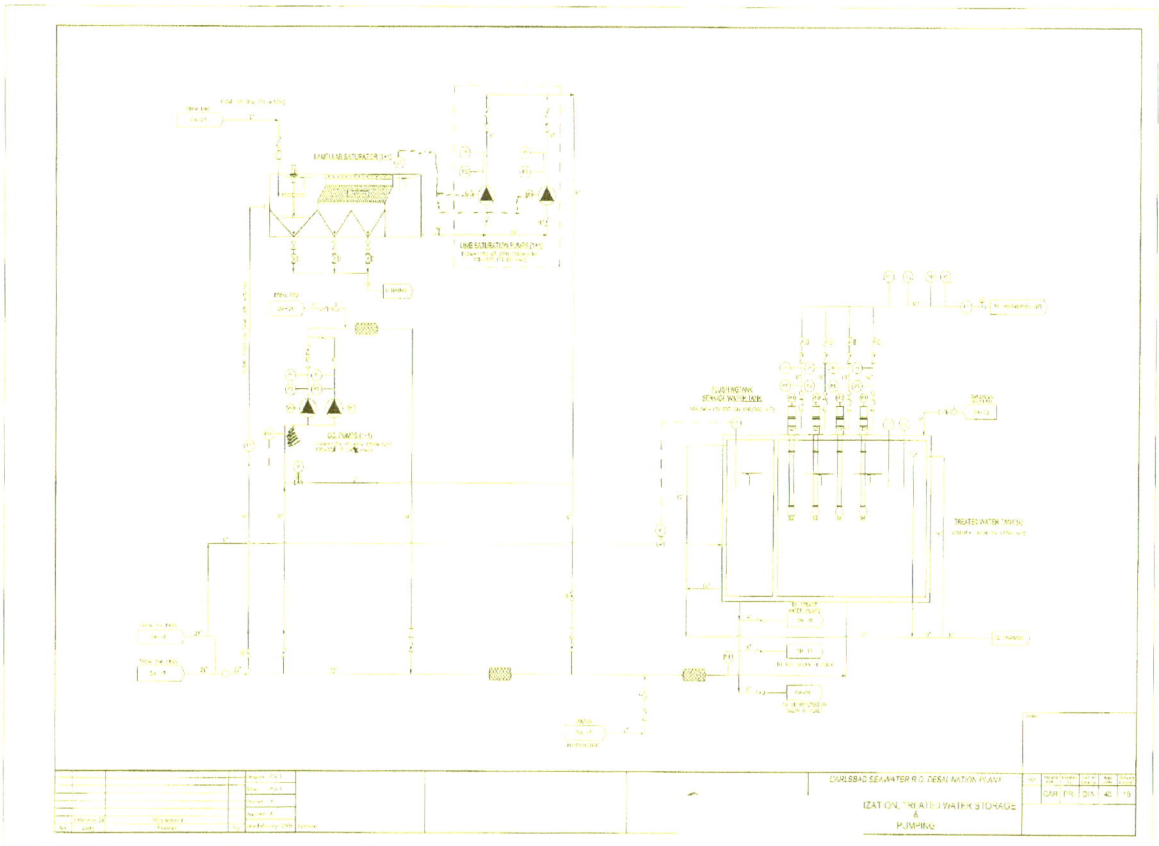

Figura 15.5 Preparación lechada de cal

La preparación se hace en el saturador donde se mezcla lechada de cal con el agua tratada necesaria y después de un tiempo de retención se impulsa el agua saturada de cal al circuito del agua tratada.

Las bombas llevan variador de velocidad de esta forma y mediante un pH-metro regulamos la cantidad de agua saturada de cal que mezclamos con el agua tratada.

La alimentación al saturador se regula por un transmisor de nivel y una válvula de mariposa con posicionador que colocamos a la entrada, para conocer el caudal de agua ponemos u n FIT en la entrada.

Hasta la fecha los saturadores instalados son circulares con una turbina para la mezcla de la lechada de cal fangos y agua a saturar, estos son caros y difícil de transportar. Esta previsto sustituirlos por saturadores con lamelas y una cámara de floculación para la mezcla de la lechada de cal el agua tratada y fangos.

La velocidad de diseño para los saturadores de cal es de 2m/h y de 10 m/h para los lamelares
Hay que tener en cuenta que si la cal es de buena calidad no aporta sólidos en suspensión al agua excepto carbonato cálcico, ya que las impurezas que lleva suelen ser insolubles (arenas).

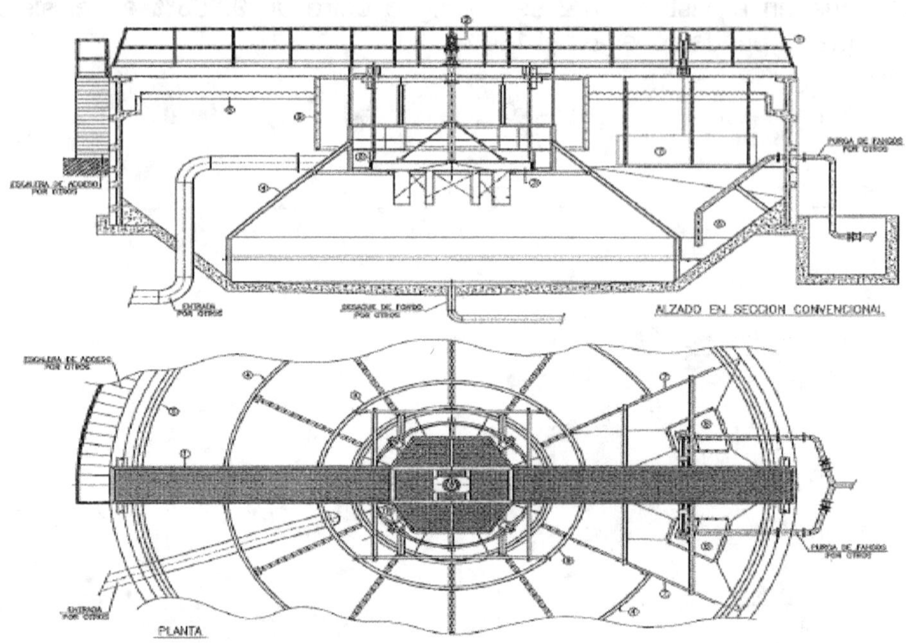

Figura 15.6 Saturador de cal

El agua tratada lleva CO_2 que al reaccionar con exceso de cal forma carbonato cálcico que en su mayoría se mantiene en suspensión y da turbidez al agua (normalmente entre 100 150 NTU), esta turbidez desaparece cuando el agua saturada de cal se mezcla con CO_2, ya que este lo disuelve y forma los bicarbonatos.

15.6 Preparación de la lechada de cal (hidroxido cálcico)

La cal se suministra en polvo y es necesario tener unos determinados equipos para poder almacenarla y poder preparar la lechada como máximo al 3%.

El equipo necesario es el siguiente:

- **Silo de cal**, normalmente se instalan (2) o más dependiendo del tamaño de la instalación. Cada silo lleva incorporado los siguientes accesorios (filtro mangas, válvula de seguridad y vacío, equipo rompe bóvedas e interruptores de nivel).

- **Dosificador de cal** volumétrico con variador de velocidad se suministra (1) por silo.

- **Tanque de mezcla con agitador mecánico**, interruptor de nivel válvula de flotador y válvula automática de salida de (3) vías para poder hacer la limpieza con agua de forma automática, normalmente se suministra (1) tanque por silo, no obstante si hay más silos se pueden colocar (1) tanque de mezcla por cada (2) silos.

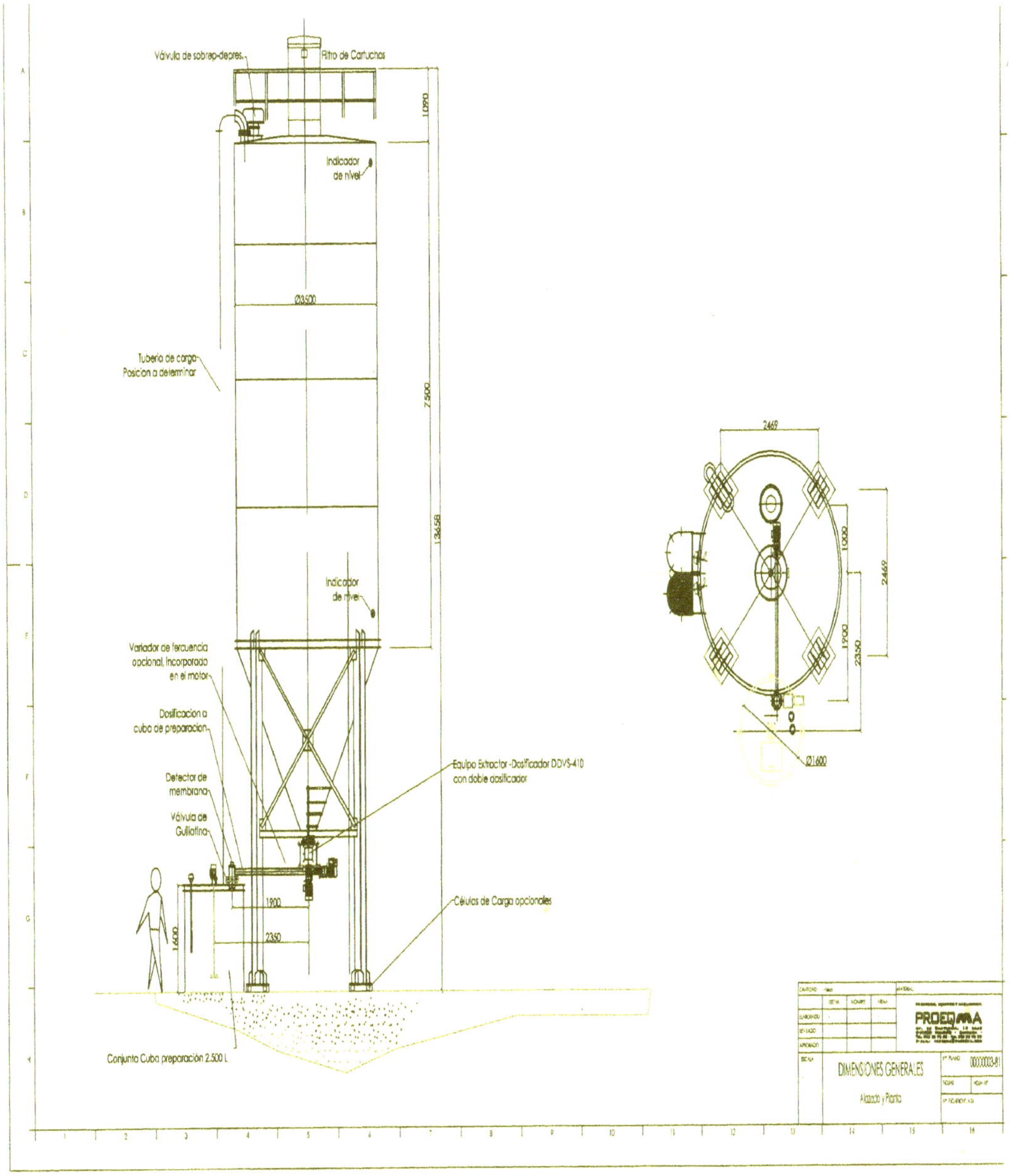

Figura 15.7 Deposito almacenamiento cal

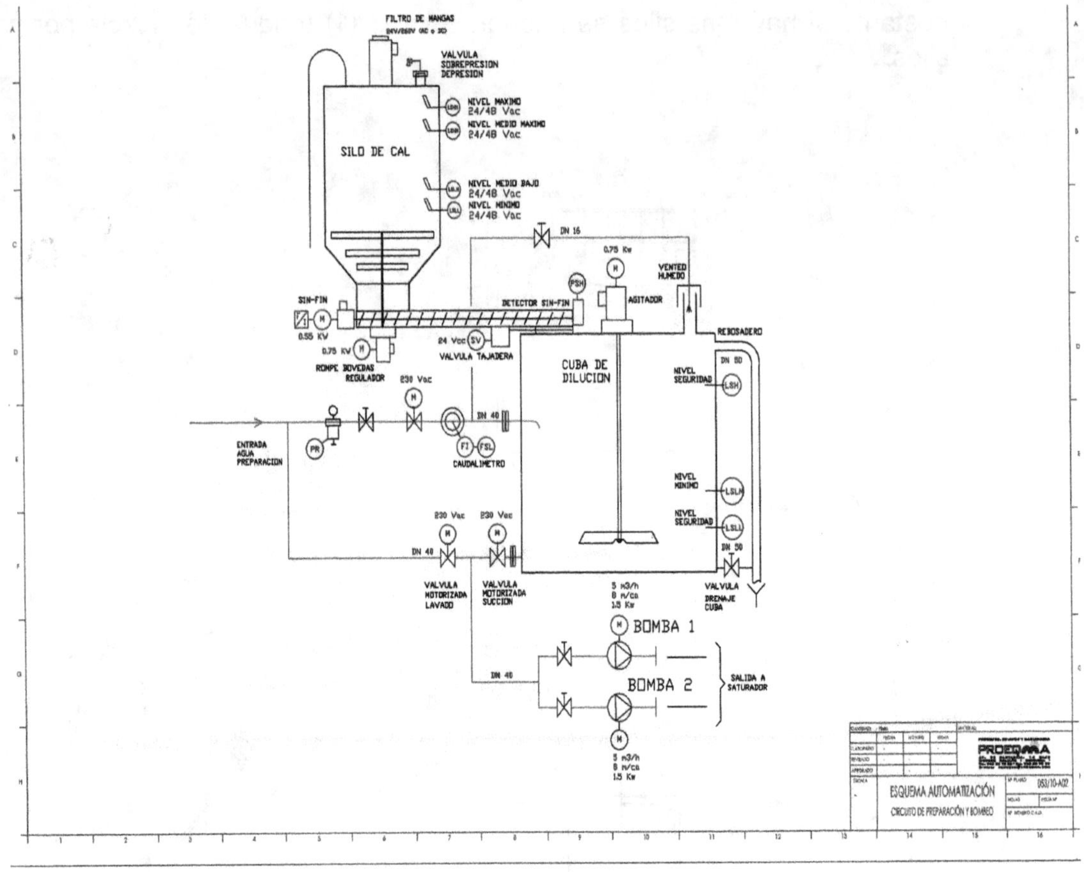

Figura 15.8 P&ID Preparación lechada cal

Hay (2) formas de dosificar la lechada de cal, con bombas centrifugas o con bombas dosificadoras

- **Bombas centrifugas** (1+1), son bombas de caudal de 10-15 m3/h construidas en h°f° con rodete semi-abierto y 1450 rpm, bombas que se fabrican para lechada de cal. Estas bombas deben llevar sellado hidráulico en la empaquetadura para evitar su erosión.

  En alguna instalación se ha utilizado bombas peristalticas en vez de centrifugas, el desgaste del tubo de goma es muy frecuente por las arenas, debe girar a bajas revoluciones y la inversión es mayor.

  El funcionamiento de este sistema de preparación es a caudal constante de agua de forma que lo que se varía es el caudal de hidróxido cálcico que se dosifica mediante el variador de velocidad, la dosificación del hidróxido cálcico se hace proporcional al caudal de agua tratada.

  Para la dilución se emplea el agua tratada de esta forma no se consume agua ya que el agua tratada que se toma se vuelve al sistema saturada de cal.

- **Bombas dosificadoras** (n+1) son bombas con cabezal metálico (aisi-316) especiales para lechada de cal (pocas emboladas) que se regula el caudal a dosificar con variador de velocidad o posicionador electrónico de la carrera.

El funcionamiento del sistema es el siguiente: se prepara en el tanque de mezcla una lechada de cal al 3% y las bombas la dosifican en función del caudal de agua tratada, una vez que se ha acabado la lechada de cal se pone en funcionamiento el tanque de reserva y se prepara la solución en el tanque agotado.

Las precauciones a tener en cuenta son colocar filtro en la lechada de cal para que las arenas no desgasten las válvula de las bombas y con las válvulas de 3 vías hacer una limpieza diaria de las bombas y tuberías.

15.7 Remineralizacion con calcita

Hay otra forma de remineralizar el agua esta se hace haciendo pasar el agua saturada de CO_2 por un lecho de Calcita en la que se produce la siguiente reacción.

$CO_3Ca + CO_2 + H_2O \rightarrow (CO_3H)_2\ Ca$ ....Con calcita

$(OH)_2Ca + 2\ CO_2 \rightarrow (CO_3H)_2\ Ca$ ....Con cal

Se basa en hacer pasar el agua saturada de CO_2 por depósitos de hormigón para grandes instalaciones y depósitos plásticos para pequeñas instalaciones donde está almacenada la calcita.
En la praxis, el tiempo de contacto "EBCT" se emplea para describir el tiempo de residencia dentro del lecho Se obtiene, dividiendo el volumen del lecho de calcita entre el caudal de permeado. La velocidad que recomiendan es de 35 m/h y un tiempo de contacto de 4 minutos aunque puede variar en función de las características del agua de permeado.

La ventaja fundamental de la utilización de lechos de cálcita frente la remineralización con cal es el control de los sólidos en suspensión aunque su inversión CAPEX es superior.

Para los lechos de calcita existen dos soluciones:

Lechos de calcita ascendentes (Sistema Centro Canario del Agua)

La operación de este tipo de sistemas es la siguiente: El agua entra por el fondo del depósito y se distribuye mediante falso fondo . El agua fluye hacia arriba a través de la calcita granulada cuya altura varia entre 1 y 2 m. Según se mueve su composición química cambia. El CO2 disuelto en el agua reacciona con la calita formando bicarbonato clásico. Esto incrementa el pH y la dureza hasta lograr el equilibrio. La parte superior del lecho de calcita está aproximadamente 800 mm por debajo de un vertedero perimetral a través del cual se re coge el agua remineralizada. Está distancia permite evitar el arrastre de la partículas finas con el permeado incluso a altas velocidades.

El agua se alimenta por la parte inferior y se recoge por la parte superior por medio de vertedero

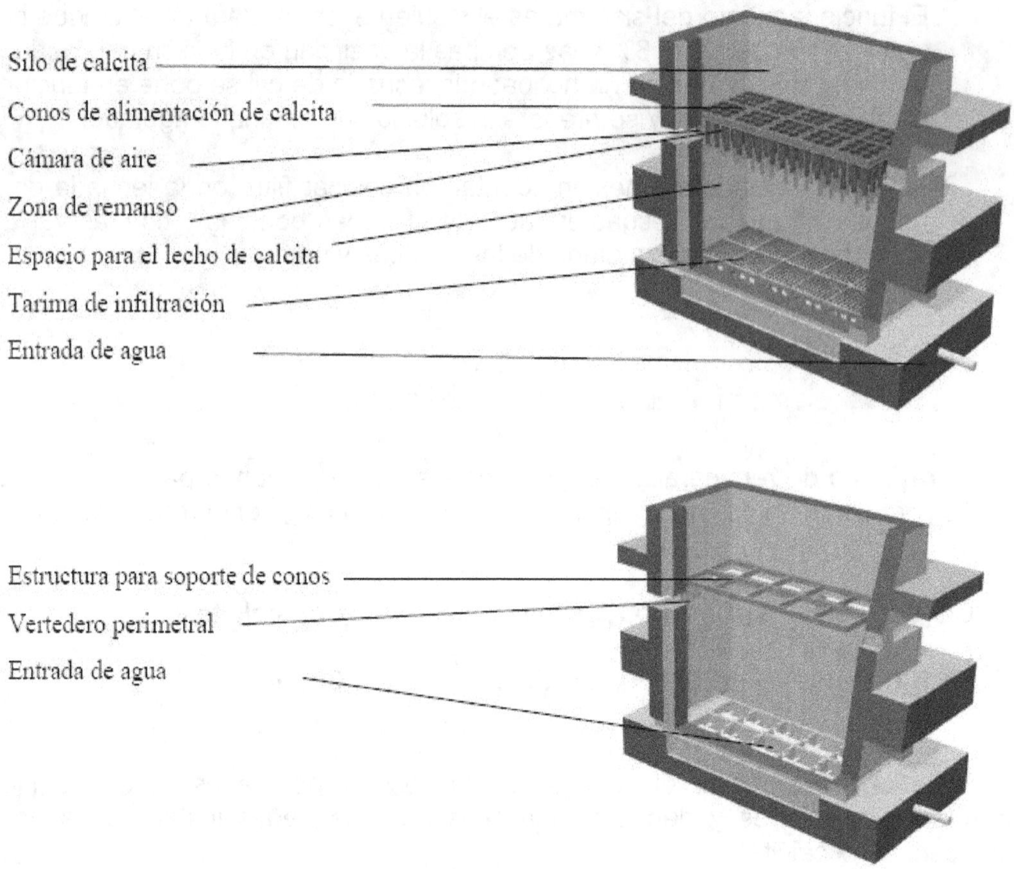

Figura 15.9 Lechos de calcita

Las celdas cuentan con un silo de reserva en su parte superior así como unos pequeños conos alimentadores que guían el producto desde dicho silo de reserva hasta la superficie del lecho. De esta forma, el producto se dosifica sobre el lecho por gravedad y a medida que al agua va consumiendo la calcita, el sistema se auto alimenta según la demanda natural del agua.

Las celdas disponen de bocas de carga en la parte superior para la recarga de producto. La recarga se realiza manualmente por medio de los dos (2) puentes grúa que se desplazarán sobre las bocas de carga de las celdas.

El sistema de limpieza de los lechos de calcita dispondrá de un sistema de automático de agua y aire

Lechos de calcita flujo descendente

Con el funcionamiento normal, la calcita se irá consumiendo progresivamente. Tras la recarga de calcita en los lechos, se deberá realizar un lavado para conseguir la eliminación de impurezas y finos consiguiendo a su vez la homogenización del lecho. El lavado de los lechos se realizará automáticamente mediante aire y agua. Para el mismo se aprovecharan las soplantes de filtros abiertos ya que éstos son similares y también las bombas de desplazamiento de los racks de ósmosis inversa debido a que estás encajan exactamente.

El funcionamiento de los lechos se realizará con equi reparto de caudal (reparto por vertedero) y a lámina de agua constante.

El nivel de calcita en los lechos se controlará mediante un transmisor de nivel. Cuando el nivel de calcita de un filtro llegue al mínimo de consigna, automáticamente se comenzará su recarga. El sistema de recarga consiste en silos de calcita y un sistema de agua y eyector cada uno que impulsan la mezcla agua-calcita hasta los filtros. Dos tuberías por filtro con válvulas de descarga realizan el reparto, mientras que la homogenización se realiza mediante el lavado. La carga del silo se realiza mediante un sistema neumático.

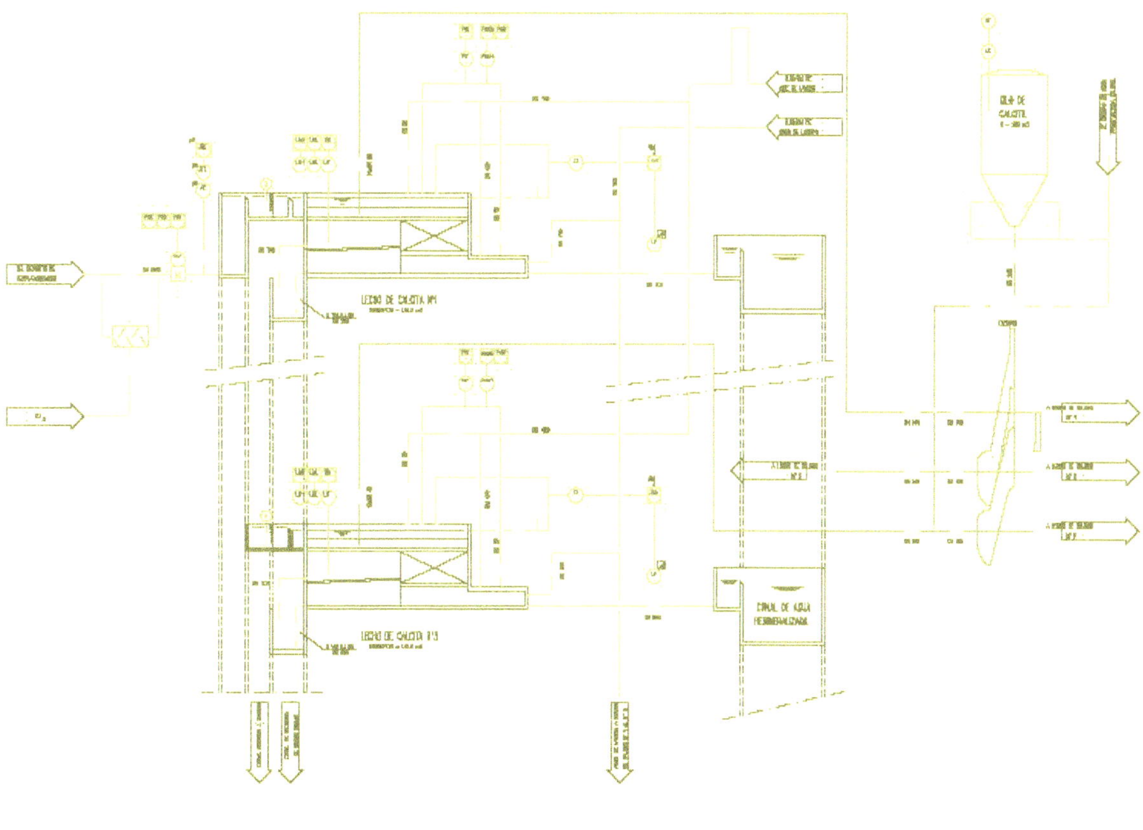

Figura 15.10 Lechos de calcita descendentes

Comparativo entre ambas soluciones

Desde el punto de vista de calidad de agua producto así como de explotación el sistema de flujo descendente resulta más ventajoso debido a los siguientes motivos:

1.- El sistema de flujo ascendente tiene cierto riesgo de alta turbidez a la salida debido al arrastre de finos.

2.- Debido al bajo número de lavados y la no eliminación de impurezas del sistema ascendente, existe un riesgo de apelmazamiento de la calcita. La altura pasa a ser un elemento condicionante debido al riesgo de creación de caminos preferenciales los cuales reducen el tiempo de contacto.

3.- El sistema ascendente a causa de apelmazamiento mantiene la premisa de descarga de calcita en big-bags. Al no realizar lavados de manera frecuente debe reducirse al máximo la entrada de finos que puedan provocar el atascamiento en los conos de distribución. En los filtros descendentes la carga se realiza a partir de un silo mediante un eyector con la ayuda de agua.

Como puntos negativos del sistema descendente nos encontramos:

1.- En el sistema de carga de filtros descendentes cada filtro recarga cada aproximadamente 25-35 días, resultando una recarga en filtros muy constante

2.- El consumo energético y de agua es superior en los filtros descendentes que en los ascendentes. Hay que remarcar que este consumo adicional es necesario si se quieren eliminar los riesgos de eliminación de impurezas y de apelmazamiento descritos anteriormente.

15.8 Desinfección del agua tratada

Normalmente el agua de salida de una planta de Osmosis Inversa no lleva ningún tipo de desinfección que permita utilizar el agua como potable y sobre todo que mientras esté en el deposito tenga desinfectante que proteja el crecimiento de bacterias en el depósito y en la red.
Entre los tratamientos de desinfección están los siguientes:

- **Hipoclorito Sódico**
- **Hipoclorito Cálcico**
- **Cloraminas**

Hipoclorito sódico

Se dosifica entre 0,5 a 1 ppm como Cl_2 se dosifica en el depósito o en la tubería de entrada al deposito, la inyección se hace con bomba dosificadora y normalmente se coloca un analizador de cloro en la descarga de las bombas de agua tratada.

Hipoclorito cálcico

Se dosifica como el hipoclorito sódico la única diferencia es que este es sólido y el otro es líquido. Al ser sólido necesita dos tanque de preparación con agitación mecánica, la máxima concentración de solución es del 20%, mientras un tanque esta en preparación el otro está en dosificación.

Cloraminas

La combinación del amoniaco con el cloro en el proceso de tratamiento de agua da lugar a la formación de unos compuestos llamados cloraminas. La ventaja de este sistema es que es un desinfectante más persistente que el cloro libre, a la vez que evita ciertos sabores de algunos compuestos clorados.

También puede añadirse a las cloraminas una función importante y es la de no formar o al menos formar en menor grado los subproductos de la desinfección. Al ser más estable que el cloro resultan más efectivas para controlar el crecimiento bacteriano en la red.

Las reacciones para la formación de las cloraminas son:

$NH_3 + CLOH = CLNH_2 + H_2O$ (formación de monocloramina)

También existen dicloraminas y tricloraminas que se forman partiendo de la monocloramina con exceso de cloro y amoniaco.

En la formación de cloraminas, mediante la reacción del cloro y amoníaco, la relación óptima cloro/amoníaco más aceptada es de 4/1 esta reacción es muy rápida y varía con el pH puede decirse que a un pH de 8 tarde menos de 1seg.

Productos que empleamos y reacciones que se generan en la formación de cloraminas:

Se parte de hipoclorito sódico y de sulfato amonico y la **reacción global** es:

$2NaCLO + (NH_4)_2SO_4 = 2CLNH_2 + Na_2SO_4 + H_2O$

Normalmente en los pliegos se deciden la dosis de cloraminas (1 a 3ppm) y a veces la dosis de cloro y amoniaco.

La reacción del hipoclorito y el agua nos da el ácido hipocloroso.

$NaCLO + H_2O \rightarrow CLOH + NaOH$

El sulfato amónico se disocia en amoniaco y ácido sulfúrico

$2NH_3 + SO_4H_2 \rightarrow (NH_4)_2SO_4$

Hay un programa que te permite calcular la cantidad de Hipoclorito Sódico y sulfato amónico que se necesita para la formación de las cloraminas.

Igual que el hipoclorito el sulfato amónico se almacena en depósito de almacenamiento material plástico y se dosifica con bomba dosificadora.

El control del cloro residual se hace por analizador de cloro, para analizar el cloro residual libre o el cloro total hacen falta analizadores especiales con soluciones buffer (ácido acético etc).

15.9 Otros productos para acondicionar el agua

Normalmente en España no se suelen echar más productos para acondicionar el agua que los anteriormente descritos pero se pueden emplear otros productos que indicamos a continuación:

- **Cloruro cálcico $CaCL_2$** da al agua dureza de calcio
- **Sulfato de magnesio $MgSO_4$** mineraliza y da dureza permanente
- **Bisulfito sódico $NaHSO_3$** regula la cantidad de cloro residual en el agua
- **Acido fosfórico H_3PO_4** fosfata las tuberías de plomo para inhibir la corrosión

16 DEPÓSITO Y BOMBEO DE AGUA TRATADA

Adjuntamos a continuación fotografía de estación de bombeo de agua tratada y p&id asociado

Figura 16.1 Bombeo de agua tratada

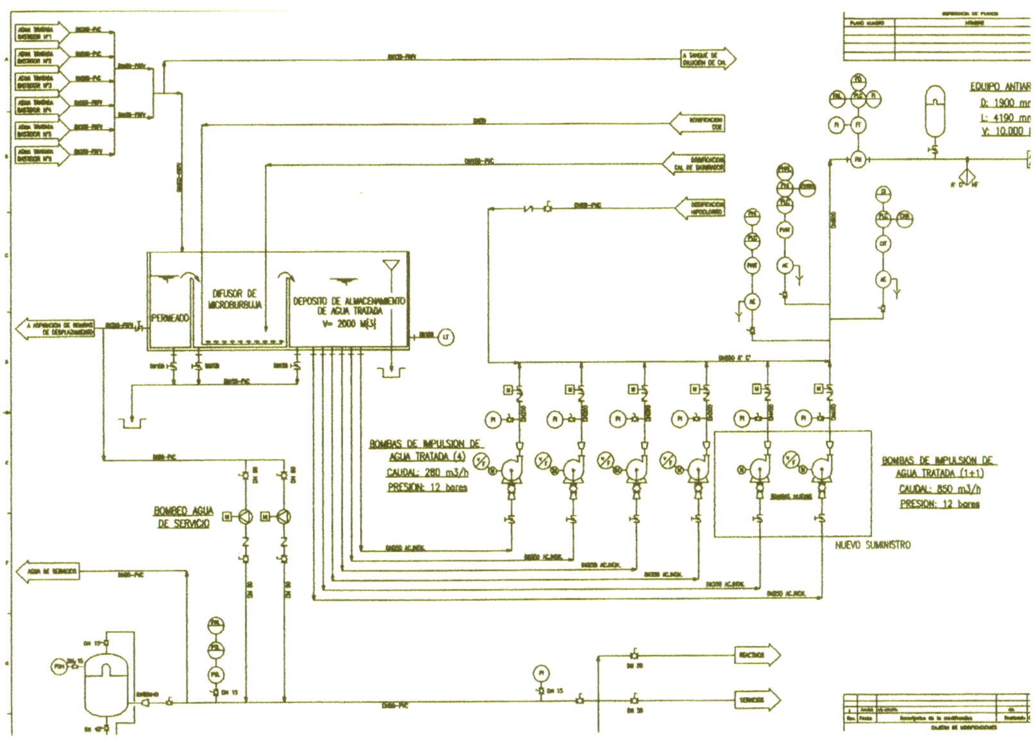

Figura 16.2 P&ID agua tratada

Normalmente la capacidad del depósito de agua tratada y el nº de bombas y la presión de estas suele venir definido en el pliego del proyecto.

Los equipos principales que utilizamos son los siguientes:

- **Bombas centrifugas**
- **Válvulas de mariposa**
- **Tuberías**
- **Instrumentación**
- **Depósito antia ríete**

16.1 Bombas centrifugas

Normalmente las presiones que se trabajan están por debajo de PN-16 pero en algunos casos pueden llegar a PN25

Se suelen utilizar **bombas de cámara partida** que manejan grandes caudales para estas presiones y tienen buen rendimiento >80%, el material debe se normalmente en AºInox (Aisi-316).

Válvulas de mariposa. Normalmente se suministran en PN-16 con mariposas en Aº Inox, Para PN-25 se suministran con asientos metálicos en vez de asiento de EPDM

Para tamaños pequeños ≤ 300 PN-10 se suministran con actuadotes neumáticos, para tamaños mayores se utiliza actuadotes motorizados, lo mismo ocurre si se utilizan para presiones de PN16 o mayores.

16.2 Tuberías

Normalmente se emplean tuberías HºFº+cemento con accesorios de enchufe. Hay (2) tipos de cemento que se fabrica, el normal Pórtland y el aluminoso adecuado para pH bajos.

En las tuberías de interconexión con las bombas se utiliza AºCº +pintura epoxi.

Como variante al HºFº se puede utilizar tubería helicoidal de AºCº recubierta exteriormente con banda de neopreno e interiormente con pintura epoxi.
Cuando se utiliza tubería de enchufe tener en cuenta el diseño del último soporte que es el que va soportar toda la presión.

16.3 Instrumentación

La instrumentación que se requiere es la siguiente:

- **PHIT.** pH-metro en el caso de que lleve cámaras de remineralización en la salida de la cámara de mezcla agua saturada de cal. Con mezcladores estáticos se colocará en la entrada al depósito.
- **LT.** Transmisor del nivel del depósito
- **FIT.** Medidor de caudal en la descarga de las bombas
- **PHIT**. pH-metro en la descarga de las bombas
- **Cl_2IT.** Analizador de cloro residual en la descarga de las bombas (en el siguiente documento adjunto se pueden leer las definiciones que de las distintas mediciones de cloro.

Hay aparatos que te miden el cloro total o el cloro residual libre con la utilización en estos casos de regenerantes como el ácido acético y el yodo de potasio. Si al análisis de cloro se le da mucha importancia se pueden instalar aparatos de triple validación (tres aparatos miden la misma muestra y otro aparato compara los datos y envía una solo valor de medida).

Figura 16.3 Sistema medición cloro

Combined Chlorine Residual - If the chlorinated water contains ammonia or certain amino (nitrogen based) compounds, as is the case with sewage, addition compounds called chloramines are formed. The possible reactions between HOCl and ammonia are as follows:

$NH_3 + HOCl \rightarrow H_2O + NH_2Cl$ (Monochloramine)

$NH_3 + 2HOCl \rightarrow 2H_2O + NHCl_2$ (Dichloramine)

$NH_3 + 3HOCl \rightarrow 3H_2O + NCl_3$ (Nitrogen Trichloride)

These reactions occur essentially instantaneously and are pH dependent. At pH levels above 8.5 only monochloramine is formed, below this, mixtures of mono and dichloramine result, and below pH4.2 only nitrogen trichloride exists.

Chloramines collectively are called COMBINED CHLORINE RESIDUAL and have a much lower bactericidal effectiveness than free chlorine residual.

Total Chlorine Residual - The sum of free and combined chlorine residual equals the TOTAL CHLORINE RESIDUAL.

FREE + COMBINED = TOTAL

Note: Methods are available for both laboratory and continuous measurement of Free Chlorine Residual and Total Chlorine Residual. Combined Chlorine Residual must be determined by subtracting free residual from Total.

Available Cl_2 - The term "available" chlorine is commonly used. It means, simply, the concentration of chlorine in any of its oxidized forms that is available for disinfection or other oxidizing reactions. Thus, it is correct to term chloramines as combined available chlorine and hypochlorite and hypochlorous acid are free available chlorine. Once available chlorine oxidizes something, it is reduced to the chloride ion (Cl^-) and it is no longer "available". Normally expressed as ppm.

Note: By definition, chlorine gas is 100% available even though it forms equal amounts of oxidized chlorine and reduced chloride when dissolved in H_2O (see eq. 1).

BREAKPOINT CHLORINATION

Theory - When sufficiently high chlorine dosages are applied to waters containing ammonia different reactions will occur resulting in the destruction of the ammonia and the formation of the free chlorine residual. Figure 1 shows what typically occurs with increasing chlorine dosages for water containing ammonia.

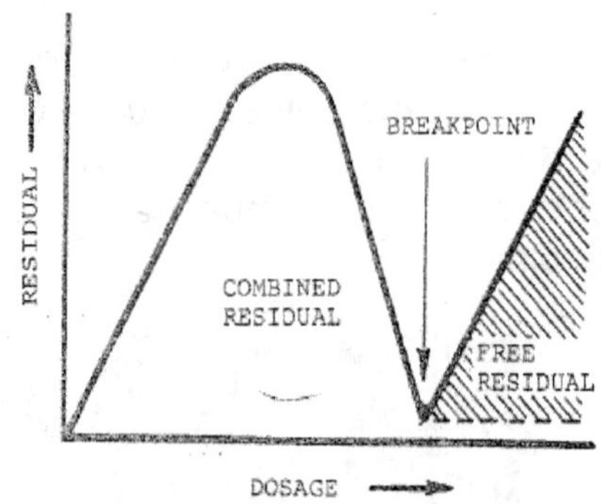

Fig. 2 Breakpoint Curve

Low chlorine dosages result in the formation of mono and dichloramine and are depicted as increasing residual on the left end of the curve. The peak of the curve occurs when all of the free ammonia is used up forming chloramines. With excess chlorine due to higher dosages, the chloramines are unstable and destruction occurs due to one or both of the following reactions:

$$2NH_2Cl + HOCl \rightarrow N_2 + H_2O + 3HCl$$

$$NH_2Cl + NHCl_2 \rightarrow N_2 + 3HCl$$

This accounts for the downward sloping portion of the curve on the right side of the peak. When the dosage reaches approximately 8 to 10 times the ammonia concentration (the theoretical ratio is 7.6 but side reactions also occur) the "breakpoint" is reached indicating that all the ammonia compounds have been destroyed. Further increases in chlorine dosage result in the formation of free chlorine residual.

Complete destruction of ammonia seldom occurs at breakpoint and some chloramines invariably persist in the presence of free chlorine.

Bob Walker

17 NEUTRALIZACION Y TRATAMIENTO DE VERTIDOS

Normalmente en las plantas desaladoras hay varios tipos de vertidos, los procedente de los lavados de filtros y los procedente de lavados de membranas y filtros de cartuchos.

- Lavados de filtros de arena, pueden llevar o no dosificación de cloruro férrico
- Filtros de precapa
- Lavado de membranas y filtros de cartuchos

El tratamiento de esta agua se puede dividir en (2) tipos:

1. **Neutralización sin tratamiento de sólidos en suspensión**
2. **Neutralización y tratamiento de los sólidos en suspensión**

17.1 Neutralización sin tratamiento de sólidos en suspensión

Este tratamiento se utiliza en plantas que llevan filtros de arena sin dosificación de coagulante (cloruro férrico) son vertidos que llevan pocos sólidos en suspensión.

Normalmente son aguas que proceden de pozos verticales u horizontales, la frecuencia de lavado de los filtros es poco frecuente > 48 horas y la frecuencia de lavado de membranas es poco frecuente > (3) meses.

En este caso lo que se utiliza es un depósito de neutralización donde se recogen todos vertidos y tiene capacidad para recoger el lavado de (1) filtro de arena, el depósito esta normalmente enterrado para que por gravedad pueda recoger todos los vertidos.

Lleva (1+1) bombas centrifugas para poder recircular y vaciar el depósito en (1) o (2) horas, estas bombas pueden ser centrifugas de material plástico con cebado automático o sumergidas de HºFº + pintura +ánodos de sacrificio.
La neutralización del lavado de membranas se hace con ácido sulfúrico o con agua saturada de cal para los lavados ácidos, pero en este tipos de plantas lo normal son lavados alcalinos.

Para la neutralización se usan las bombas recirculando el agua, a la vez se mide el pH y mediante un juego de válvulas automáticas se va descargando a drenaje cuando el pH es el adecuado.

Como instrumentación se requiere la instalación de un pH-metro y a veces pide un medidor de caudal para controlar el caudal del vertido. A continuación incluimos detalle de P&ID de balsa de neutralización

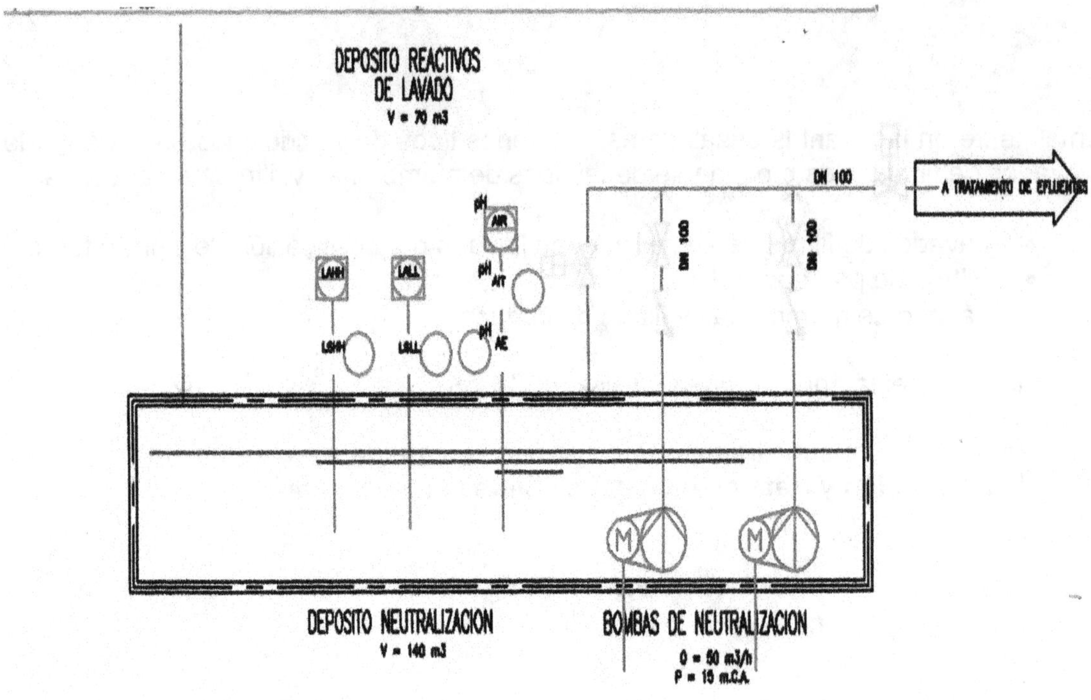

Figura 17.1. Depósito de neutralización

17.2 Neutralización con tratamiento de sólidos en suspensión

En este tratamiento se utiliza en plantas que llevan filtros de arena con dosificación de coagulante (cloruro férrico) son vertidos que llevan sólidos en suspensión y color rojizo de hidróxido férrico y en alguna planta puede llevar filtros de precapa y el vertido de diatomeas es necesario tratarlo.

En estas plantas llevan (2) sistemas de tratamiento uno para el agua procedente del lavado de filtros y el otro para el tratamiento del lavado de las membranas y los filtros de cartuchos.

Tratamiento agua lavado filtros

Se necesita un depósito de recogida del agua de lavado con al menos capacidad para el lavado de (2) o (3) filtros, mejor que se haga para (3) filtros.

Hay que tener en cuenta que los filtros se pueden lavar cada 24 horas especialmente los de la 1º etapa y 48 horas los de la 2º etapa. En una planta grande con un nº de filtros importante el intervalo entre lavados puede ser de (1) hora o menor.

Para filtros de 50 m2 la balsa debe ser de 1050 m3 de volumen útil y debe llevar un agitador sumergido para mantener los sólidos en suspensión.

Para el tratamiento de esta agua debemos distinguir varios aspectos.

1. **Si se quiere recuperar el agua lavado porque lavamos con agua de mar en vez de salmuera.**

   Para este caso el agua de lavado debe ser tratada en un decantador lamelar cuyo caudal dependerá del nº de filtros y del intervalo entre lavados, para una planta de 100.000 m3/h el caudal que sale máximo es de 350 m3/h con doble filtración (24+16) filtros.

   El decantador será de recirculación de fangos y espesador y como reactivos se deben usar polielectrolito y lechada de cal si fuera necesario subir el pH

   La velocidad del decantador alrededor de 7-10 m/h con velocidades mayores puede haber arrastre de fangos, aunque normalmente los decantadores lamelares de alta carga trabajan con velocidades de hasta 15-18 m/h Dependiendo de la cantidad de fangos que queremos almacenar (horas de funcionamiento el secado de fangos) puede ser necesario un depósito con agitador sumergido para su almacenamiento y posterior secado en secado por filtro banda ,centrífuga o filtro prensa. Se dispondrá de depósito tampón de fangos espesados previo a la deshidratación de los fangos.
   En el caso de agua muy cargadas con materia orgánica, aunque la recirculación del agua tratada de los efluentes suponga un ahorro en el bombeo de agua de mar se puede optar por no recircular esta agua a cabezera sino mezclarlo con el resto de efluentes y verterlo con el fin de minimizar los riesgos de ensuciamiento por biofouling de las membranas

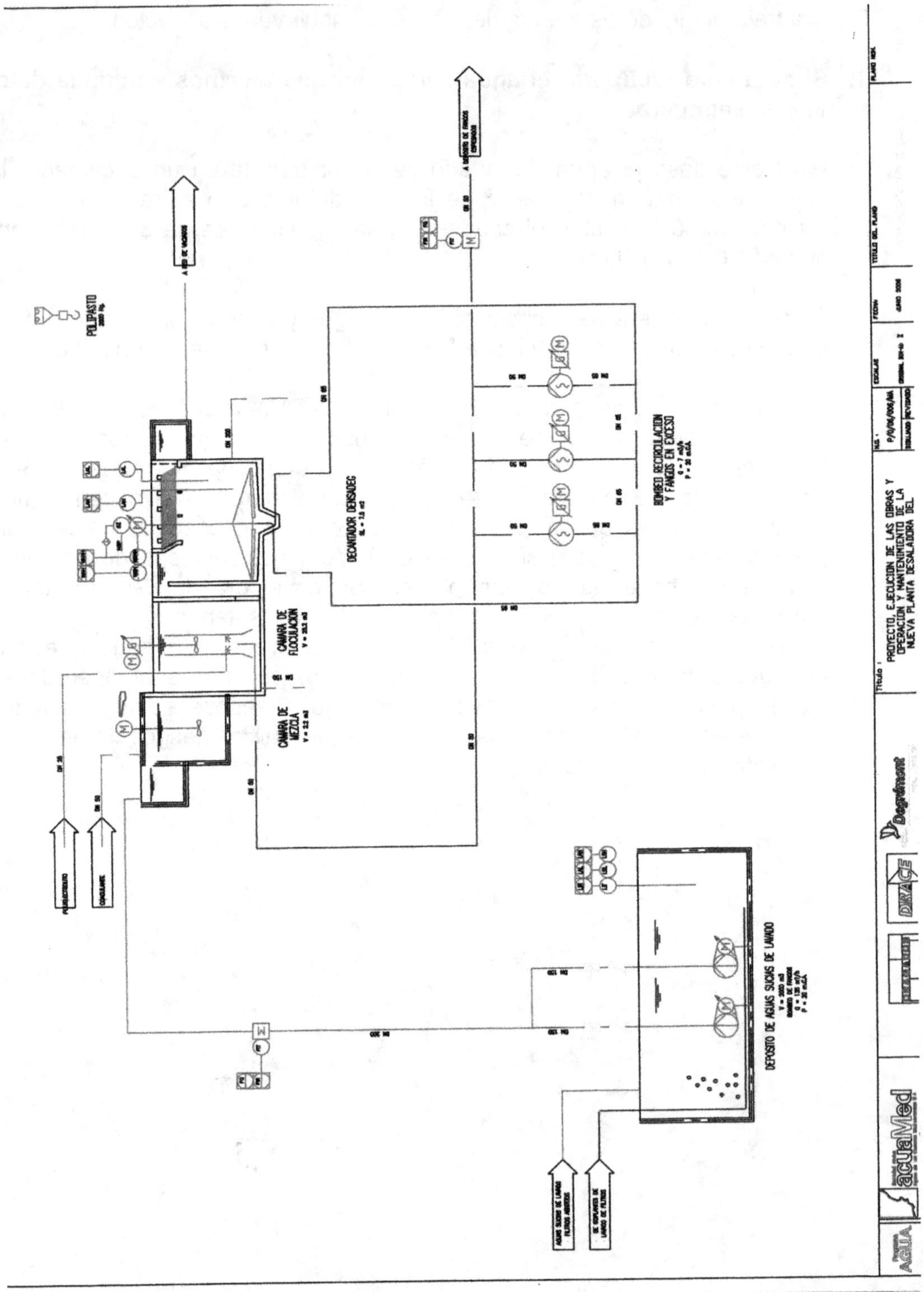

Figura 17.2 Sistema tratamiento sólidos en suspensión

2. **No recuperamos el agua de lavado porque lavamos con salmuera**

a. Tratando el agua de lavado en un decantador espesador

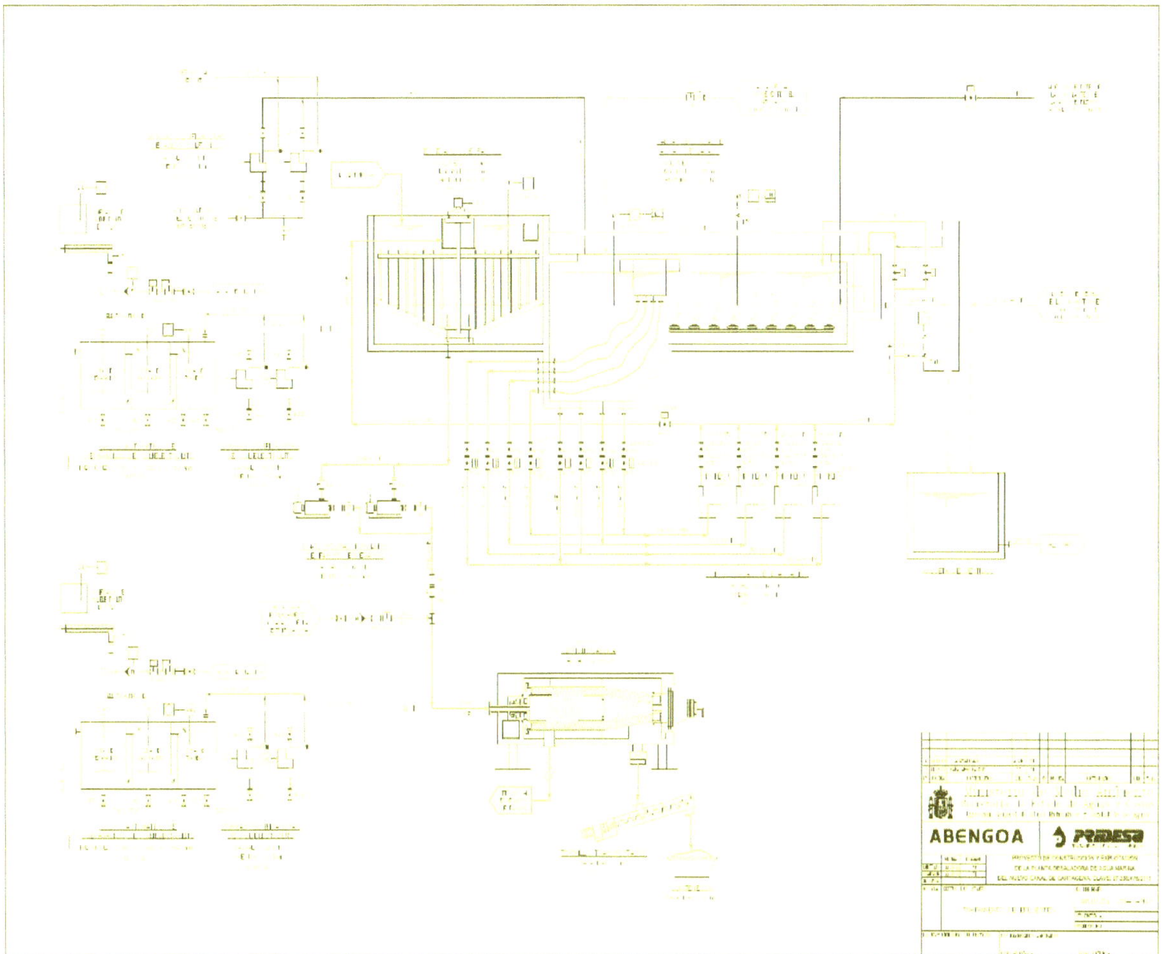

(sin recirculación de fangos) con una cámara de mezcla rápida para los reactivos que lleve (polielectrolito y/o lechada de cal diseñado para una velocidad de 2 a 3 m/h.

Debemos tener en cuenta que el agua de salida se mezcla con la salmuera en relación de 1 a 12 de forma que un agua con 50 ppm de (SS) al mezclarla con la salmuera queda reducido a 5ppm los (SS) .El decantador espesador las partes en contacto con el agua deberían ser de poliéster excepto el eje que debería ser ebonitado.
En el caso de que se quieran colocar lamelas la velocidad podríamos subirla a 10 m/h, pero debemos tener en cuenta el almacenamiento de fango, lo cual nos requerirá una mayor altura.

b. Tratando el agua de lavado en un flotador

En este caso el agua de lavado de filtros debe ser lavado en un flotador de plástico máximo tamaño del flotador 160 m3/h, celdas de 7x2,7 mt velocidad 3,3m/h, para tratar los 350 m3/h harían falta (2) conjuntos.

Este equipo como los flotadores lleva (1) balón de presurización por equipo y (2) bombas de agua presurizada y un floculador común a los (2) equipos.

En su conjunto parece que puede resultar más caro que el decantador espesador.

El inconveniente de este sistema es que tienes que utilizar un depósito de fangos para su almacenamiento antes de su envío a secado, el depósito debe llevar cámara de mezcla para la mezcla con cal y agitador sumergido

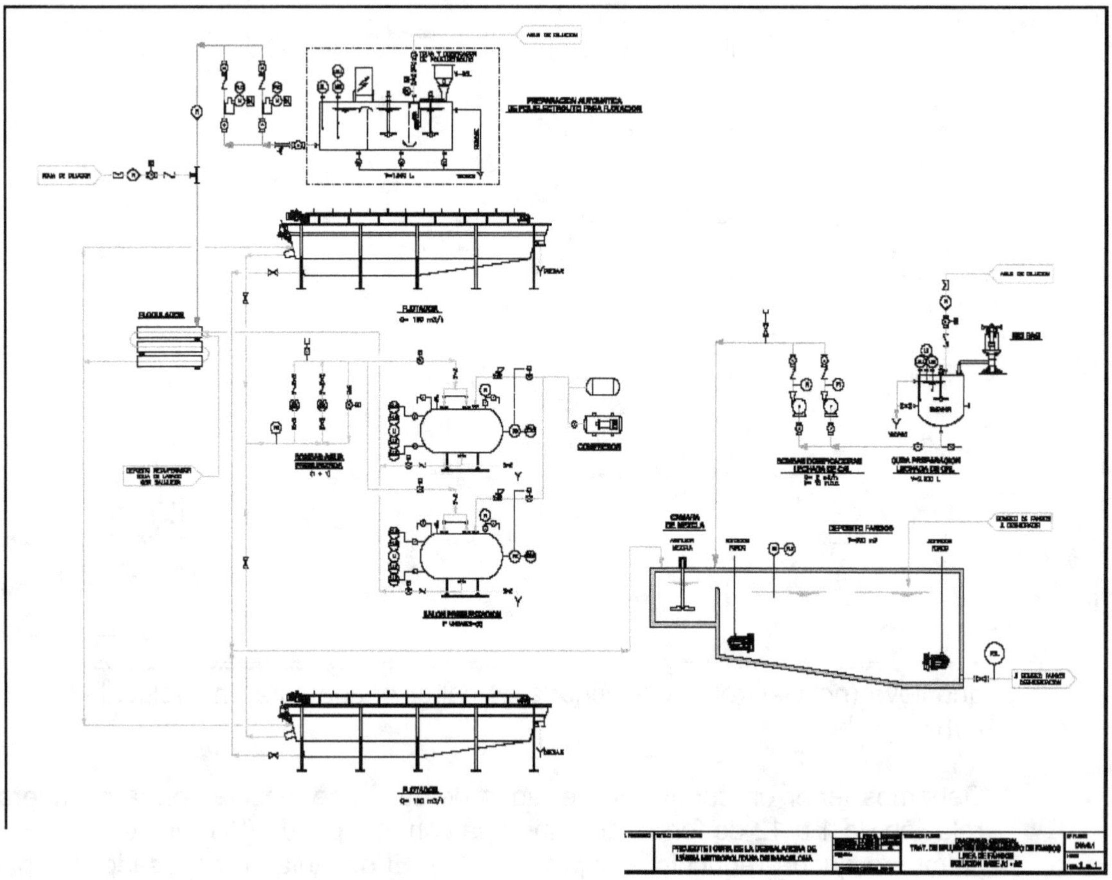

Figura 17.4. Tratamiento de solidos en suspensión con flotador

En ambos casos, el tratamiento de fangos se puede hacer con centrifugadora o filtro banda.

Debemos tener en cuenta que se recoge en el tanque de lavado con los fangos las arenas y antracita que escapan de los filtros, este material es abrasivo y puede dañar a la centrifugadora.

Los materiales a utilizar deberían ser Duplex para la centrifugadora y Aisi-316 para el filtro banda, las bombas de tornillo en ambos casos serán con rotor en Duplex.

Tratamiento lavado membranas y filtros de cartuchos

Se usa el tratamiento de balsa o depósito de neutralización pero con capacidad para el volumen de lavado de (1) bastidor. En ambos casos usar bomba para recirculación y neutralización.
Estás dos lineas de tratamiento, junto con las aguas de purga del saturador de cal, y las aguas de maduración de filtros se mezclarán para vertido final.

18EQUIPOS ELÉCTRICOS

Los equipos eléctricos y servicios que utilizamos en desalación son los siguientes:

1. **Acometida eléctrica**
2. **Centros de transformación**

3. **Cabinas de media tensión**
4. **Motores**
5. **Centros de control de motores**
6. **Variadores de velocidad**

18.1 Acometidas eléctricas

Están reguladas por el Real decreto 1955/2000 del 1-12 2000, en la acometida eléctrica debemos distinguir (3) partes:

1. **Derechos de extensión**

   Son los gastos de infraestructura necesarios para llevar la energía eléctrica a la planta, corren a cargo del usuario y normalmente los ejecuta la compañía eléctrica, deben estar considerados en el proyecto como partida alzada.

2. **Derechos de acceso**

   Son los derechos que hay que pagar cuando se formaliza el contrato de suministro eléctrico con la compañía eléctrica, es una cantidad por KW contratado, normalmente lo paga el explotador.

3. **Energía de pruebas**

   Para hacer las pruebas de recepción es necesario tener energía eléctrica, en este caso la compañía debe suministrar la energía por un periodo máximo de (6) meses sin que haya que pagar cantidad alguna en concepto de derechos de acceso, lo que sí podrá solicitar es un garantía de una mensualidad estimada en 8 horas de utilización diaria de la potencia contratada. Esta garantía debe devolverse a la finalización de las pruebas.

18.2 Tensiones de suministro

Se han utilizado hasta la fecha las siguientes tensiones

- 123 kV
- 66 kV Normalmente se utiliza esta tensión cuando la demanda de energía eléctrica es importante >de 10 MW
- 20 kV Se emplea en desaladoras medianas y pequeñas <10MW

Normalmente es la compañía eléctrica quien define la tensión del suministro ya que además de la potencia influye la ubicación de la desaladora.

18.3 Calculo de la energía para la acometida

La energía a contratar es la máxima energía instantánea de consumo con una variación de ±5%, pero para la acometida debemos añadir el consumo que se produce cuando se arranca la última bomba de alta presión, en instalaciones medianas este valor es tan importante que la compañía eléctrica te limita el sistema de arranque a emplear. En desaladoras grandes >10MW a 66kv este problema no suele tener tanta importancia permitiendo arrancar en directo

El consumo energético es variable en funcion del pretratamiento aplicado, de la configuración de la osmosis inversa y de las condiciones ambiéntales. El valor mínimo registrado de consumo total eléctrico en una desaladora es de 3 kwh/m3 con un consumo para la zona de bombeo de alta presión /recuperación de energía de 1,6 kwh/m3.

Como valor de referencia para una instalación con pretratamiento avanzado para toma abierta con tratamiento de osmosis en dos pasos parcial el consumo energético esta situado actualmente entre 3,6-3,8 kwh/m3

18.4 Centros de Transformación

Las tensiones que se utilizan internamente en una desaladora son:

- Bombas alta presión: 6kv, en USA se utiliza 4,6kv y en Oriente medio 11 kv
- Resto de equipos: 690 v para motores > de 400kw y 440 v para el resto
- Sistema de control: 230 v monofásica con UPS (sistema de alimentación ininterrumpida)
- Sistemas de seguridad y protección: 125 v c.c.

En instalaciones grandes > 10 MW con tensiones de entrada de 66 kV o mayores la transformación de la tensión se suele hacer a 6 kV, en instalaciones <10MW se suele hacer la transformación a 6 kV para las bombas de alta presión y a 400 V para el resto de equipos.

El nº de transformadores que se instalan normalmente es (1) por línea y si se suministra reserva no se suele conectar. El tamaño de la línea puede llegar a 100000 m3/día dependiendo de la potencia demandada.

Los transformadores en instalaciones grandes se suelen instalar en intemperie y en instalaciones medianas en interior, en ambos casos la refrigeración suele ser con aceite con o sin deposito de expansión. La regulación es en carga para los >de 10MW y en vacío para los menores. La opción de transformadores secos es más cara que los refrigerados con aceite pero presenta una serie de ventajas.

En instalaciones grandes el parque de transformación suele ser intemperie (66, 123, 220 kv) este necesita mucho espacio, en caso de no disponerlo se pone el transformador a la intemperie y el resto de elementos en un edificio compacto tipo GIS. El costo de este tipo de centros es muy caro del orden de 1 a 1,5 MM € por trafo.

18.5 Cabinas de media tensión

Normalmente son de 6 kV esta formada por un conjunto de celdas blindadas, las cuales alojaran los elementos de maniobra y protección para los diferentes servicios.

Las celdas son de construcción metálica muy estandarizada y que normalmente los equipos de protección y/o seccionamiento van en carros extraíbles y están encapsulados con gas SF6.

Las celdas suelen tener 4 o 5 compartimentos totalmente aislados (aparamenta, barras, cables de conexión, mando y control) y se suministran en grado de protección IP-44.

El tipo de cabinas que se usan son de seccionamiento, protección, medida, etc, normalmente la tensión de alimentación para mando y control es de 125 v c.c.

18.6 Motores

Los motores que usamos para las desalación son de media tensión (bombas alta presión) o de baja tensión para el resto.

Motores de media tensión:

La tensión varia de 11 kV a 4,6 kV.

Si no llevan variación de velocidad a partir de 500 kW se suelen poner de media tensión, aunque algunas especificaciones los exigen a partir de 200 ó 250 kw.

En desalación solo se usan para la bomba de alta presión cuya potencia varía entre 1000 a 2500 kW o mayores dependiendo del tipo de bastidor.

Los motores de este tipo los hay de alto rendimiento >97% y motores de fabricación normal de rendimiento 96<>95%.

La refrigeración normalmente es con aire hasta temperaturas ambientes de 40ºC. En motores de menor rendimiento suelen llevar ventilación forzada a partir de determinadas potencias. También se pueden suministrar refrigerados por agua a partir de cierta potencia con la refrigeración con agua se mejora el rendimiento.

La lubricación va en función del tipo de cojinete, hay cojinetes a bolas con lubricación por grasa o cojinetes de manguito liso lubricación por aceite, (se recomienda cojinetes de manguito liso). A partir de cierta potencia(> 1500-2000 kw)se requiere lubricación forzada (ojo con este apartado) se requiere una estación de lubricación con (2) bombas tubería instrumentos etc.

El grado de protección es de IP-55 y el aislamiento el F y la velocidad a 2980 rpm con 50hz o 3580 rpm a 60hz.

En cuanto accesorios se piden con PT-100 en cojinetes y en devanados y resistencia de calentamiento, con caja de conexiones independiente.

Motores de baja tensión

Se emplean en tensiones de 690 v y 400 v, los primeros para potencias grandes > de 400 kw , el resto a 400v.

Normalmente los hay dos tipos de motores carcasa de aluminio para potencias <de 22 kw (depende fabricante) y carcasa de hierro fundido el resto.

Todos los motores van refrigerados por aire y los cojinetes son de bolas lubricados por grasa.

La protección es IP-55 como norma general y el aislamiento F.

Figura 18.1 Motores

Llevan los siguientes accesorios > de 50 kw resistencias de calentamiento y termistores en devanados, para mayores de 250 kw PT-100 en cojinetes y en motores de 400 kw y mayores se piden con PT-100 en devanados, aunque esta norma no es general y depende el servicio se puede modificar, pedir caja de conexiones separada para los accesorios.

Cuando los motores de cierta potencia que llevan variador de velocidad deben especificarse el rango de velocidades previstas de funcionamiento, y la potencia requerida a esas velocidades. Estos motores suelen llevar aislamiento especial, aislamiento de cojinetes y carcasas de mayor tamaño.

18.7 Centro de control de motores

Son equipos que se utilizan para el gobierno (arranque, paro y control) de los motores y se utilizan para los motores de media tensión y de baja tensión

Media tensión:

Se utilizan cabinas de media tensión, semejantes a las cabinas del centro de transformación, (una por motor) con interruptor automático de potencia SF6 y un sistema de supervisión y protección del motor (defectos a tierra, sobre-intensidades, temperatura, nº de arranques etc) programable y conectado al sistema de control.

Figura 18.2 CCM media tensión

En estos motores el sistema de arranque para desaladoras grandes >10 MW se admite arranque en directo, (intensidad de arranque 6 veces la In) pero en desaladoras medianas es necesario utilizar arrancador estático (intensidad de arranque 3,5 veces la In). En estos casos solo se utiliza (1) arrancador para todos los motores, de forma que se arranca el motor con el arrancador estático y una vez arrancado se conecta la celda específica de dicho motor.

Es conveniente prever un contador de energía eléctrica por cabina para el control del consumo de la bomba de alta presión, o al menos las conexiones eléctricas necesarias para poder conectar un contador externo de energía.

Baja tensión

Son armarios metálicos divididos en compartimentos (cubículos) con puerta de acceso, donde cada cubículo corresponde a un motor y en él se alojan todos los equipos de mando y control del motor.

El cubículo suele ser fijo o extraíble y normalmente se utilizan fijos para los motores grandes o motores con variador y extraíbles para motores pequeños.

En baja tensión se utiliza el arranque directo excepto para motores grandes >75 kw que llevan arrancador estático o los que llevan variador de velocidad.

Figura 18.3 CCM

Todos los cubículos demando y control de motores están comunicados con el Sistema de control para transmitir el estado del motor.

En aquellos centros de control de motores que controlan las bombas de agua de mar y bombas booster, normalmente llevan variador de velocidad que debido a su tamaño puede ir incorporado en el centro de control de motores o en armario aparte.

18.8 Variadores de velocidad o convertidores de frecuencia

Los variadores de velocidad o convertidores de frecuencia son equipos que se utilizan para la variación de velocidad en los motores asíncronos de corriente alterna

El uso de accionamientos de velocidad variable para el control de presión y caudal permite un importante ahorro de energía y costes. Además, los accionamientos proporcionan características de arranque suave, que aumentan la fiabilidad del sistema.

Los convertidores de frecuencia se emplean en las bombas de agua de mar y en las bombas booster de los sistemas de recuperación como en las de doble etapa o doble paso.

Tipos de convertidores de frecuencia

Los convertidores de frecuencia los podemos clasificar en función de la potencia, tensión y el tipo de rectificador que lleva.

Consideramos convertidores de frecuencia pequeños aquellos que utilizamos para bombas dosificadoras y bombas pequeñas <de 75 kW normalmente utilizados en 400 V.

El resto de convertidores de frecuencia > de 75 kW se usan para bombas centrifugas y hasta 300 kW suelen ser a 400 V y mayores a 690 V.
Normalmente van montados en los centros de control de motores excepto los tamaños grandes >400 kw que van montados en sus propios armarios

Los convertidores de frecuencia son equipos electrónicos que generan interferencias (armónicos) en la línea de alimentación por ello debemos utilizar en los tamaños grandes equipos con rectificadores que generen la mínima cantidad de armónicos.

Precauciones a tener con los convertidores de frecuencia

1. El convertidor de frecuencia distorsiona al corriente al motor con picos de tensión y deformando la onda, por ello debemos procurar que el fabricante del motor y del convertidor de frecuencia sea el mismo, normalmente para evitar esto los convertidores llevan filtros dt/du en la salida al motor.

2. El convertidor de frecuencia tiene un rendimiento del 97 al 98% y nos da un factor de potencia > del 98%, lo cual debemos tener en cuenta a la hora de calcular la demanda de energía.

3. El sistema de refrigeración es con aire o con agua normalmente hemos utilizado los de refrigeración con aire (caudales de 0,17 a 1,5 m3/seg) su temperatura de trabajo máxima es de 40 a -50ºC por ello debemos tener en cuenta que la sala donde se instalan de be tener al menos ventilación forzada al exterior, aunque lo recomendable en ambiente salinos es poner aire acondicionado con control de humedad no condensable.

4. El convertidor de frecuencia debe llevar los filtros necesarios en la entrada para cumplir con la normativa vigente en cuanto a generación de armónicos.

19 SISTEMA DE CONTROL

Para el control de todos los equipos electromecánicos (maquinas, válvulas e instrumentos) que lleva una desaladora, se instala un conjunto de equipos electrónicos llamado Sistema de Control.

Se compone de equipos electrónicos (hardware) situados en la sala de control y equipos electrónicos (hardware local) situados en planta. Normalmente los equipos de sala de control sirven para la supervisión y control de la planta y el hardware local sirven para la adquisición de datos y control.

El Sistema de control se compone de un Hardware y Software. El software depende del sistema de control que se elija que puede ser el mismo para ambos hardware o puede ser diferente.

19.1 Tipos de Sistemas de Control

Se utilizan (2) tipos de Sistema de control: Uno esta basado en el Control Distribuido (**DCS**) y el otro en **PLC**s.

Ambos sistemas son cada vez más parecidos ya que el sistema de PLCs se ha ido actualizando hasta conseguir un Sistema de Control fiable y potente.

ARQUITECTURA DEL SISTEMA BASADO EN EL **CONTROL DISTRIBUIDO**

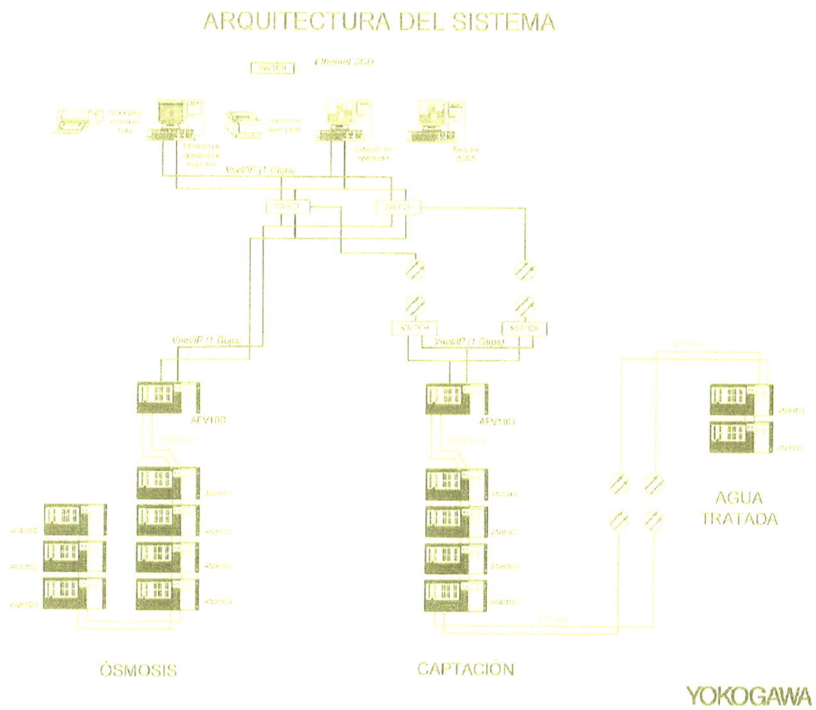

ARQUITECTURA DEL SISTEMA BASADO EN EL **PLC**

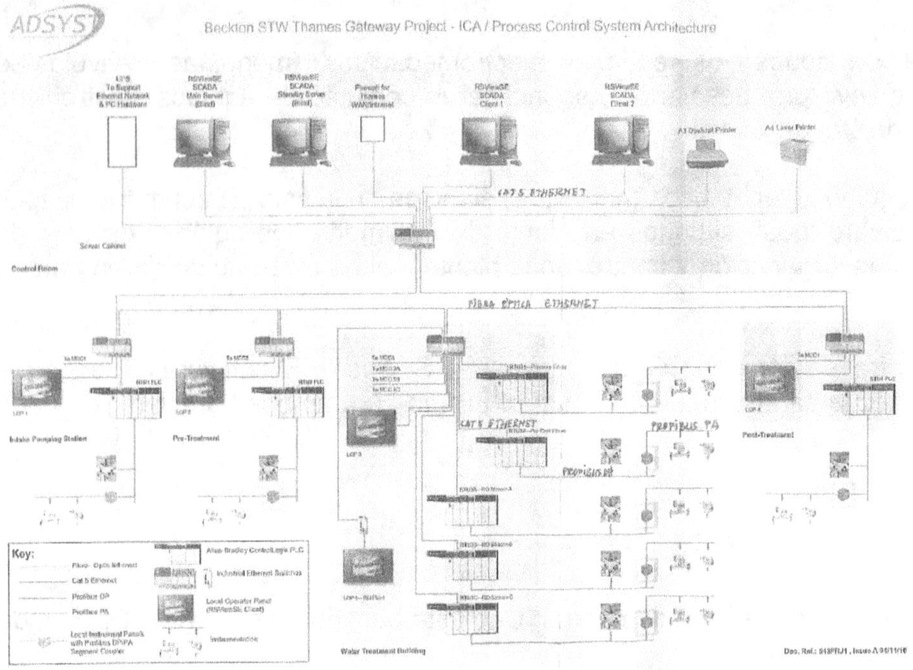

19.2 Equipos que lleva un Sistema de Control

1. **Sala de control**

- **Estaciones de control**

Se colocan (2) normalmente redundantes entre si, sirven para hacer las operaciones de supervisión y control.

- **Estación de Ingeniería**

Sirve para hacer o modificar la programación en plantas pequeñas se usa una estación de operación cambiando el teclado. En plantas grandes es conveniente ponerla separada.

- **Impresoras**

Se colocan (2) Una para registro de ordenes y alarmas y la otra para hacer los informes.

- **Red de comunicación**

Comunica los equipos de la sala de control con los equipos locales del sistema de control normalmente es un red Ethernet.

- **Servidor**

Solo se coloca cuando quieres hacer una exportación de datos (registro específico, vía Internet, gráficos especiales etc).

- **UPS**

Equipo de alimentación ininterrumpida que alimenta las estaciones de control y controladores.

2. **Equipos locales**

- **Panel de control**

  Puede ser central (todas las señales van a este panel) o local en cuyo caso habrá varios. Recogen todos los equipos electrónicos (controladores, tarjetas, bus de comunicación, terminales de conexión etc).

- **Controladores**

  Equipos que realizan las funciones de control, recogen y exportan datos, leen las tarjetas etc, se comportan como un ordenador tipo industrial.

- **Switches**

  Elementos que se instalan en líneas de comunicación para el reparto de la información.

- **Tarjetas**

  Es el interface que se coloca entre la maquina, válvula o instrumento y el sistema de control.

- **Bus de comunicación**

  Cable de comunicación entre tarjetas y controladores.

- **Cable de comunicación**

  Cable que comunica entre tarjetas (vía bloques de terminales) e instrumentos.

19.3 Diferencias entre los dos sistemas

Software

El DCS emplea un software es el mismo para el Scada que para el Control, esto es una ventaja ya que la programación es más sencilla, tiene el inconveniente que la librería para hacer sinópticos suele ser de inferior calidad.

Normalmente el Software del DCS está más desarrollado a las variables analógicas que el PLC, la programación de los PID es más sencilla

El PLC utiliza software diferente para el Scada que para el control, esto da origen a mayores costos de programación y el software de control estaba poco desarrollado para las variables analógicas

En la programación de control no está tan estructurada como la del DCS, por lo cual se pueden hacer más cambios.

Hardware

Los elementos principales del Hardware son los controladores en el DCS y las CPU en los PLC y las tarjetas.

Los controladores del DCS son más potentes (32 mb) que las CPU (8mb) pero también son más caros esto obliga a utilizar pocos controladores y a ir a un sistema centralizado (un panel por controlador) aunque se pueden hacer extensiones (paneles remotos con solo tarjetas) pero tiene alguna limitación.

La ventaja del PLC es que al usar varios controladores (CP) puedes ir a un sistema descentralizado con paneles locales y puedes montarlos con LOP (panel local operador) que en varias especificaciones los están solicitando, y usar CPU de acuerdo a las necesidades del sistema.

19.4 Comunicación instrumentos tarjetas

Durante mucho tiempo la comunicación entre instrumentos y tarjetas se ha hecho de forma analógica señal de 4-20ma, lo que requiere (2 hilos) por instrumento.

Con la implantación de los buses decampo se puede remplazar la señales analógicas por señales digitales de forma que con una línea de (2) hilos se puede conectar la estación de control con los dispositivos decampo. El bus de campo conecta todos los dispositivos en paralelo y la información transmitida es totalmente digital, esto incluye los datos necesarios para el control y los comandos de puesta en marcha, calibración etc.

Existen dos tipos de buses de campo estandarizados y ampliamente aceptados por la industria, que son PROFIBUS Y FUNDATION FIELDBUS, la utilización de este sistema de comunicación reduce el nº de cables y da más seguridad a la comunicación.

En PROFIBUS hay dos tipos de comunicación el PA y el DP este último es un sistema de comunicación de mayor nivel que se complementan entre ambos.

El sistema FOUNDATION FIELDBUS (FF) Es un sistema de comunicación serie, plenamente digital y de dos direcciones funcionando a 31,35 Kbits/seg, que interconecta el equipamiento de campo (sensores, actuadotes. Controladores etc) con el sistema de control.

En este momento instrumentos, válvulas, caja de electro válvulas etc se venden para estos tipos de comunicación aunque son más caros que los analógicos se compensa con la disminución del cableado.

19.5 Suministradores de Sistemas de control

En los sistemas de control debemos distinguir el fabricante del hardware de los equipos y el integrador de estos equipos, es el que realiza el software necesario para su correcto funcionamiento incluyendo la puesta en marcha.

Suministradores son YOKOGAWA EMERSON (Rosemount), ABB etc, Normalmente son suministradores del Hardware y del Software incluyendo la puesta en marcha, aunque se puede utilizar integrador de otras empresas,

En PLC se puede trabajar con Siemens (PCS 7) y con la casa Rockwell (Control Logix), otra marca es Schneider (Modicon). Normalmente cuando se trabaja con estos sistemas el Integrador es de otra empresa.

En SCADA se ha trabajado con el Intouch (Wonderware) y otras sistemas son RSview (Rockwell) y Win cc (Siemens).

Conviene utilizar preferentemente una marca de PLC y SCADA, que pudiera ser ROCKWELL o SIEMENS que tiene ambos sistemas.

20 EQUIPOS DIVERSOS

20.1 Válvulas de control

En desalación se utilizan diferentes tipos de válvulas que hacen alguna función de control las cuales describimos en este capitulo.

Cálculo tamaño válvula de control(en general)

Todas las válvulas para los diferentes grados de apertura tienen un Cv o Kv que varia con el grado de apertura.

El Cv es una constante que define el caudal que pasa por una válvula en función a una perdida de carga determinada y viene definida por la siguiente formula para agua densidad 1.

Q= Cv*∆P^½/δ

Q= caudal en gpm
∆P= perdida de carga en psig
δ= densidad del fluido

Si en vez de Cv utilizamos el Kv el caudal hay que ponerlo en m3/h y la perdida de carga la da en bar.

Normalmente en la válvula de control es aconsejable que tenga una perdida de carga del 25% de las perdidas que tiene la línea donde está instalada.

- ***<u>Factores a tener en cuenta en el diseño de las válvulas de control</u>***

Un tamaño aproximado se puede calcular en función del caudal y la pérdida de carga deseada y con el Cv calculado elegir el tamaño de válvula, pero en este tipo de válvulas hay que tener en cuenta especialmente para perdidas de carga grades el ruido y la cavitación, por ello debe ser el suministrador quien defina el tamaño.
Las variables a definir son las siguientes:

- **Caudal máximo y mínimo**
- **Tipo de fluido, Tª máxima y densidad**
- **Perdida de carga mínima y máxima**
- **Tamaño de la tubería donde va montada y material**
    - **Nivel de ruido máximo**

- ***<u>Materiales</u>***

Para las bombas de agua tratada se emplea el Aisi-316 y para salmuera del 1º paso Duplex o Superduplex según la salinidad y para la salmuera del 2º paso Aisi-316, Duplex o superduplex dependiendo de la salinidad.

- ***<u>Actuadores</u>***

Normalmente se emplean actuadores neumáticos y los hay de (2) tipos de pistón o de membrana, en ambos casos debe llevar posicionador electro neumático con señal de entrada analógica (4-20 ma) o digital.

Normalmente los actuadores son de simple efecto y para este tipo de válvulas deben comprarse fallo abre.

20.2 Válvulas de mariposa

Las empleamos con posicionador y se colocan en los siguientes puntos:

- Válvula de entrada en filtros de presión perdida de carga 10 mca.
- Válvula salida filtros de gravedad perdida de carga 5 mca.
- Válvula salida a drenaje en el colector de entrada de las bombas de alta presión perdida de carga de 20 a 30 mca, en el caso de presiones mayores hay que poner otro tipo de válvula.

Las válvulas de mariposa tienen una curva característica iso-porcentual, por ello deben trabajar en el rango entre el 30 al 60% de apertura.

El cálculo de las perdidas de carga en las válvulas de mariposa se realiza a través del siguiente documento.

Hydraulic characteristics

1 Flow coefficients

The following tables give the flow coefficients relating to the opening angle of the disc and the zeta coefficient.
The flow coefficient Kv (or Cv) is the flow in m^3/h (or US gallon/mn) passing through a valve with a resulting pressure drop of 1 bar (or 1 psi). The relationship between Cv and Kv is : Cv = 1.16 Kv.
Zeta is the factor which proportionally links the pressure drop in the valve to the kinetic energy of the fluid in the upstream side of the valve.

Flow coefficients Kv in metric units ($m^3/h/bar^{1/2}$) **Zeta**

Size		Flow coefficient Kv relating to the opening angle of the disc									Zeta
mm	inch	10°	20°	30°	40°	50°	60°	70°	80°	90°	
32	1 1/4	0	0	1	3	5	9	15	27	30	1,44
40	1 1/2	0	1	2	5	10	16	27	48	53	1,46
50	2	0	2	6	13	24	40	67	120	133	0,56
65	2 1/2	0	4	11	24	43	72	120	216	240	0,49
80	3	0	6	18	41	74	123	205	369	410	0,39
100	4	1	10	29	66	118	197	328	590	655	0,37
125	5	1	14	41	90	162	270	450	810	900	0,48
150	6	2	27	81	180	324	540	900	1620	1800	0,25
200	8	4	53	160	355	639	1065	1775	3195	3550	0,20
250	10	4	58	175	389	700	1167	1945	3501	3890	0,41
300	12	6	84	251	558	1004	1674	2790	5022	5580	0,42
350	14	8	121	363	806	1451	2418	4030	7254	8060	0,37
400	16	11	158	473	1050	1890	3150	5250	9450	10500	0,37
450	18	13	200	599	1330	2394	3990	6650	11970	13300	0,37
500	20	17	261	783	1740	3132	5220	8700	15660	17400	0,33
550	22	21	315	945	2100	3780	6300	10500	18900	21000	0,33
600	24	25	375	1125	2500	4500	7500	12500	22500	25000	0,33

Flow coefficients Cv in american units (gallon US/mn/$psi^{1/2}$)

Size		Flow coefficient Cv relating to the opening angle of the disc								
mm	inch	10°	20°	30°	40°	50°	60°	70°	80°	90°
32	1 1/4	0	1	2	4	6	11	18	32	35
40	1 1/2	0	1	3	6	11	18	31	55	62
50	2	0	2	7	15	28	46	77	139	154
65	2 1/2	0	4	13	28	50	84	140	252	280
80	3	0	7	21	48	86	143	238	428	475
100	4	1	11	34	76	137	228	380	684	760
125	5	1	16	47	104	188	313	522	940	1044
150	6	2	31	94	209	376	627	1045	1881	2090
200	8	4	62	185	412	742	1236	2060	3708	4120
250	10	5	88	203	450	810	1350	2250	4050	4500
300	12	6	97	291	647	1165	1941	3235	5823	6470
350	14	9	140	421	935	1683	2805	4675	8415	9350
400	16	12	183	548	1218	2192	3654	6090	10962	12180
450	18	15	231	693	1540	2772	4620	7700	13860	15400
500	20	20	303	909	2020	3636	6060	10100	18180	20200
550	22	24	366	1098	2440	4392	7320	12200	21960	24400
600	24	29	435	1305	2900	5220	8700	14500	26100	29000

20.3 Válvulas de macho

Cross Section, k_v/C_v-Value, Resistance Factor

DN mm	A_1 cm^2	ζ_1	k_v m^3/h	C_v Gpm
15	1.76	1.32	8	9.36
20	3.14	4.2	8	9.36
25	4.90	1.27	30	35.10
32	8.04	3.42	30	35.10
40	12.5	1.75	63	56.74
50	19.6	0.63	125	146.25
65	33.2	1.79	125	146.25
80	50.2	1.34	220	257.40
100	78.5	1.12	400	432.90
150	176.6	1.39	800	900.90
200	314.0	1.73	1195	1398.15
250	490.6	1.9	1795	2100.15
300	706.5	1.8	2650	3100.50
350	962.0			
400	1256.6			

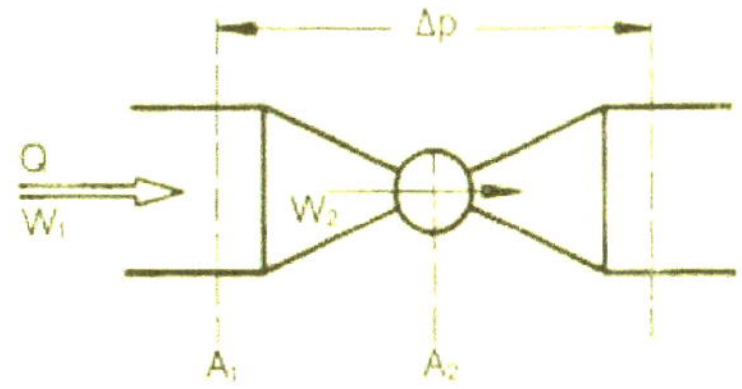

Speed $w_1 = Q/A_1$

Pressure Drop $\Delta p = \dfrac{\zeta_1 \cdot \gamma \cdot w_1^2}{2 \cdot g}$

A_1 = Cross sectional area
ζ_1 = Resistance factor, related to cross section
w_1 = Speed in pipe
Q = Flow rate
γ = Specific gravity of medium
Δp = Pressure drop
g = Acceleration due to gravity

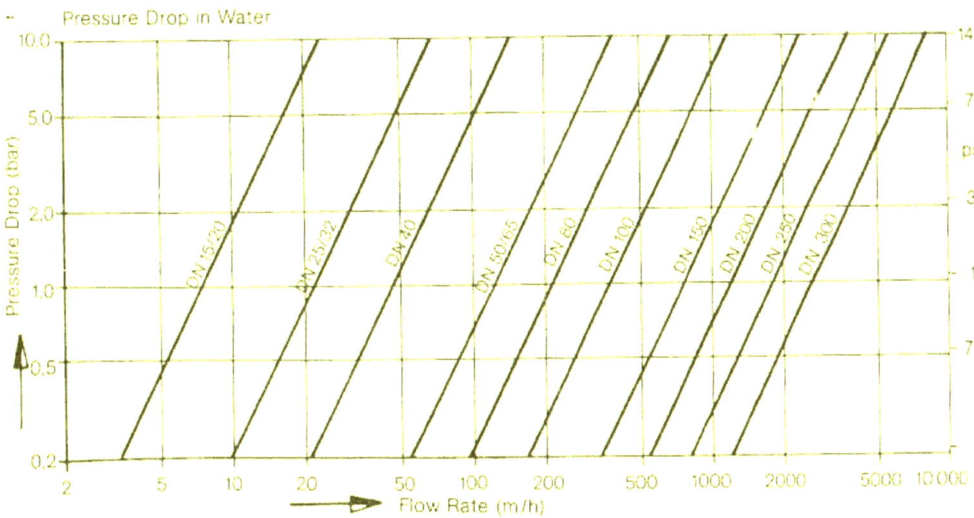

Las empleamos para funciones de todo o nada excepto en la alimentación al bastidor que hacemos apertura o cierre controladas (aperturas en 1 o 2 minutos) y utilizamos actuador eléctrico con posicionador su curva característica es iso-porcentual.

Normalmente no se debe hacer funcionar de control ya que por estar instalada en la entrada al bastidor incrementamos el consumo energético y el control lo hacemos en el agua tratada.
Normalmente en tamaños grandes (10" a 14") ponemos un tamaño menor al de la tubería.

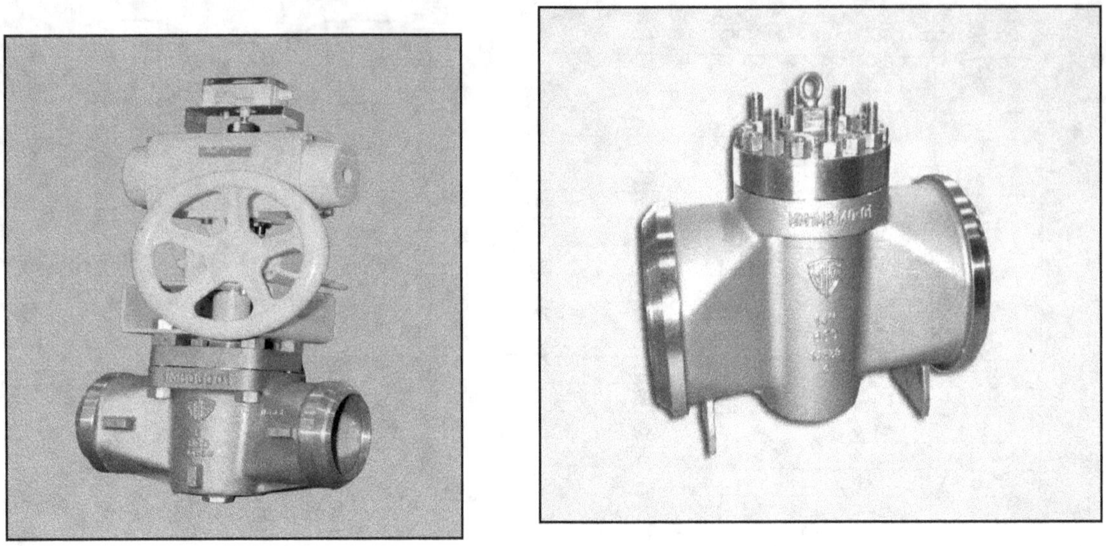

Figura 20.1. Válvulas de macho

Para un bastidor de 10.000 m3/día caudal de alimentación 930 m3/h que se puede poner tubería de 12" la válvula de macho de control de apertura de 10" dará una perdida de carga al 100% de 0,27 bar ((930/1950)^2*1,03).

20.4 Válvula de control esféricas

Son válvulas de bola modificada o de mariposa modificada para tamaños grandes que realmente pueden hacer funciones de control desde el 10 % al 100% del caudal.

En desalación las utilizamos en los siguientes servicios:

- **Control del agua tratada**. A la salida de los bastidores, controla el caudal de agua tratada que produce el bastidor en función de la temperatura del agua de mar.

- **Control presión salmuera del 2º paso**. Controla la presión de operación del bastidor en función del caudal.

- **Control de salmuera en el 1º paso**. Controla la presión de operación del 1º paso en fase de arranque en instalaciones de agua salobre con dos pasos y colector común ya que en agua de mar no reutiliza este sistema.

Dentro de las opciones de válvulas de control, nos centraremos en la válvula modelo CAMFLEX. Está válvula está equipada con posicionador Massoneilan electro neumático para señal 4-20 Ma. Las conexiones son embridadas ANSI-RF-300 lbs y el cuerpo en la posición de salida de permeado se fabricará en AISI-316

Tag	1			Service	Permeado a depósito
	PED Cat	PED Classification 2		PID No	
General	Item No 1	Item Revision	Quantity 3	Serial No	

Body	Model No	35 35112	Min / Max Design Temp: 20 deg C	Construction	Stainless steel
	Type	Globe Rotary		Design Press: 11.5 bar g	

	Units / System	Valve Inlet	Valve Body	Valve Outlet
Size	in	6	6	6
Rating	ANSI	CLASS 300	CLASS 300	CLASS 300
End Connection		RF Flanges		RF Flanges
Face Finish		125 - 250 AARH		125 - 250 AARH

Body	Material	A351 gr CF3M (316 L st.st.)	Body Studs	A193 gr B8 cl 2
	Seat Ring Gasket		Body Nuts	A194 gr 8
	Line Bolting	-	Body Gasket	-
Bonnet	Type	Integral	Pack'g Box Nuts	A194 gr 8
	Material	-	Pack'g Follower	A582 type 303
	Packing Type	PTFE/Kevlar	Pack'g Spacer	
	Pack'g Box Studs	A193 gr B8 cl 1	Pack'g Flange	304 St. St.
	Lube Hole	-	Pack'g O-Ring	Viton
	Bellows Seal Mat'l		Lube Grease	
Trim	Trim Type	Eccentric plug	Plug Type	Eccentric
	Rated Cv	300	Plug Mtl	316L St. St. Hard Faced
	Characteristic	Linear	Seat Ring Type	Clamped
	Size	full area	Seat Ring Mtl	316 St. St. Hard Faced Seat
	Guide Mtl	Stellite	Leakage Class	IV
	Cage/Retnr Mtl	316 St. St.	Flow Action	Flow to Open
	Stem/Shaft Mtl	A564 gr 630 (1075)	Flat Conical Sprg	-
Actuator	Model	35	Shutoff Pressure	11.5 bar g
	Type	Spring diaphragm	Handwheel	-
	Size	7	Mounting	1
	Bench Range	7 - 24 psi g	Limit Stop Open	
	Supply Pressure	40 psi g	Limit Stop Close	
	Travel	50 deg	Yoke Mat'l	Cast Iron
	Air Action	Air to Close	Diaphragm Mat'l	Buna-N w/ Polyester
	Fail Position	Open	Pre Load	
Positioner	Model	4700E	Elect Conn	.5 inch NPTF
	Qty	1	Airset / Gauge	78-40 w/SS drain /
	Type	Electropneumatic	Remote Mount	-
	Tag		Diagnostics Level	-
	Input Signal	4-20 mA	Option Board	-
	Action	Direct	Approval	-
	Characteristic	Linear	Approval Desc	
	Operating Range	0-100%	Enclosure Rating	

Tubing Mat'l / Fitting Type / Tubing Size(min.)	standard	\ standard	\ 0.25 inch

OUTLINE DRAWING — MASONEILAN

VALVE MODEL NUMBER: 35-35112	RATING: 300	END CONNECTION: RF Flanges
VALVE SIZE: 6/(150mm) In	ACTUATOR SIZE: 7	AIR ACTION: Air to Close
FLOW DIRECTION: Flow to Open		FAIL POSITION: Open

NOTE: DRAWING IS NOT TO SCALE AND OBJECTS IN SOME CASES ARE NOT PROPORTIONAL. REFER TO DIMENSIONS FOR PROPER SPATIAL REPRESENTATION.

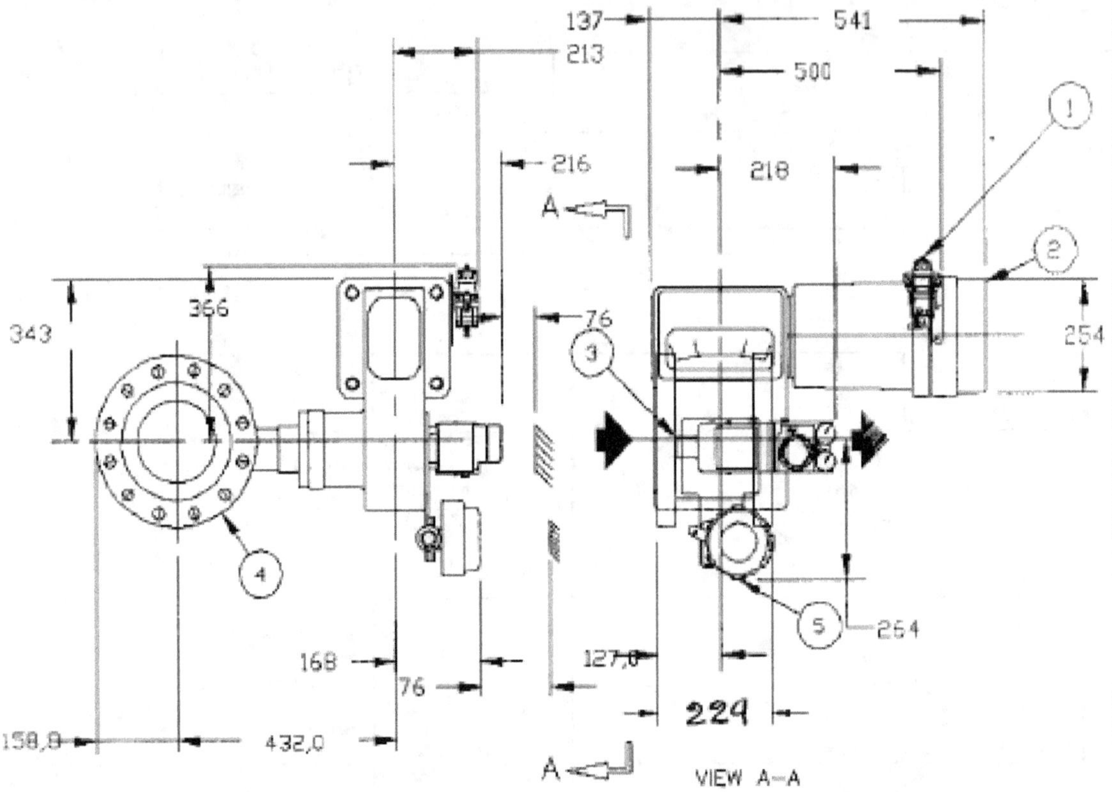

ACTUATOR MOUNTING POSITION: 1

Ref	MODEL	DESCRIPTION	CONNECTION	WGT
1	78-40 w/ES drain	AIRSET, POSITIONER (4700E)	.25 NPT	0,5
2	35	ACTUATOR, SPRING-DIAPHRAGM, #7, 7-24, AIR TO CLOSE		16,3
3	4700E	POSITIONER, MASONEILAN, ELECTROPNEUMATIC	.25 NPT/.5 Inch NPT	3.0
4	35002	BODY, GLOBE, ROTARY, 6/(150mm) IN, 300, RF FLANGES		116,5
5	496-255	SWITCH, MASONEILAN, SPDT, SPDT	.75 NPT	2.5

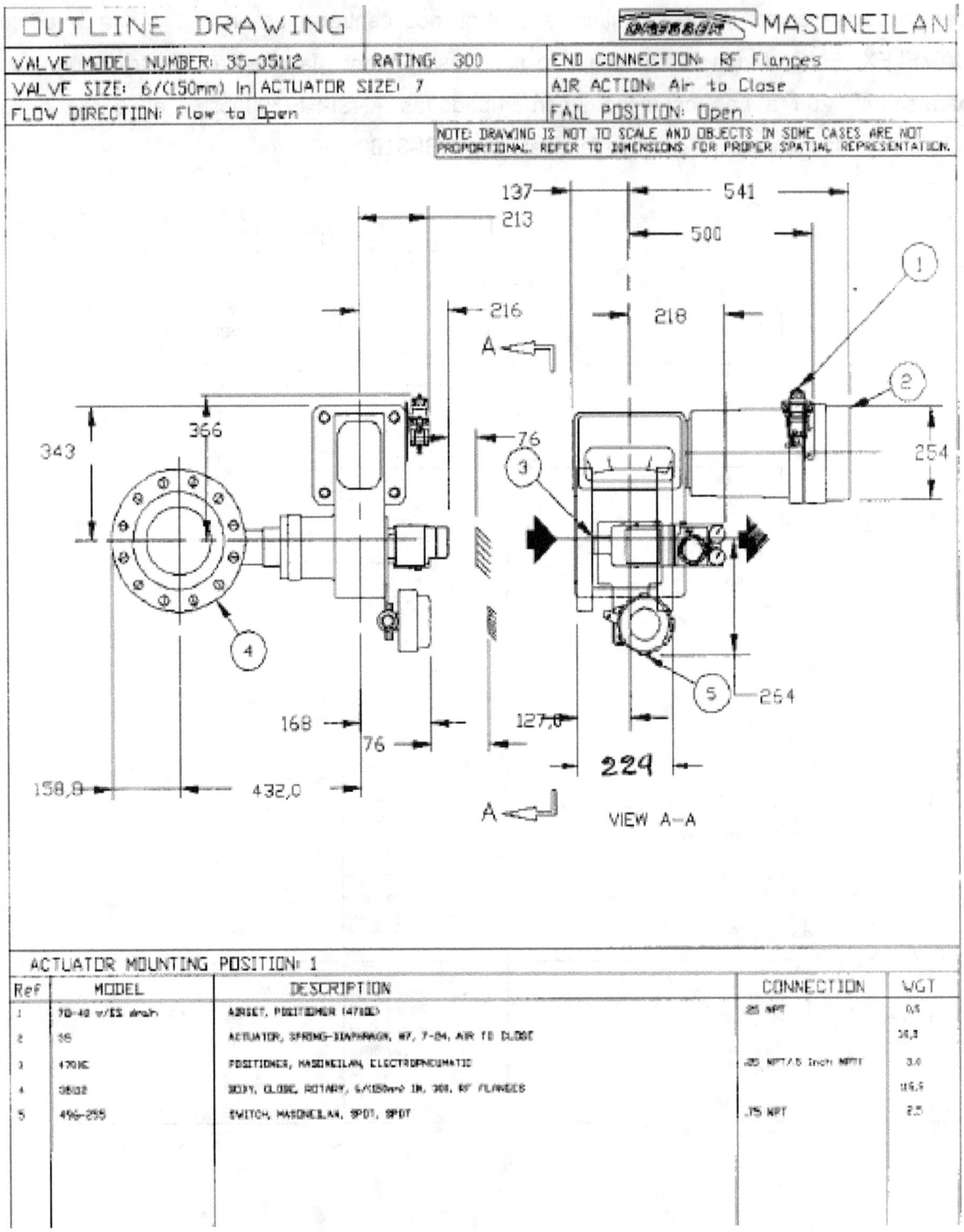

20.5 Agitadores

Se emplean para la mezcla de sólidos y líquidos. Su empleo va en función del volumen. Para tanques de hasta 1000 litros se emplean agitadores de 1500 rpm. En tanques de volumen superior a 1000 litros se emplean reductores.

Normalmente el agitador debe poder soportarse en la parte superior, para lo que se instala un refuerzo de poliéster.

Las áreas principales de utilización en una desaladora de agua de mar son:

Mezcla de bisulfito sódico

Tanque de limpieza química

Tanques de dilución de cal.

Los materiales empleados en la construcción de agitadores son el AISI 316, excepto para el coagulante y limpieza química que requieren ebonitado o protección adicional para las partes en contacto con el agua.

El tipo de agitador lo define cada fabricante, siendo los fabricantes habituales MILTON ROY, TFB, GRUNDFOS

20.6 Compresores

Son los equipos que generan el aire para las válvulas automáticas y demás equipos neumáticos. Fundamentalmente hay tres tipos de compresores:

Alternativos(de pistón): Para caudales pequeños

Centrífugos : Para caudales medios

De tornillo: Para grandes caudales

Se incorpora sistema de filtración y de refrigeración adecuado para enfriar y acondicionar el aire. Una desaladora habitualmente lleva 2 compresores (2x100%) y depósito de aire que cumple función de pulmón ante variaciones de caudal en el servicio.

En relación al consumo de aire, el criterio técnico utilizado es el de los siguientes consumos y grados de utilización de las válvulas

-Válvulas todo o nada: 280 l/min y 5% de utilización

-Vavulas de regulación: 25 l/min y 100% de utilización

Figura 20.2 Compresor de aire

20.7 Cajas de electroválvulas

Se trata de los cofres en los que se ubican las válvulas de solenoide. Las válvulas neumáticas de doble efecto necesitan 4 vías. Las válvulas neumáticas de simple efecto requieren solo tres vías. Normalmente se instalan válvulas de solenoide de 5 vías.

Los armarios se suelen fabricar en poliéster compacto IP66 de la marca HIMEL,ELDON o equivalente

Figura20.3: Cofre de electroválvulas

Figura 20.4: Detalle de caja de 8 electrovávulas de 5/2 vias

20.8 Grupo de presión de agua

Se destina al agua tratada y de servicios. Consta de dos bombas centrífugas y calderin neumático(de vejiga) para mantener la presión constante.

Normalmente las bombas centrífugas de los grupos de presión tienen un margen de funcionamiento. En desalación, los calderines que se emplean tienen una capacidad media de 5-15 m3

20.9 Mezclador estático

La instalación de mezcladores estáticos es recomendable para garantizar la mezcal correcta de los productos químicos. Las dos posiciones dentro de una desaladora donde se instalarán son:

-Alimentación de bombas de alta presión (dispersante, bisulfito sodico, ácido sulfúrico)

-Remineralización (Co2, cal)

Se fabrican en PREF con conexiones independientes embridadas para la inyección de cada reactivo

20.10 Bombas centrifugas

Los tipos de bombas centrifugas empleados son:

-De cámara partida (horizontal o vertical)

-Segmentada

-DIN

En relación a los rodetes , existen varios tipos:

-Cerrado: Dos placas de forma que el liquido entra por el centro saliendo a alta velocidad. Se emplea para agua limpia

-Semiabierto: Es una placa con aberturas, de forma helicoidal que dan el giro al agua. Se emplean para líquidos cargados. En desalación para agua con cal.

-Vortex: Se emplea para fangos

-Canal: Se emplea para fangos

Velocidad

-Para altas presiones: 3000 rpm

-Para bajas alturas, fangos o líquidos cargados: 1500 rpm

-Para fangos:1000 rpm

20.11 Instrumentación

En relación a la instrumentación indicamos los aspectos básicos a tener en cuenta:

1.-Caudalimetros electromagnéticos

No se debe situar en puntos altos para evitar la formación de burbujas de aire. Requieren 5 diámetros anteriores y tres diámetros posteriores de parte recta.

Las partes metálicas se fabrican en material HASTELLOY C

Figura 20.5 Caudalimetro electromagnético

2.-Medición de SDI

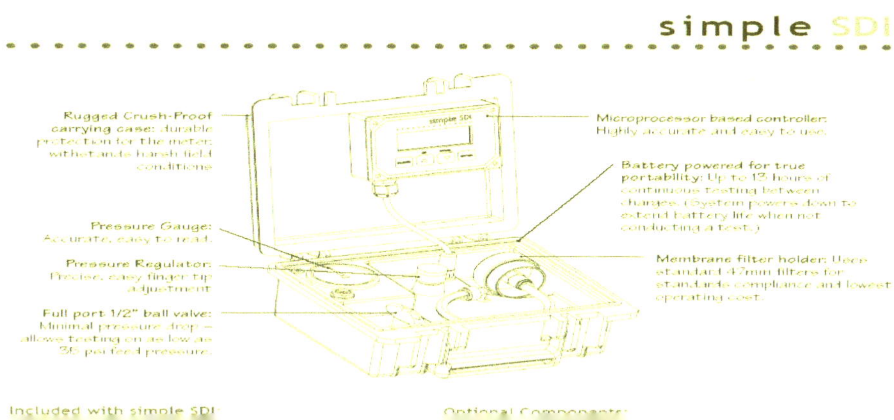

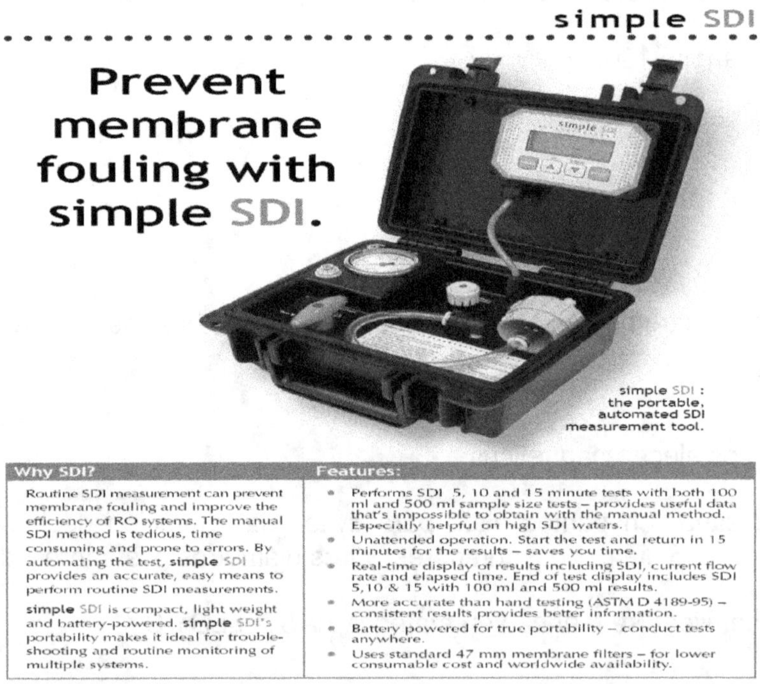

simple SDI
Prevent membrane fouling with simple SDI.
simple SDI : the portable, automated SDI measurement tool.
Why SDI?
Routine SDI measurement can prevent membrane fouling and improve the efficiency of RO systems. The manual SDI method is tedious, time consuming and prone to errors. By automating the test, simple SDI provides an accurate, easy means to perform routine SDI measurements.
simple SDI is compact, light weight and battery-powered. simple SDI's portability makes it ideal for trouble-shooting and routine monitoring of multiple systems.
Features:
Performs SDI 5, 10 and 15 minute tests with both 100 ml and 500 ml sample size tests – provides useful data that's impossible to obtain with the manual method. Especially helpful on high SDI waters.
Unattended operation. Start the test and return in 15 minutes for the results – saves you time.
Real-time display of results including SDI, current flow rate and elapsed time. End of test display includes SDI 5,10 & 15 with 100 ml and 500 ml results.
More accurate than hand testing (ASTM D 4189-95) – consistent results provides better information.
Battery powered for true portability – conduct tests anywhere.
Uses standard 47 mm membrane filters – for lower consumable cost and worldwide availability.

3.-Manómetros

El tubo de BOURDON se solicita en AISI 316, empleándose el uso de separadores

20.12 Unidad de verificacion

Las plantas desaladoras pueden incluir una unidad de verificación y prueba que permite verificar el funcionamiento individual de las membranas, tanto cuando son recibidas antes de su incorporación en planta como tras un periodo de funcionamiento y explotación.

El equipo permite además pruebas individuales de manera que se puedan ensayar diferentes productos químicos y parámetros de trabajo.

Esta unidad de verificación consta de una bomba de alta presión que alimenta una caja de presión con una única membrana. La planta contiene un circuito propio de limpieza con tanque, filtro de cartuchos y bomba independiente

Figura 20.6 Unidad de verificación

20.13 Soportes

Es fundamental que todos los soportes antes de la entrada a las maquinas estén bien definidos. Existen dos tipos de soportes:

-Fijos: Se sitúan en los codos con el fin de proteger a las bombas

-Deslizantes: En caso de que la longitud de las tuberías sea grande se ha de tener en cuenta el fenómeno de dilatación razón por la que se disponen de soportes deslizantes. Se ha de permitir que la tubería se dilate por la diferencia de temperatura por lo que el siguiente soporte fijo ha de estar lo suficientemente alejado como para permitir flexar a la tubería.

Bibliografía

Wilf Mark (2007) **The guidebook to membrane desalination technology.** Balaban desalination technologies

AWWA(2006) ***Desalination of seawater and brackish water***

WEF(2006) ***Membrane systems for wastewater treatment***

Zenon environmental Inc(2003) ***Operation and maintenance Manual Ultrafiltration of wastewater treatment plant, City of Woostock Georgia***

Metcalf and Eddy (2003) ***Wastewater Engineering : Treatment and Reuse 4th edition*** Mc Garw Hill

Dow (2011) ***Product Manual. Ultrafiltration*** . Version 3

anejo nº 1

dimensionamiento

índice

1.- TOMA, BOMBEO Y TUBERÍA DE IMPULSIÓN DE AGUA DE MAR

1.1.- TIPO Y CAPACIDAD DE LA TOMA

De acuerdo con el pliego de bases, se ha proyectado una toma de agua de mar abierta situada a 1.000 m de la costa.

La toma se efectuará en el mar, fuera de la zona de rompiente, mediante torre de toma, emisario y arqueta de bombeo.

La toma de agua de mar tendrá una capacidad de captación equivalente a 20.000 m³/día de agua producida por la estación desaladora, ampliable a 27.000 m³/día.

El caudal requerido de agua bruta para dicha producción es:

donde se ha considerado:

- *una conversión de la O.I. del 45%*
- *0,7% de la producción para servicios internos*
- *2% del agua de captación para el lavado de los filtros de arena*

El caudal requerido para la ampliación será:

1.2.- BOMBEO DE AGUA DE MAR

En la arqueta de bombeo se instalarán cuatro bombas de cámara partida y única etapa, con un caudal nominal de 636 m^3/h. Las bombas irán provistas de un sistema de cebado.

La impulsión estará protgegida por un sistema antiariete.

1.3.- ALTURA MANOMÉTRICA DE BOMBAS

La altura manométrica de las bombas de agua de mar se determinará conforme a la siguiente fórmula:

$H = Hg + \Delta P_T + \Delta P_{FA} + \Delta P_{FC} + H_{asp.}$

Donde:

H = Altura manométrica requerida

Hg = Altura geométrica ente el piso y el depósito de agua de mar

ΔP_T = *Pérdida de carga en tuberías*

ΔP_{FA} = *Pérdida de carga en filtro de arena*

ΔP_{FC} = *Pérdida de carga en filtro de cartucho*

H_{asp} = *Presión requerida en aspiración bombas de alta presión*

1.4.- tuberías de impulsión de agua de mar

Se plantea un único colector en PRFV, PN-6, DN-700.

2.- dosificaciones químicas (hipoclorito – COAGULANTE - ÁCIDO)

2.1.- dosificación de hipoclorito sódico en la toma

La dosificación está diseñada para una producción de 27.000 m^3/día.

DOSIFICACIÓN DE CHOQUE

** Los datos de diseño tenidos en cuenta para el dimensionamiento de la dosificación son éstos:*

F: Caudal a tratar, m3/h 2.569
Dr: Dosis, ppm.. 20
(Como Cl_2)

Cvr: Concentración en peso del producto, %............... 14
(Como Cl_2)
r: Densidad, Kg/l 1,22

* *El caudal a dosificar (Fr en l/h) responde a la expresión :*

Dando un valor de 301 l/h.

* *Mientras que el caudal másico (Mr en Kg/h) se obtiene de:*

Dando un valor de 367 Kg/h.

* *La experiencia actual con agua de mar a demostrado que una dosificación en discontinuo a bajas dosis, del orden de 2 ppm, resulta más efectiva. Se considera que la dosificación en choque se aplicará muy esporádicamente. Se instalará una bomba dosificadora, con una capacidad unitaria de 400 l/h.*

Esta bomba irá dotada de variador de velocidad (convertidor de frecuencia) para trabajar en cada momento a la velocidad adecuada en función del caudal a tratar.

* *Al ser la dosificación discontinua los valores medios para cálculo de consumos y necesidades de almacenamiento se ven corregidos mediante el factor f:*

- f: fracción de tiempo en la que se dosifica, tanto por uno
- id: duración de la dosificación, horas 0,5
- it: intervalos entre dosificaciones, horas 24

$$f = \frac{id}{it}$$

Con lo que el caudal másico medio (Mmed = Mr x f) es 7,6 Kg/h y el caudal medio a dosificar medio (Fmed = Fr x f) equivale a 6,3 l/h. Para el almacenamiento se emplea el depósito utilizado para el post-tratamiento mediante hipoclorito sódico.

DOSIFICACIÓN EN CONTINUO

* *Los datos de diseño tenidos en cuenta para el dimensionamiento de la dosificación son éstos:*

F: Caudal a tratar, m3/h 2.569
Dr: Dosis, ppm... 2
(Como Cl_2)
Cvr: Concentración en volumen del producto, %.......... 14
(Como Cl_2)
r: Densidad, Kg/l 1,22

* *El caudal a dosificar (Fr en l/h) responde a la expresión :*

Dando un valor de 30,1 l/h.

* *Mientras que el caudal másico (Mr en Kg/h) se obtiene de:*

Dando un valor de 36,7 Kg/h .

** Se instalarán dos bombas dosificadoras (una de reserva), con una capacidad unitaria de 44 l/h.*

Estas bombas irán dotadas de variadores de velocidad (convertidores de frecuencia) para trabajar en cada momento a la velocidad adecuada en función del caudal a tratar.

Para el almacenamiento se emplea el depósito utilizado para el post-tratamiento mediante hipoclorito sódico.

2.2.- DOSIFICACIÓN DE COAGULANTE ($ClFe_3$)

La dosificación está diseñada para una producción de 27.000 m³/día.

* *Los datos de diseño tenidos en cuenta para el dimensionamiento de la dosificación son éstos:*

F: Caudal a tratar, m3/h	*2.569*
Dr: Dosis, ppm..	*20*
Cvr: Concentración en peso del producto, %...............	*42*
r: Densidad, Kg/l	*1,45*

** El caudal a dosificar (Fr en l/h) responde a la expresión :*

Dando un valor de 84 l/h.

* *Mientras que el caudal másico (Mr en Kg/h) se obtiene de:*

Dando un valor de 122 Kg/h .

** Se instalarán dos bombas dosificadoras (una de reserva), con una capacidad unitaria de 114 l/h.*

Estas bombas irán dotadas de variadores de velocidad (convertidores de frecuencia) para trabajar en cada momento a la velocidad adecuada en función del caudal a tratar.

** El volumen de almacenamiento (V en m³) se calcula según:*

V= Fr x 24 x t/1000

Se ha proyectado un depósito de 15 m³ que proporciona una autonomía de almacenamiento de 7 días y medio.

2.3.- DOSIFICACIÓN DE ÁCIDO CLORHÍDRICO

La dosificación está diseñada para una producción de 27.000 m3/día.

** Los datos de diseño tenidos en cuenta para el dimensionamiento de la dosificación son éstos:*

F: Caudal a tratar, m3/h	*2.569*
Dr: Dosis, ppm..	*10*

Cvr: Concentración en peso del producto, %................ 34
r: Densidad, Kg/l 1,17

* *El caudal a dosificar (Fr en l/h) responde a la expresión :*

Dando un valor de 65 l/h.

* *Mientras que el caudal másico (Mr en Kg/h) se obtiene de:*

Dando un valor de 76 Kg/h .

* *Se instalarán dos bombas dosificadoras (una de reserva), con una capacidad unitaria de 66 l/h.*

Estas bombas irán dotadas de variadores de velocidad (convertidores de frecuencia) para trabajar en cada momento a la velocidad adecuada en función del caudal a tratar.

* *El volumen de almacenamiento (V en m^3) se calcula según:*

$V = Fr \times 24 \times t/1000$

El consumo diario con una dosis de 10 ppm equivale a 1.56 m^3/día. Se ha proyectado un depósito de 15 m^3 que proporciona una autonomía de almacenamiento de 10 días.

3.- FILTROS DE ARENA – ANTRACITA ABIERTOS (PRIMERA ETAPA)

La instalación dispone de una doble etapa de filtración. Ambas etapas estarán constituidas por filtros con lecho mixto de arena y antracita.

3.1.- PARÁMETROS DE DISEÑO

Nº de unidades..	6
Operación...	6 filtros en servicio ó 5 en servicio y uno lavando
Tipo	Por gravedad
Ejecución..	Rectangular abierta
Caudal a tratar...	1.903 m^3/h (20.000 m^3/día)
Velocidad de filtración.................................	7 m/h
Tipo de lavado del lecho.............................	Aire-agua
Velocidad de agua......................................	25 $m^3/h/m^2$
Velocidad de aire..	54 $m^3/h/m^2$

3.2.- DIMENSIONES DE LOS FILTROS

a) La superficie mínima requerida de cada filtro deberá ser:

Adoptamos el filtro rectangular estándar, de 4.800 m de ancho y 9.000 mm de largo, con una superficie filtrante de 43.2 m^2.

b) Las velocidades de filtración serán las siguientes:

Condiciones normales - 6 filtros en servicio y una producción diaria de 20.000 m^3/día

Caudal máximo: 5 filtros en servicio, 1 filtro lavando

Ampliación de la planta – Previendo una futura ampliación a 27.000 m^3/día, para mantener la misma velocidad de filtración, el número de filtros sería el

Caudal nominal – 8 filtros en servicio

Caudal máximo - 7 filtros en servicio, 1 filtro lavando

c) Lecho

Cada filtro incorpora un lecho de antracita, arena y grava de las siguientes características:

	Media	Depth (mm)	Size (mm)	Volume (m^3)
(I)	Gravel	150	6.7 - 13.2	6.5
(II)	Gravel	100	2.36 - 4.75	4.3
(III)	Gravel	100	2.18 - 2.8	4.3
(IV)	Sand	550	0,5 - 1	24
(V)	Anthracite	350	1.18 - 2.36	15

Este lecho descansa sobre el falso fondo donde se ubicarán las boquillas colectoras, 2246 por filtro y a razón de 52 boquillas/m^2.

3.3.- LAVADO DEL LECHO

Los filtros se lavarán utilizando el sistema combinado de aire-agua.

a) Aire

El aire de agitación del lecho se suministrará a través de dos soplantes rotativas (una de reserva).

El caudal requerido será:

$43.2\ m^2 \times 54\ m^3/h/m^2 = 2333\ m^3/h$

La presión efectiva será de 0,4 bar.

b) Agua

El agua de lavado utilizada será agua bruta prefiltrada por la primera etapa.

El caudal requerido será:

* *Con inyección de aire:*

$43.2\ m^2 \times 10\ m^3/h/m^2 = 432\ m^3/h$

* *Sin inyección de aire:*

$43.2\ m^2 \times 25\ m^3/h/m^2 = 1080\ m^3/h$

4.- Bombeo de agua filtrada

El agua prefiltrada por la primera etapa de filtración sobre arena es bombeada desde el depósito de agua filtrada por 3 bombas (más 1 de reserva) de 622 m^3/h. Estos equipos irán equipados por variadores de velocidad que permitan dar una presión en la impulsión en el rango de 93-30 m.c.l.

5.- FILTROS DE ARENA – ANTRACITA A PRESIÓN (SEGUNDA ETAPA)

5.1.- PARÁMETROS DE DISEÑO

Nº de unidades.. 4
Operación.. 4 filtros en servicio ó 3 en servicio y uno lavando

Tipo	*De presión*
Ejecución	*Cerrado*
Caudal a tratar	*1.903 m³/h (20.000 m³/día)*
Velocidad de filtración	*15 m/h*
Tipo de lavado del lecho	*Aire-agua*
Velocidad de agua	*25 m³/h/m²*
Velocidad de aire	*54 m³/h/m²*

5.2.- DIMENSIONES DE LOS FILTROS

a) La superficie mínima requerida de cada filtro deberá ser:

Adoptamos el filtro cerrado horizontal estándar de diámetro 3.600 mm., estando el falso fondo situado a 450 mm. del eje longitudinal.

El lado transversal del falso fondo será de:

$$2 \times \sqrt{\left(\frac{3.600}{2}\right)^2 - 450^2} = 3.486\ mm.$$

y por tanto la longitud recta requerida por filtro debería ser de:

b) En una primera aproximación tomamos una longitud cilíndrica de cada filtro de 8 m.

La superficie rectangular del falso fondo será de:

3,486 x 8 = 27.9 m².

Dado que el falso fondo cubre la totalidad del filtro, o sea, incluyendo los fondos semielípticos, éstos aportan una longitud adicional de filtración que resulta ser:

donde 800 mm. es la flecha de los fondos.

La superficie adicional será:

1,543 x 3,486 = 5,38 m²,

resultando una superficie total de filtración por unidad de:

27.9 + 5,38 = 33.28 m².

c) Las velocidades de filtración serán las siguientes:

Condiciones normales - 4 filtros en servicio y una producción diaria de 20.000 m³/día

Caudal máximo: 3 filtros en servicio, 1 filtro lavando

Ampliación de la planta – Previendo una futura ampliación a 27.000 m^3/día, para mantener la misma velocidad de filtración, el número de filtros sería el

Caudal nominal – 5 filtros en servicio

Caudal máximo - 4 filtros en servicio, 1 filtro lavando

d) Lecho

Los filtros incorporan un lecho de antracita y arena de las siguientes características:

	Sand	Anthracite
Size	0.4-0.5 mm.	1-1.2 mm.
Uniformity	1.6	1.6
Height	400 mm.	600 mm.
Amount	10 m^3/unit	15 m^3/unit

Este lecho descansa sobre el falso fondo donde se ubicarán las boquillas colectoras, 1731 por filtro y a razón de 52 boquillas/m^2.

5.3.- LAVADO DEL LECHO

Los filtros se lavarán utilizando el sistema combinado de aire-agua.

a) Aire
El aire de agitación del lecho se suministrará a través de dos soplantes rotativas (una de reserva).

El caudal requerido será:

$33.28\ m^2 \times 54\ m^3/h/m^2 = 1797\ m^3/h$

La presión efectiva será de 0,4 bar.

b) Agua

El agua de lavado utilizada será agua bruta prefiltrada por la primera etapa.

El caudal requerido será:

* *Con inyección de aire:*

$33.28\ m^2 \times 10\ m^3/h/m^2 = 333\ m^3/h$

* *Sin inyección de aire:*

$33.28\ m^2 \times 25\ m^3/h/m^2 = 832\ m^3/h$

Se dimensionan con equipos de lavado para que cubran las necesidades de las dos etapas de filtración. Las dos soplantes de lavado previstas generan un caudal unitario de 2.620

Nm3/h a 0,5 bar. Las tres bombas de lavado previstas generan un caudal unitario de 550 m^3/h a 20 m.c.l.

6.-DISPERSANTE

6.1.- DOSIFICACIÓN DE DISPERSANTE

La dosificación está diseñada para una producción de 27.000 m^3/día.

* *Los datos de diseño tenidos en cuenta para el dimensionamiento de la dosificación son éstos:*

F: Caudal a tratar, m3/h	*2.569*
Dr: Dosis, ppm...	*5*
Cvr: Concentración en peso del producto, %...............	*10*
r: Densidad, Kg/l	*1*

* *El caudal a dosificar (Fr en l/h) responde a la expresión :*

Dando un valor de 128 l/h.

* *Mientras que el caudal másico (Mr en Kg/h) se obtiene de:*

Dando un valor de 128 Kg/h .

* *Se instalarán dos bombas dosificadoras (una de reserva), con una capacidad máxima unitaria de 150 l/h.*

Estas bombas irán dotadas de variadores de velocidad (convertidores de frecuencia) para trabajar en cada momento a la velocidad adecuada en función del caudal a tratar.

* *El volumen de almacenamiento (V en m^3) se calcula según:*

V= Fr x 24 x t/1000

El consumo diario con una dosis de 10 ppm equivale a 3.1 m^3/día. Se han proyectado dos depósitos de preparación de 3 m^3 cada uno que proporcionan una autonomía de dosificación de 2 días.

7.- FILTROS DE CARTUCHO

7.1.- CARACTERÍSTICAS DE LOS FILTROS

Los filtros de cartucho tendrán una selectividad de 5 micras. Los calcularemos de forma que cada unidad de 250 mm pueda tratar 0,70 m^3/h. Colocando cartuchos de 1.000 mm de longitud, el caudal a través de cada uno de ellos será:

0,70 x 4 = 2,8 m^3/h

El número de cartuchos necesarios será:

7.2.- CARACTERÍSTICAS DE LOS FILTROS

Instalaremos seis filtros. Las características de cada filtro serían:

Nº elementos filtrantes........................	*156*
Diámetro..	*990 mm*
Altura cilíndrica...................................	*1.350 mm*
Presión de diseño...............................	*6 Kg/cm^2*
Superficie filtrante...............................	*39 m^2*

El material utilizado será PRFV.

8.- dosificaciones químicas (BISULFITO sódico)

8.1.- DOSIFICACIÓN DE BISULFITO SÓDICO

La dosificación está diseñada para una producción de 27.000 m3/día.

DOSIFICACIÓN EN CHOQUE

* *Los datos de diseño tenidos en cuenta para el dimensionamiento de la dosificación son éstos:*

F: Caudal a tratar, m3/h	*2.569*
Dr: Dosis, ppm	*100*
Cvr: Concentración en peso del producto, %...............	*15*
r: Densidad, Kg/l	*1,1*

* *El caudal a dosificar (Fr en l/h) responde a la expresión :*

Dando un valor de 1.557 l/h.

* *Mientras que el caudal másico (Mr en Kg/h) se obtiene de:*

Dando un valor de 1.713 Kg/h .

* *Siguiendo con el planteamiento aplicado a la dosificación en choque del hipoclorito, se prevé que la dosificación en choque de bisulfito será esporádica. Se instalará una bomba dosificadora, con una capacidad unitaria de 1.560 l/h.*
  Esta bomba irá dotada de variador de velocidad (convertidor de frecuencia) para trabajar en cada momento a la velocidad adecuada en función de la medida de redox.

* *Al ser la dosificación discontinua los valores medios para cálculo de consumos y necesidades de almacenamiento se ven corregidos mediante el factor f:*

- f: fracción de tiempo en la que se dosifica, tanto por uno	
- id: duración de la dosificación, horas	*1*
- it: intervalos entre dosificaciones, horas	*24*

$$f = \frac{id}{it}$$

Con lo que el caudal másico medio (Mmed = Mr x f) es 71.4 Kg/h y el caudal medio a dosificar Fmed = Fr x f) equivale a 64.9 l/h.

DOSIFICACIÓN EN CONTINUO

* *Los datos de diseño tenidos en cuenta para el dimensionamiento de la dosificación son éstos:*

F: Caudal a tratar, m3/h	*2.569*
Dr: Dosis, ppm	*10*
(Como Cl_2)	
Cvr: Concentración en volumen del producto, %..........	*15*
(Como Cl_2)	
r: Densidad, Kg/l	*1,1*

* *El caudal a dosificar (Fr en l/h) responde a la expresión :*

Dando un valor de 155 l/h.

* *Mientras que el caudal másico (Mr en Kg/h) se obtiene de:*

Dando un valor de 174 Kg/h .

* *Se instalarán dos bombas dosificadoras (una de reserva), con una capacidad unitaria de 200 l/h.*

Estas bombas irán dotadas de variadores de velocidad (convertidores de frecuencia) para trabajar en cada momento a la velocidad adecuada en función de la medida de redox

* *El volumen de almacenamiento (V en m^3) se calcula según:*

V= Fr x 24 x t/1000

El consumo diario con una dosis de 10 ppm equivale a 3.72 m^3/día. Se han proyectado dos depósitos de preparación de 4 m^3 cada uno que proporcionan una autonomía de dosificación de 2 días en el caso de una dosificación en continuo.

El consumo diario con una dosis de choque de 100 ppm equivale a 1.56 m^3/día. Los dos depósitos de 4 m^3 representan una autonomía de dosificación de 5 días.

9.- BOMBEO DE ALTA PRESIÓN Y RECUPERACIÓN DE ENERGÍA

9.1.- COLECTOR DE ASPIRACIÓN DE BOMBAS

Tamaño *DN-350*
Velocidad .... *1,39 m/s*
Material .... *PRFV*

9.2.- *TUBERÍAS ASOCIADAS A LOS GRUPOS*

Instalaremos cuatro (4) grupos.

	Aspiración Bombas	*Impulsión Bombas*	*Entrada Turbinas*	*Salida Turbinas*
Caudal (m^3/h)	*699*	*699*	*385*	*385*
Vmáx (m/s)	*1,5*	*3,8*	*3,8*	*1*
Vnominal (m/s)	*1,39*	*3,67*	*3,19*	*0,75*
Tamaño tubería	*DN-400*	*DN-250*	*DN-200*	*DN-400*
Material	*PRFV*	*A° Inox. 904L o equivalente*	*A° Inox. 904L o equivalente*	*PRFV*

9.3.- BOMBAS

Instalaremos cuatro (4) bombas con caudal unitario de 618 m^3/h. La presión de impulsión necesaria varía en función de la temperatura del agua y la edad de las membranas. La presión máxima y mínima de alimentación a membranas es:

- *Presión alimentación membranas*.................................. *68,4 (16 C°, 3,8 años)* *62,8 (22°C, 1 día)*
- Contrapresión del permeado .. 0 3,1 bar
- *Presión efectiva alimentación membranas* .... *68,4* *59,7 bar*
- *Perdida de carga en tuberías* .... *+0,50* *+0,50 bar*
- *Presión diferencial* .... *62,2* *62,2 bar*
- *Presión aspiración de la bomba necesaria* .... *6,7* *1,1 bar*

La potencia absorbida en condiciones de operación (699 m^3/h) será 1.361 KW

9.4.-TURBINAS

Instalaremos, igualmente, cuatro (4) turbinas Pelton con caudal unitario de 339 m^3/h . La presión de entrada a las mismas será:

Presión descarga membranas...................... *67,5 - 62 kg/cm^2*
Pérdida de carga válvulas + tubería............. *0,50*
Salto neto de turbina .... *67 – 61,5 kg/cm^2*
El salto neto de turbina será 663,31÷603 m.

En esta situación la potencia recuperada por la turbina será:

En condiciones de operación (339 m³/h): 635,61 – 486,91 kW.

10.- OSMOSIS INVERSA

10.1.- características generales

Caudal producido .... 20.000 m³/d
Nº de líneas 3
Nº de elementos/línea 7
Caudal unitario .... 6.713 m³/d
Conversión 45%

Dada la buena calidad del agua bruta que se espera, por tratarse de una toma abierta, entendemos que la mejor solución es aquella basada en tubos de siete (7) elementos que nos permite alcanzar la conversión del 45% en simple etapa. Para ello se plantea una superficie de permeado de 302 l/m²/d, sensiblemente inferior a 335 l/m²/d que se plantea como límite en el Pliego.

10.2.- configuraciones

Nº líneas 3
Nº etapas 1
Nº de tubos 92
Nº de membranas por tubo 7
Nº de membranas por bastidor 644
Nº total de membranas 1.932

10.3.-resumen de funcionamiento de los bastidores

Temperatura diseño	16ºC	16ºC	22ºC	22ºC
Vida de membrana	Arranque	3,8 años	Arranque	3,8 años
Presión alimentación (bar)	62,8	68,4	62,8	65,5
Presión rechazo (bar)	62	67,5	62	64,6
Contrapresión del permeado (bar)	1,4	0	3,1	0
Flujo medio por membrana (l/m²/h)	12,6	12,6	12,6	12,6
TDS agua bruta (mg/l)	38.521,8	38.521,8	38.521,8	38.521,8
TDS rechazo (mg/l)	69.826	69.750,2	69.776,1	69.686,5
TDS permeado (mg/l)	261,1	353,9	318,3	431,8

El valor de 3,8 años corresponde a la vida media de las membranas tras cinco (5) años con una tasa de reposición del 8%.

A la vista de los resultados obtenidos en las instalaciones que se adjuntan y en base a la experiencia, podemos garantizar una salinidad en el permeado inferior a 400 mg/l.

10.4.- TUBERÍA DE AGUA PRODUCTO

La tubería de producto, desde los bastidores hasta el colector general de agua tratada, será de PVC, PN-10, DN-250 y presentará las siguientes características:

Caudal........................... 280 m³/h = 0,078 m³/s
Superficie....................... 0,049 m²

Velocidad....................... 1,59 m/s

11.- DESPLAZAMIENTO Y LAVADO DE MEMBRANAS ESPIRALES

11.1.- UNIDAD DE DESPLAZAMIENTO

11.1.1.- Criterios de dimensionamiento

La unidad de desplazamiento sirve para desalojar el volumen de agua salada existente en el interior de:

- *Turbobombas*
- *Membranas*
- *Tuberías de alta presión*

El caudal aplicado influenciará el tiempo de desplazamiento necesario. En este proceso deben respetarse, sin embargo, los caudales mínimos de barrido, teniendo en cuenta que, a la presión de trabajo, la producción de permeado será prácticamente nula.

11.1.2.- Dimensionamiento de las bombas

Cada bastidor produce 280 m³/h.

El número de tubos instalados es: 92
Primer bloque .... 46 tubos
Segundo bloque............ 46 tubos

Los caudales medios de producto por membrana son:

Considerando una conversión máxima del 10% por membrana, los límites de caudal de barrido son:
2 - 4,5 m³/h

Este caudal corresponde a cada membrana y como no hay producción, a cada tubo le corresponde el mismo valor. Adoptamos el valor de 4,5 m³/h por tubo y 46 el número máximo de tubos. Los caudales de rechazo son:

Primer bloque .... 4,5 x 46 = 207 m³/h
Segundo bloque............ 4,5 x 46 = 207 m³/h

Adoptamos un caudal de 207 m³/h.

La pérdida de carga en el sistema la calculamos para cada bloque de tubos.

Para el primer bloque tenemos la siguiente situación:

Caudal de alimentación.......	*309*	*m³/h*
Caudal de producto............	*139*	*m³/h*
Caudal de rechazo.............	*170*	*m³/h*

El caudal medio, por tanto, será:

La pérdida de carga en las membranas en estado limpio es en torno a 1 kg/cm2, considerando que sucias pueden llegar hasta 2,5 Kg/cm².

Se adoptan, para tener en cuenta la pérdida de carga en tuberías, válvulas y turbina, dos bombas (1 + 1) de las siguientes características:

Caudal...................... 230 m^3/h
Presión..................... 6 Kg/cm^2

11.2.- EQUIPOS DE LAVADO DE MEMBRANAS

11.2.1.- Cuba de preparación

Las tuberías de impulsión y retorno de reactivos tienen las siguientes características:

Diámetro.................. 250 mm
Sección..................... 0,049 m^2
Longitud.................... 105 m

El volumen existente en las tuberías será:

0,049 x 105 = 5,15 m^3

La limpieza se hará por bloques lo que quiere decir que hay que prever 46 tubos como máximo. El volumen de cada tubo es de 60 gal = 228,9 l, del que hay que descontar el volumen ocupado por las membranas. Cada membrana tiene las siguientes dimensiones:

- Diámetro: 7,9 pulgadas = 200,66 mm
- Longitud: 40 pulgadas = 1.016 mm

El volumen ocupado por cada membrana será de: 0,032 m^3, considerando un volumen libre del 50%, el volumen de agua existente en su interior será de:

0,50 x 0,032 = 0,016 m^3

El volumen de agua en el interior del tubo será:

V = 0,228 - 7 x 0,5 x 0,032 = 0,116 m^3

El volumen máximo existente en el interior de los tubos será: 46 x 0,116 = 5,34 m^3.

El volumen mínimo necesario en la cuba será:

5,15 + 5,34 = 10,49 m^3

Adoptamos una cuba de 15.000 litros de capacidad, de las siguientes dimensiones:

Diámetro.................. 2.400 mm
Altura cilíndrica útil.... 3.500 mm

11.2.2.- Bombas de lavado

El caudal de lavado de cada tubo es de:

30 - 40 gpm = 6,81 - 9,8 m^3/h

Adoptamos para diseño 9 m^3/h. El caudal de lavado sería por tanto de: 9 x 46 = 414 m^3/h.

Adoptamos dos bombas de limpieza, aprovechando la reserva de la de desplazamiento. Presentarán las siguientes características:

Caudal .... 230 m^3/h
Presión .... 6 Kg/cm^2

11.2.3.- Filtro de cartuchos

a) Número de cartuchos

Considerando cartuchos de cuádruple longitud (1.000 mm) y que el caudal por cada uno de ellos es de:

$0,7 \times 4 = 2,8$ m^3/h

Se precisan instalar:

Adoptamos un filtro con 156 cartuchos.

b) Características generales

El filtro presentará las siguientes características generales:

Presión de diseño .... 6 Kg/cm^2
Diámetro .... 990 mm
Altura cilíndrica .... 1.350 mm
Superficie filtrante.............. 39 m^2

El material utilizado será PRFV.

12.- REMINERALIZACIÓN DEL AGUA PRODUCTO

12.1.- MÉTODO DE REMINERALIZACIÓN

Para estos cálculos nos basamos en el siguiente análisis de permeado y en las exigencias de la Reglamentación Técnica Sanitaria, Real Decreto 14 de Septiembre 1.990 N.1138/1990 B.O.E. 20 Septiembre 1990 (Nº 226).

Para el cálculo de la remineralización se considera la proyección con la mejor calidad del permeado (16 ºC con membranas nuevas) que necesita, por lo tanto, una mayor remineralización. El análisis de permeado es el siguiente (TDS < 400 mg/l)

	Aniones
Ca^{++} 0.8 mg/l (como ion)	*Cl^- 152.2 mg/l (como ion)*
Mg^{++} 2.5 mg/l (como ion)	*$SO_4^=$ 5.2 mg/l (como ion)*
K^{++} 4.6 m/l (como ion)	*HCO_3^- 2.0 mg/l (como ion)*
Sr^{++} 0.013 m/l (como ion)	
Na^+ 93.6 mg/l (como ion)	

PH: 5,8
CO_2:

$$5.8 = 6.3 + \log \frac{2\times0.82 \text{ (ppm como } CaCO_3)}{CO_2 \text{ (ppm como ion)}}$$

$$CO_2 = 5.19 \text{ ppm}$$

Temperatura: 16 ºC

Dureza total (TH) = Ca^{++} 0.8 mg/l × 2.5 como $CaCO_3$
Mg^{++} 2.5 mg/l × 4.17 como $CaCO_3$
12.425 mg/l como $CaCO_3$

Teniendo en cuenta la calidad del agua permeada, los parámetros que podrían resultar limitantes para el postratamiento de acuerdo con Reglamentación Técnico Sanitaria vigente son los siguientes:

Sodio (Na^+) < 150 mg/l Na^+ (Anexo B)

Cloruro (Cl^-)< 200 mg/l Cl^- (Anexo B)

Dureza total (TH) > 60 mg/l Ca^{++} <> 150 ppm $CaCO_3$ (Anexo F)

Métodos de remineralización

A. Gas carbónico y cal ó carbonato cálcico

$$2\ CO_2 + Ca(OH)_2 \rightarrow (HCO_3)_2\ Ca$$

Si el CO_2 existente en el permeado no es suficiente, hay que añadir CO_2 gas. Con este método se consigue corregir el pH así como obtener la dureza exigida en el anejo F de la R.T.S.

Reacción de la remineralización:

$$2\ CO_2 + Ca\ (OH)_2 \rightarrow (HCO_3)_2\ Ca$$

El objetivo de la remineralización es obtener una TH ≥ 150 ppm Ca CO_3
TH aportar = 150 – 12.425 = 137.58 ppm $CaCO_3$.

<u>$Ca(OH)_2$ necesario</u>

<u>HCO_3^- formado</u>

1,375 moles Ca^{++} están relacionadas con 2,75 moles de HCO_3^-

HCO_3^- = 2,75 x 61 = 167,75 ppm como HCO_3^-

<u>CO_2 necesario</u>

1,375 moles Ca^{++} están relacionados con 2,75 moles de CO_2

CO_2 = 2,75 x 44 = 121 ppm CO_2

CO_2 aportar = CO_2 necesario - CO_2 permeado
c
CO_2 aportar = 121 – 5.19 = 115.81 ppm como CO_2

El nuevo análisis del agua tratada es:

CATIONES	*Aniones*
Ca^{++} 55,94 mg/l (como ion)	*HCO_3^- 169,39 mg/l (como ion)*
Mg^{++} 2,5 mg/l (como ion)	*$SO_4^=$ 5.2 mg/l (como ion)*
K^{++} 4.6 m/l (como ion)	*Cl^- 152.2 mg/l (como ion)*
Sr^{++} 0.013 m/l (como ion)	
Na^+ 93.6 mg/l (como ion)	

El pH del agua tratada debe estar entre 6.5 y 8.5.

Además de la dosis de CO_2 necesaria para reaccionar con el hidróxido cálcico, es necesario una aportación de CO_2 extra para conseguir un pH óptimo. La dósis de CO_2 a emplear se calcula de la manera siguiente:

Si pH = 6.5 $\Rightarrow$ CO_2 = 87.7 mg/l

Si pH = 8.5 $\Rightarrow$ CO_2 = 0.88 mg/l

Por otra parte, el agua ha de tener un carácter ligeramente incrustante, LSI > 0.

pH	*LSI*
6.5	*-1.31*
8.5	*0.69*
7.9	*0.09*

La dosificación del CO_2 la calculamos según el pH del agua postratada; tomamos como valor de consigna pH = 7.9 que nos asegura un Índice de Langelier positivo.

Si pH = 7.9 $\Rightarrow$ CO_2 = 3.5 mg/l

12.2.- DOSIFICACIÓN

<u>CO_2</u>

De acuerdo a los cálculos realizados en el punto anterior, la dosis de CO_2 necesaria es la siguiente:

Para remineralización	*115.81 ppm*
Para ajuste de Ph	*3,5 ppm*
TOTAL	*119.31 ppm*

El consumo de CO_2 considerando un margen de corrección del 10% para tener en cuenta el consumido en las reacciones del agua de alimentación se diseña para 131.24 ppm:

Q = 27.000 m^3/d <> 3.543,5 Kg/d

Almacenamiento

Condiciones de suministro:

Forma	*Líquida*
Presión	*21 Kg/cm^2*
Temperatura	*-18 ºC*
Densidad	*1,02 Ton/m^3*
Transporte	*Contenedores de 14 Tn*
Autonomía	*15 días*

Capacidad requerida:

Nº de tanques .... *1 de 50 Tn*

Ca(OH)₂

Según los cálculos la dosis es de 101,89 ppm como $Ca(OH)_2$ al 100%.

El consumo de $Ca(OH)_2$ considerando un margen de corrección del 5% para tener en cuenta el $Ca(OH)_2$ consumido en las reacciones del agua de alimentación es:

Q = 27.000 m^3/d <> 120,4 Kg/h $Ca(OH)_2$ 100%

Adoptamos como diseño 120 Kg/h $Ca(OH)_2$ 100%.
Riqueza del hidróxido cálcico: 95 %

PREPARACIÓN DE LA LECHADA DE CAL

Caudales a bombear de lechada de cal al 5%:

TDH de la bomba: 8 m

Adoptaremos dos bombas (una de reserva) de caudal 5 m3/h y que trabajen a la presión requerida.

Nº de sistemas de preparación: 1

VOLUMEN DE CUBA: 3 M^3

PREPARACIÓN DE LA SOLUCIÓN DE AGUA DE CAL

Concentración del agua de cal a 20 ºC: 1.650 mg/l
Caudal de agua de cal máximo:

Saturador

Datos de partida

Nº de decantadores................................. 1

Tipo de decantador	Recirculación de fangos
Caudal de tratamiento	72,9 m^3/h
Tiempo de retención mínimo	50 min.
Velocidad ascensional de diseño.......	3,5 $m^3/h/m^2$
Superficie de decantación requerida...	
Modelo seleccionado.........................	Accentifloc nº 7
Diámetro	5.400 mm
Altura total...	3.575 mm
Altura cilíndrica..................................	2.975 mm
Superficie de decantación	20.3 m^2
Velocidad	3.45 $m^3/h/m^2$
Volumen de decantación	74 m^3
Tiempo retención...............................	61 min

Equipado con una turbina de 1,5 kW y una velocidad máxima de salida de 20 rpm.

Almacenamiento de $Ca(OH)_2$ (Densidad = 0,5 Tn/m^3)

Autonomía .... 15 días
Capacidad requerida:

Se construirá un (1) silo de 85 m^3 de capacidad.

13.-DOSIFICACIÓN DE HIPOCLORITO SÓDICO EN EL AGUA PRODUCTO

La dosificación está diseñada para una producción de 27.000 m3/día.

* Los datos de diseño tenidos en cuenta para el dimensionamiento de la dosificación son éstos:

F: Caudal a tratar, m3/h	1.125
Dr: Dosis, ppm.. (Como Cl_2)	1.5
Cvr: Concentración en peso del producto, %............... (Como Cl_2)	14
r: Densidad, Kg/l	1,22

* El caudal a dosificar (Fr en l/h) responde a la expresión :

Dando un valor de 9.9 l/h.

* Mientras que el caudal másico (Mr en Kg/h) se obtiene de:

Dando un valor de 12.1 Kg/h .

* Se instalarán dos bombas dosificadoras (una de reserva), con una capacidad unitaria de 3-22 l/h.

Estas bombas irán dotadas de variadores de velocidad (convertidores de frecuencia) para trabajar en cada momento a la velocidad adecuada en función del caudal a tratar.

* El volumen de almacenamiento (V en m^3) se calcula según:

V= Fr x 24 x t/1000

El consumo diario con una dosis de 1.5 ppm equivale a 0.24 m^3/día.
El consumo diario con una dosis en continuo de 2 ppm equivale a 0.72 m^3/día.
El consumo diario con una dosis de choque de 20 ppm equivale a 0.15 m^3/día.
Se ha proyectado un depósito de 15 m^3 que proporciona una autonomía de almacenamiento de 13 días y medio trabajando con los tres modelos de dosificación simultáneamente..

www.ingramcontent.com/pod-product-compliance
Lightning Source LLC
Chambersburg PA
CBHW081055170526
45166CB00006B/2071
* 9 7 8 1 4 7 1 0 8 9 2 9 9 *